U0791971

贵州省河湖长制培训教材

杨柏玲　冯和平　邓卿　朱晓娟　主编

中国水利水电出版社
www.waterpub.com.cn
·北京·

内 容 提 要

本书结合各地州市河长制、湖长制的实践，系统阐述了河湖长的内涵和外延、工作内容、工作流程、制度和规范等，并简要介绍了作为基层河湖长应掌握的基本知识。

全书共分为五篇：总论篇介绍了贵州省河湖水域基本情况及河湖长制工作背景、现状及成效；任务篇主要从加强水资源保护、加强水域岸线管理保护、加强水污染防治、加强水生态修复、加强水环境治理等方面进行理论阐述，描述河湖长的工作任务；保障篇为政策保障和法律法规制度保障，为各级河湖长工作提供制度和规范依据；工作篇包括河湖长制问与答、河湖基础知识问与答、河湖治理及巡查问与答，为河湖长的工作总体目标、各级河湖长职责、工作任务和方法、巡河及问题处置等提供相关实践方法；经验篇为贵州省河湖建设优秀案例，为各地州市进一步推进和创新河长制工作提供可借鉴经验。

本书深入浅出、通俗易懂，可作为贵州省河湖长培训教材、水利水电相关人员工作读本以及各院校师生阅读参考资料。

图书在版编目（CIP）数据

贵州省河湖长制培训教材 / 杨柏玲等主编. -- 北京:
中国水利水电出版社, 2022.1
ISBN 978-7-5226-0436-7

Ⅰ. ①贵… Ⅱ. ①杨… Ⅲ. ①河道整治—责任制—贵州—技术培训—教材 Ⅳ. ①TV882.873

中国版本图书馆CIP数据核字(2022)第014683号

书　　名	**贵州省河湖长制培训教材** GUIZHOU SHENG HEHUZHANGZHI PEIXUN JIAOCAI
作　　者	杨柏玲　冯和平　邓　卿　朱晓娟　主编
出版发行	中国水利水电出版社 （北京市海淀区玉渊潭南路1号D座　100038） 网址：www.waterpub.com.cn E-mail：sales@waterpub.com.cn 电话：（010）68367658（营销中心）
经　　售	北京科水图书销售中心（零售） 电话：（010）88383994、63202643、68545874 全国各地新华书店和相关出版物销售网点
排　　版	中国水利水电出版社微机排版中心
印　　刷	清淞永业（天津）印刷有限公司
规　　格	184mm×260mm　16开本　13.5印张　321千字
版　　次	2022年1月第1版　2022年1月第1次印刷
印　　数	0001—1500册
定　　价	**68.00**元

编写人员名单

主编：邓　卿　　冯和平　　杨柏玲　　朱晓娟

参编：谢　洋　　苏国樟　　刘宇熙　　张　敏

张　凯　　赵双成　　蔡国宇　　胡荣华

刘坤云　　张艳红　　陈红梅　　侯　朝

李宇恒　　赵　佳　　吴学超　　何锴君

前 言

党的十八大将生态文明建设纳入“五位一体”总体布局，明确提出大力推进生态文明建设，努力建设美丽中国。河湖作为生态系统和国土空间的重要组成部分，具有不可替代的自然调节、生态和社会服务功能。

习近平总书记心系治水、关心河湖，亲赴黄河、长江、安徽淮河、吉林查干湖、昆明滇池等地考察，作出了一系列重要论述，形成了符合中国国情水情、独具时代特色的“节水优先、空间均衡、系统治理、两手发力”的治水思路。全面推行河湖长制是习近平总书记亲自谋划和亲自推动的一项制度改革，是落实绿色发展理念、推进生态文明建设的内在要求，是解决我国复杂水问题、维护河湖健康生命的有效举措，是完善水治理体系、保障国家水安全的制度创新。

在中央作出全面推行河长制的重大决策后，贵州省高度重视，迅速响应，深入推进河湖长制，实现河湖长制“有名”“有实”“有能”。2021年春节前夕，习近平总书记亲临贵州视察指导，第一站就视察了乌江六冲河段水生态、水环境，指示我们要“坚持以高质量统揽全局”“在生态文明建设上出新绩”，这既是对贵州河湖治理保护的充分肯定，更是赋予贵州新的更大的使命。提升基层河湖长履职能力和水平是推动“十四五”河湖治理保护高质量发展的重要举措。本书的编写与出版就是在这样的环境和背景下开展的。

本书系统的阐述河湖长工作的内涵和外延、工作内容、工作流程、制度和规范等，主要包括河湖长制的起源和发展、河湖长制的总体目标、各级河湖长的职责、河湖长制工作任务及方法、水资源保护与利用、水污染防治与修复、建设贵州美丽河湖等方面的理论知识，并辅以各州市的实际案例。

全书分为总论篇、任务篇、保障篇、工作篇和经验篇五篇。在编写出版过程中得到了贵州省水利厅、贵州省生态环境厅、各市（州）河长办的大力支持，有关专家和河长制工作人员提出了宝贵意见，有关单位提供文献资料，在此一并表示衷心的感谢。

鉴于本书涉及内容多、范围广、编者水平有限，书中难免存在不足之处，敬请批评指正。

编写组

2021年12月

目录

保　障　篇

工　作　篇

经　验　篇

总论篇

第一章　贵州省河湖水域基本情况

贵州省简称“黔”或“贵”，位于中国西南的东南部，介于东经103°36′～109°5′、北纬24°7′～29°3′之间，东毗湖南省、南邻广西壮族自治区、西连云南省、北接四川省和重庆市，全省东西长约595km，南北相距约509km，总面积为176167km^2，占全国国土面积的1.8%。贵州地处云贵高原东部斜坡，地势西高东低，自西部和中部向北、东、南三面倾斜，平均海拔1100m左右，毕节市赫章县珠市乡境内的韭菜坪海拔2900.6m，为境内最高点；黔东南州黎平县地坪镇水口河出省界处海拔147.8m，为境内最低点。

贵州地貌的显著特征是山地多，山地和丘陵占全省总面积的92.5%。境内分布着四大山脉：北部的大娄山、东部的武陵山、西部的乌蒙山和横亘中部的苗岭，这四大山脉构成了贵州高原的地形框架。贵州还是世界上喀斯特地貌发育最典型的地区之一，喀斯特出露面积占全省总面积的61.9%。境内岩溶分布范围广泛，形态类型齐全，地域分布明显，构成一种特殊的岩溶生态系统。

贵州属于亚热带湿润季风气候区，全省大部分地区年平均气温为15℃左右，无霜期250～300天；最冷的1月平均气温4～6℃，最热的7月平均气温22～25℃，为典型夏凉地区；降水丰沛，年降水量1179mm左右，其中6～8月降水量达450～600mm。受大气环流及地形影响，贵州气候呈多样性，“一山分四季，十里不同天”。

贵州降水丰富，河网密度较大。河流多发源于西部和中部山地，顺势向北、东、南三面分流。贵州省以乌蒙山—苗岭为分界，分属长江和珠江流域。乌蒙山—苗岭以北属长江流域，面积115747km^2，占全省总面积的65.7%；以南属珠江流域，面积60420km^2，占全省总面积的34.3%。

省境内长江流域各河流从西向东分属四个水系：一是金沙江（横江、牛栏江）水系，流域面积4888km^2，位于省西北角，入川；二是乌江水系，为贵州最大的河流，流域面积66807km^2，流经省中部，于省东北部沿河县毛坝入川；三是赤水河、綦江水系，流域面积13802km^2，跨省西北部入川；四是沅江水系，流域面积30250km^2，位于省东部，入湘。境内珠江流域河流从西向东亦分属四个水系：一是南盘江水系，流域面积7651km^2，为南盘江下游河段，滇黔界河，位于省西南边缘，于双河口汇合北盘江入红水河；二是北盘江水系，流域面积20982km^2，由滇入黔，流经省西南腹地，于双河口汇南盘江入红水河；三是红水河水系，流域面积15978km^2，位于省西部边缘，为黔桂界河；

四是柳江水系，柳江干流在贵州省境内称都柳江，流域面积 15770km²，位于省东南部，于从江县出境入广西。

第一节 长 江 流 域

长江流域分四个水系，即牛栏江横江水系、乌江水系、赤水河綦江水系、沅江水系。

（1）金沙江（横江、牛栏江）水系主要在威宁县。牛栏江发源于云南，境内长 79km，支流有哈喇河和玉龙小河，汇入金沙江。横江发源于威宁县羊街镇向北流经云南后汇入金沙江。该水系水资源比较丰富，但含沙量较大。

（2）乌江水系主要位于云贵高原东北部，是贵州第一大河，是长江上游南岸最大的支流，全长 1050km，在贵州的有 884km，发源于威宁盐仓镇香炉山，水资源丰富，滋润了黔贵大地上数千万贵州人民。乌江在重庆涪陵汇入长江。

（3）赤水河綦江水系主要位于贵州省北部。赤水河发源于云南省威信县，境内长 299km，是长江右岸一级支流，流经七星关、金沙、仁怀、习水、赤水后在四川合江汇入长江，支流有二道河、习水河、桐梓河，其水资源和旅游资源丰富。綦江水系上游为松坎河，境内长约 80km，中下游流入重庆。

（4）沅江水系发源于贵州中部，向东流经湖南、湖北汇入洞庭湖，干流全长 1022km，流经都匀、雷山等 24 个县，支流有清水河等。该水系水资源丰富、生态良好。

第二节 珠 江 流 域

珠江流域在贵州境内的河流分为四个水系，即南盘江水系、北盘江水系、红水河水系、柳江水系。

（1）南盘江水系在广西百色市境内，主要有板坚河、旧州河、百乐河，总流域面积 882.8km²，占全县总面积的 15.83%。南盘江流经兴义、安龙等 6 个县（市），支流有黄泥河、马别河，境内长 263km，流域内水资源丰富。

（2）北盘江水系发源于云南省宣威市板桥乡西南，自西向东经宣威，至都格入黔境，再折向东南往茅口、盘江桥、白层至望谟之蔗香与南盘江汇合，全长 450km（贵州境内 352km），流域面积 26538km²（贵州境内 20982km²），涉及威宁、水城、六枝、盘县、普安、晴隆、兴仁、安龙、贞丰、册亨、望谟、紫云、镇宁、关岭、普定、西秀等 16 个县（市、区）。

（3）红水河水系源出云南省曲靖市沾益区马雄山，称南盘江，南流至开远折而东，至望谟县与北面来的北盘江相会，始称红水河。红水河因流经红色砂贝岩层，水色红褐而得名。流经黔桂交界，涉及贵阳、独山等 11 个市、县，支流有蒙江、六洞江，其水资源丰富。

（4）柳江水系发源于贵州省独山县尧梭乡里腊村九十九个潭（一说拉林乡附近的磨石湾），流经黔东南及桂北，在广西象州县石龙镇三江口左岸注入西江，干流全长 773km。柳江水系呈树枝状。较大支流有寨蒿河、古宜河（寻江）、龙江、洛清江等。

第二章 河湖长制工作背景、现状及成效

第一节 河湖长制工作背景

我国幅员辽阔、河湖众多，据统计，流域面积 $50km^2$ 以上河流共 45203 条，总长度达 150.85 万 km；常年水面面积 $1km^2$ 以上的天然湖泊 2865 个，湖泊水面总面积 7.80 万 km^2。“河润千里，泽惠八方”，江河湖泊作为行洪的通道、水资源的载体、生态的屏障，对人类文明、经济发展和社会进步具有不可替代的作用。

一、河湖管理面临的形势

江河湖泊在造福人类的同时，也受到了不同程度的侵害。近年来，各地政府积极采取措施，着力加强河湖管理，促进了河湖综合效益的发挥，但是河湖管理保护仍然面临严峻挑战。一些地方对河湖重开发、轻保护，重治标、轻治本，侵占河道、围垦湖泊、超标排污、非法采砂等现象时有发生，导致河道干涸、湖泊萎缩、水质严重污染，生态功能明显下降，河湖不堪重负，主要表现在以下几个方面。

1. 水资源承载能力不足

我国人多水少、水资源时空分布不均，随着城镇化、工业化进程的加快和经济社会的不断发展，河湖水资源承载能力不足的问题日益严重，主要表现在：一是人均水资源量不足，约为世界人均水平的 1/4，接近中度缺水水平。二是时空分布不均，我国降水量和河川径流量的 60%～80%集中在汛期，年际间丰水年的降雨量是枯水年的 2～8 倍，连续几个丰水年或连续几个枯水年的情况时常发生；东西分布不均，从东部到西部，降雨量逐渐递减；南北分布不均，2011 年统计数据显示：北方地区国土面积占全国的 64%，人口占 46%，耕地占 60%，而水资源量仅占全国的 19%。三是部分地区工程供水能力不足，虽然水资源总量并不短缺，但由于工程建设没有跟上，造成工程性缺水，尤以西南诸省较为严重。四是水资源利用效率低下，长期以来，我国用水方式较为粗放，水资源短缺和用水浪费并存，生态脆弱和开发过度并存。

近年来，由于气候变化和下垫面变化的影响加剧，全国、流域、区域水文及水循环过程发生了不同程度的变化。2000 年以来，全国主要江河流域降水量总体偏枯，海河、松辽等流域降水比多年平均偏少，黄河、西北诸河、东南诸河降水则偏丰。同时，气温升高造成西部冰川融雪加速，冰储量呈减少趋势。全国地表水资源量总体呈减少趋势，其中京津冀地区地表径流量减少明显。因一些地区过度开采地下水，改变了区域地表地下水转换关系，致使地表径流呈衰减态势。

2. 河湖水域萎缩

除干旱、泥沙淤积等自然因素影响外，在经济社会发展过程中，以侵占水域为代价的不当开发，是造成水域面积逐步萎缩的主要原因。主要表现为：增加建设用地，通过各种形式向水要地、与水争地，把小沟小塘甚至河流湖泊填起来；不合理开发利用岸线资源，直接占用河湖滩地、湿地、水面建设临水建筑物，缩窄河道，造成水域面积大幅度减少，自然河岸改道，明河变暗河等。根据《全国水资源综合规划》成果，20 世纪 50 年代以来，全国水面面积大于 $10km^2$ 的 635 个湖泊中，有 231 个发生不同程度的萎缩，总萎缩面积约 1.38 万 km^2，约占现有水面面积 $10km^2$ 以上湖泊总面积的 18%，储水量减少 517 亿 m^3。根据 2011 年的调查结果，近 70 年以来，全国面积大于 $10km^2$ 的湖泊中有 89 个干涸，其中西北诸河区及长江流域占主体。我国第二大淡水湖洞庭湖，湖泊严重萎缩，湖面面积由 19 世纪中叶的 $6000km^2$ 减至 20 世纪 90 年代末的 $2600km^2$ 左右。

河湖水域面积的减少，对河湖功能和生态产生了一定影响：一是河道引排能力下降，河道原本具有的供水、行洪、排涝的能力下降，应有功能得不到充分发挥，难以满足经济和社会发展需求；二是河湖调蓄功能减退，水面、滩地、湿地大幅度减少，影响了对水资源丰枯调剂的功能，水资源供应能力和防洪能力大大下降；三是河流湖泊的生态受到影响，随着水域的减少，河湖生态遭到破坏，在维系生态平衡方面的作用难以发挥；四是河湖水体自净能力减弱，水面缩小造成水体总量减少，河湖自净能力明显下降。

3. 水体质量下降

随着经济社会的发展，工业、居民生活和农业活动不断增多，废污水排放量增加，对河湖水环境造成了严重污染：工业废水排放量居高不下，超排偷排现象时有发生；少数城乡生活污水不经处理排入河道，逐渐成为水体污染物的重要来源；农业中大量使用的化肥、农药，养殖场的禽畜粪便，随着地表径流流入水体，造成河湖水体被污染。全国水资源公报成果显示，全国废污水排放总量从 1997 年的 584 亿 t 增加至 2016 年的 765 亿 t，20 年增长了 30%以上。全国 32%的河流和 11%的湖泊污染物入河量超出水功能区纳污能力，约 2/3 的点源污染物集中汇入仅占全国纳污能力 1/3 左右的河湖，尤以城市周边地区为主。

河湖水环境污染，给经济和社会可持续发展带来了许多问题：一是水资源保障和配置难度增加，出现水质型缺水，并且生态需水量大幅增加；二是饮水安全问题突出，许多河流水质难以满足饮用水要求，突发性水污染事件时有发生；三是地下水超采严重，地表水污染严重的地方，大规模超采地下水，造成大面积地面沉降。

4. 生态功能退化

我国河湖生态环境问题日益严重，一些地区对河湖资源的不合理开发利用，破坏了河湖生态系统平衡，水生生物资源衰退，生物多样性和生态稳定性下降，河湖内源污染严重，沼泽化趋势明显，河湖水系连通不畅，严重威胁生态安全。

随着社会经济的发展，人口增加和城市化进程加快，土地利用方式发生了转变，水体产汇流过程加快，使得转移到水体的污染物增加。河湖污染物沉淀造成严重的内源污染，对水生底栖生物的生存环境造成毁灭性破坏。河湖富营养化容易引发湖泊蓝藻暴发，大量水底植物由于无法进行光合作用而死亡，导致水质进一步恶化，特别是滇池、巢湖、太湖，虽经多年治理，但蓝藻暴发现象依然频繁发生。同时，由于长期围垦、淤积和养殖，部分湖泊存在沼泽化现象，生态环境功能也日趋退化。长期未系统组织河湖疏浚整治的，容易造成河流淤积严重，水系受阻，引排不畅，从而削弱河湖防洪排涝能力，也直接影响河湖水资源调蓄功能。一些地方忽略河湖自身特点和规律，城镇建设扰乱水系，导致河湖水系形态破坏，完整的水系被割裂，水体流通性、连通性和自净能力下降，水环境承载能力降低，天然调蓄功能严重萎缩，加重了内涝现象和水生态恶化问题的发生。

5. 河道采砂问题严重

合理开采河道内砂石资源，既可扩大过流断面、改善河水流态、提高防洪效益，又可改良航道条件、提升航运能力、促进航行安全。然而大规模的无序超量采砂，会造成河床形态发生急剧变化，河床下切严重，改变流势和河势，影响堤围和桥梁等涉水建筑物，危及堤防安全。伴随河床下切、水位下降，可能影响沿河供水等取水工程的正常运行，供水量及保证率无法得到满足，危及供水安全。

近年来河道非法采砂入刑，从一定程度上改善了采砂管理形势，然而一些地方违法施工的方式更加隐蔽，因此还需行政执法部门进一步加大水行政执法力度，加强部门联动，严格执行河道采砂行政许可制度，规范河道采砂行为。

6. 管理与保护薄弱

经济社会发展严重影响河湖健康，河湖管理与保护工作还存在薄弱环节：一是保护意识不强，对河湖的功能和作用认识不清，重开发、轻保护，重眼前、轻长远；二是部门职责存在交叉，河湖管理与保护涉及水利、生态环境、自然资源、交通、住房和城乡建设、农业、林业等多个部门，一些领域职能交叉，协调难度大，尚未形成监管和保护合力；三是区域之间统筹不够，地方在河湖管理与保护上目标和诉求不尽相同，各自为政，影响河湖管理与保护的整体成效；四是河湖管理与保护能力薄弱，部分地方河湖管理与保护主体、责任、人员、经费还未全部落实，日常监管巡查和执法能力不足，河湖管理与保护理念和方法落后。

二、河长制起源与推行实施

1. 河长制的起源

无锡，北临长江，南濒太湖，京杭大运河穿城而过，是著名的“江南水乡”。境内河网密布，水系发达，辖区内有规模河流 5635 条、水库 19 座，全市水域面积达 32.4%。得天独厚的水资源优势，造就了无锡因水而生、因水而美、因水而兴的山水文化特质。但是传统发展方式在创造“苏南模式”奇迹的同时也逐渐积累了许多生态环境问题，其中水环境问题尤其突出。

2007 年 5 月，太湖大面积暴发蓝藻，引发了江苏无锡水危机。同年 6 月 11 日，国务院太湖水污染防治座谈会在无锡召开，会上强调：“太湖水污染事件给我们敲响了警钟，必须引起高度重视，要认真调查分析水污染原因，在已有工作的基础上加大综合治理力度，研究提出具体的治理方案和措施。”

太湖水污染事件令无锡人反思。针对水污染严重、河道长时间没有清淤整治、企业违法排污、农业面源污染严重等现象的整治行动全面展开。2007 年 8 月，无锡市委办公室和市政府办公室联合印发《无锡市河（湖、库、荡、氿）断面水质控制目标及考核办法（试行）》，将河流断面水质检测结果“纳入各市（县）、区党政主要负责人政绩考核内容”，“各市（县）、区不按期报告或拒报、谎报水质检测结果的，按有关规定追究责任”。这份文件的出台，被认为是无锡推行河长制的起源。

简单地说，无锡早期探索出的河长制即由各级党政主要负责人担任河长，负责辖区内河流污染治理。河长是河流保护与管理的第一责任人，主要职责是督促下一级河长和相关部门完成河流生态保护任务，协调解决河流保护与管理中的重大问题。这项从河流水质改善领导督办制、环保问责制衍生出来的水污染治理制度，让无锡市党政主要负责人分别担任 64 条河流的河长，真正把各项治污措施落实到位。

通过实施河长制，无锡河湖管理与保护成效显著。一是水体功能逐步提升。重点水功能区水质达标率 2016 年提升到 67%，较 2012 年提升 23.4 个百分点；7 个饮用水水源地水质达标率达 100%。二是太湖水质持续向好。湖体氨氮、总磷、总氮、高锰酸盐指数等主要水质指标逐年改善，蓝藻发生的面积、强度、频次、藻密度、生物量、富营养指数等明显下降，大面积湖泛现象基本消失。三是用水效率不断提高。各项用水指标稳中有降，万元工业增加值取水量由 2005 年的 30.7m^3 下降到 2016 年的 10.4m^3，万元 GDP 取水量由 111.5m^3 下降到 31.3m^3。四是治水实绩日益彰显。无锡市先后荣膺全国最佳人居环境城市、国家环保模范城市、国家节水型城市、全国水生态系统保护与修复示范市、全国节水型社会建设示范区、中国最具国际生态竞争力城市、中国最佳绿色生态旅游名城、中国最具幸福感城市等称号。

2008 年 6 月，江苏省政府决定在太湖流域推广无锡的河长制，江苏省政府办公厅印发《关于在太湖主要入湖河流实行双河长制的通知》（苏政办发〔2008〕49 号），通知指出：每条河由省、市两级领导共同担任河长，双河长分工合作，协调解决太湖和河道治理的重任。经过几年实践探索，2012 年 9 月，江苏省政府办公厅印发《关于加强全省河道管理“河长制”工作的意见》，在全省范围内推行以保障河道防洪安全、供水安全、生态安全为重点的河长制。针对之前“多龙治河（湖）”的现象，即一条河流八九个监管部门，水利、生态环境、住房和城乡建设、渔业等谁都有管理职能，但职责不清，有了难事相互推诿，工作意见明确了“谁管河”的问题——政府主导、水利部门牵头、涉河各部门分工负责。经过多年努力，江苏省共计落实 727 条省骨干河道、1212 个河段的河长，其中由各级行政首长担任河长的占 2/3，太湖 15 条主要入湖河流实行了由省级领导和市级领导共同担任河长的双河长制，初步形成了较为完善的河长体系。

江苏先期探索实施的河长制最大程度上整合了各级党委、政府的执行力，弥补了“九龙治水”的不足，形成全社会治水的良好氛围。从组织架构看，纵向从省领导、市委书记、市长，到区委书记、区长、镇委书记、镇长、村支部书记、村委主任，各级河长形成“一荣俱荣、一损俱损”的治水“生态链”；横向从政府各级部门开始，发改、经贸、财政、规划、住房和城乡建设、自然资源、城管、工商、公安等部门各有分工、各具使命，谁都不能在水环境治理上缺位。从社会影响力看，产业结构调整随着河长制推进也不断加速，沿河、沿湖企业不得不放弃传统落后的生产方式，关停超标排污企业，寻求清洁生产方式，促进循环经济发展。同时，民间治水力量也被带动起来，参与的积极性得到提高。

在江苏的近邻浙江，河长制也得到空前重视。2008 年，湖州市长兴县就借鉴公路“路长”管理模式，在水口乡和夹浦镇试行“河长制”，随后，在嘉兴、温州、金华、绍兴等地陆续推行。2013 年，浙江省在调研省内外“河长制”实践的基础上，省委、省政府出台了《中共浙江省委浙江省人民政府关于全面实施“河长制”进一步加强水环境治理工作的意见》（浙委发〔2013〕36 号），浙江省水利厅制定了《浙江省水利厅贯彻落实〈中共浙江省委浙江省人民政府关于全面实施“河长制”进一步加强水环境治理工作的意见〉实施方案》，提出全省省级、市级、县级、乡（镇）级河道河长制全覆盖。2014 年，浙江省委、省政府全面铺开“五水共治”（即治污水、防洪水、排涝水、保供水、抓节水）工作，为再创浙江发展新优势打响了全民治水的攻坚战，河长制被称为“五水共治”的制度创新和关键之举。2015 年，浙江省又召开全省河长制工作电视电话会议，对河长制工作再部署、再落实。

随着河长制在江苏省和浙江省的推行，北到松花江流域，南至滇池，河长制逐渐从太湖流域走向全国各地。北京、天津、江苏、浙江、安徽、福建、江西、海南 8 省（直辖市）在全境推行河长制，16 个省（自治区、直辖市）也在部分区域实行河长制。其中，2015 年启动河长制的江西是当时河长规格最高的省份：省委书记任省级总河长，省长任省级副总河长，7 位省领导分别担任“五河一湖一江”的河长，并设立省、市、县（市、区）、乡（镇、街道）、村五级河长。江西省将河长制责任落实、河湖管理与保护纳入党政领导干部生态环境损害责任追究、自然资源资产离任审计中，由省委组织部负责考核、审计厅负责离任审计。

全国各地在河长制先期探索中取得的实践经验为国家全面推行河长制奠定了良好的基础。

2. 河长制的全面推行

党的十八大以来，党中央就推进生态文明建设作出一系列重要部署，中央领导同志多次就保障国家水安全、保护河湖作出重要指示：河川之危、水源之危是生存环境之危、民族存续之危，保护河湖事关人民群众福祉，事关中华民族长远发展；我国水资源时空分配不均，是世界上水情最为复杂、治水任务最为繁重、江河治理难度最大的国家。江河湿地是大自然赐予人类的绿色财富，必须加倍珍惜。

2007 年以后，各地（江苏、浙江、天津、江西等）陆续探索实行河长制，形成了可复制、可推广的工作经验。水利部及时开展调研，认真总结地方经验，将推行河长制作为深化水利改革、加强河湖管理的重要任务。2014 年，水利部印发《关于加强河湖管理工作的指导意见》，明确提出创新河湖管理模式，鼓励各地推行政府行政首长负责的河长制，对河湖的生命健康负总责。2016 年中央全面深化改革领导小组明确由水利部牵头制定《关于全面推行河长制的意见》。

2016 年 10 月 11 日，中央全面深化改革领导小组第 28 次会议审议通过《关于全面推行河长制的意见》。会上强调，保护江河湖泊，事关人民群众福祉，事关中华民族长远发展。全面推行河长制，目的是贯彻新发展理念，以保护水资源、防治水污染、改善水环境、修复水生态为主要任务，构建责任明确、协调有序、监管严格、保护有力的河湖管理保护机制，为维护河湖健康生命、实现河湖功能永续利用提供制度保障。要加强对河长的绩效考核和责任追究，对造成生态环境损害的，严格按照有关规定追究责任。

2016 年 11 月 28 日，中共中央办公厅、国务院办公厅印发《关于全面推行河长制的意见》，明确在全国范围内全面推行河长制，并对全面推行河长制作出总体部署、提出明确要求。要以保护水资源、防治水污染、改善水环境、修复水生态为主要任务，全面建立省、市、县、乡四级河长体系，构建责任明确、协调有序、监管严格、保护有力的河湖管理保护机制，为维护河湖健康生命、实现河湖功能永续利用提供制度保障。

2016 年 12 月 10 日，水利部联合环境保护部印发了《贯彻落实〈关于全面推行河长制的意见〉实施方案》，进一步细化实化河长制工作目标和主要任务，明确了时间表、路线图和阶段性目标。方案要求各地抓紧编制工作方案，重点做好确定河湖分级名录、明确河长制办公室、细化实化主要任务，强化分类指导，力争 2017 年年底前各省（自治区、直辖市）出台省级工作方案；要求各地建立健全河长制工作机制，制定出台河长会议、信息共享、考核问责与奖励等制度，明确工作人员，强化监督检查，严格考核问责，加强经验总结推广和信息公开；要求各地加强组织领导，强化部门联动，统筹流域协调，落实经费保障，加强宣传引导，扎实做好全面推行河长制工作，确保到 2018 年年底前，全面建立省、市、县、乡四级河长体系。

2016 年 12 月 13 日，水利部、环境保护部、国家发展和改革委员会、财政部、国土资源部门、住房和城乡建设部、交通运输部、农业部、卫生和计划生育委员全、国家林业局联合召开视频会议，按照中央全面深化改革领导小组第 28 次会议以及中共中央办公厅、国务院办公厅《关于全面推行河长制的意见》的要求，总结交流各地河长制成功经验，动员部署全面推行河长制各项工作。会议要求各地要结合本地实际，全面抓好《关于全面推行河长制的意见》贯彻落实各项工作，抓紧制订实施方案、落实组织机构、建立健全配套制度、完善长效管理机制、严格责任考核追究以及抓好宣传引导。会议明确了全面推行河长制工作时间进度安排和阶段性目标，要求水利部会同有关部门建立部门协调机制，强化组织指导和监督检查，适时开展总结评估工作，确保河长制落实落地。

习近平总书记在 2017 年新年贺词中专门提到：“每条河流要有河长了。”一时间，“河长”这个名词变得家喻户晓，河长制迅速在神州大地推行开来。

按照党中央、国务院关于全面推行河长制的决策部署，水利部牵头建立全面推行河长制工作部际联席会议制度，并于 2017 年 5 月 2 日召开联席会议第一次全体会议。水利部成立了推进河长制工作领导小组，建立了部领导牵头、司局包省、流域包片的督导检查机制。2017 年 3 月 2—12 日开展了 2017 年第一次全面推行河长制工作督导检查，掌握基层工作进展的实际情况，总结地方好的做法和经验，及时发现存在的问题，指导地方加快推进河长制工作。

3. 湖长制实施

湖泊是水资源的重要载体，是江河水系、国土空间和生态系统的重要组成部分，具有重要的资源功能、经济功能和生态功能。在湖泊实施湖长制，是中央坚持人与自然和谐共生、加快生态文明体制改革作出的重大战略部署，是贯彻落实党的十九大精神、统筹山水林田湖草系统治理的重大政策举措，也是加强湖泊管理保护、维护湖泊健康生命的重大制度创新。

建设生态文明是中华民族永续发展的千年大计。党的十九大报告提出，统筹山水林田湖草系统治理，实行最严格的生态环境保护制度，形成绿色发展方式和生活方式，坚定走生产发展、生活富裕、生态良好的文明发展道路，建设美丽中国。

湖长制是在河长制基础上及时和必要的补充，仍属于河长制工作体系范畴，并纳入河长制体系统筹推进，其实施有利于促进绿色生产生活方式的形成，有利于建立流域内社会经济活动主体之间的共建关系，形成人人有责、人人参与的管理制度和运行机制。

2017 年 11 月 20 日，十九届中央全面深化改革领导小组第一次会议审议通过《关于在湖泊实施湖长制的指导意见》。12 月 26 日，中共中央办公厅、国务院办公厅联合印发了《关于在湖泊实施湖长制的指导意见》，明确全国各省（自治区、直辖市）要将本行政区内所有湖泊纳入全面推行湖长制工作范围，到 2018 年年底前在湖泊全面建立湖长制，并对建立健全湖长体系、明确界定湖长职责、全面落实主要任务等提出了明确要求。

2018 年 1 月 24 日，水利部印发《水利部贯彻落实〈关于在湖泊实施湖长制的指导意见〉的通知》（水建管〔2018〕23 号），对各地区各部门提出相关要求，以确保在湖泊实施湖长制目标任务如期实现、取得实效。

2018 年 1 月 26 日，水利部、国家发展和改革委员会、财政部、国土资源部、环境保护部、住房和城乡建设部、交通运输部、农业部、卫生和计划生育委员会、国家林业局联合召开视频会议，共同推动实施湖长制工作。会议对建立健全湖长组织体系、制度体系和责任体系，构建责任明确、协调有序、监管严格、保护有力的湖泊管理保护机制，树立问题导向，分类指导、因湖施策，确保指导意见提出的六项主要任务落地生根，以及强化实施湖长制的保障措施等提出了明确要求。

第二节　贵州推行河湖长制的迫切性及发展现状

一、推行河湖长制的迫切性

贵州山高谷深，工程性缺水问题突出，人均供水量不到全国平均水平的 65%。近几十年来，随着经济社会的快速发展和工业化城镇化的加速推进，江河湖泊的污染破坏日益加剧，水的问题已经成为制约经济社会发展的主要问题之一。

贵州磷矿储量位居全国第三，磷矿渣累积堆存量达到 1.2 亿 t，磷渣污水渗入地下溶洞或通过地表水进入河流，成为乌江流域与清水江流域氟化物和总磷量均严重超标的主因。

20 世纪 80 年代以来，贵州为解决库区移民的生计问题，大力发展网箱养殖业。由于长期以来缺乏有效管理，网箱养殖对河流造成的污染日益加重，万峰湖、红水河网箱鱼养殖产业兴盛，河湖水质却明显受损。南明河属乌江支流，长约 36.4km。2004—2012 年间，随着贵阳市的高速发展，工业废水及生活污水大量排入南明河，使其逐步丧失自然净化能力，水质降到了劣Ⅴ类，一度沦为“失去生命的河流”。

而城镇扩张和周边村庄的无序发展，更对有“高原明珠”美誉的草海国家级自然保护区破坏极大，“城进湖退”、水体污染等问题突出。

松桃素有“中国锰都”之称，受锰矿开发影响，松桃河锰污染严重，对环境和当地居民的健康都带来了极大的隐患。

2009年，为了加强三岔河流域保护，确保黔中水利枢纽工程水环境安全，贵州省政府办公厅下发了《关于在三岔河流域实施环境保护河长制》的通知，明确六盘水、安顺和毕节的市县政府一把手担任三岔河流域主要河流的河长，自此迈出了贵州省“河长制”的第一步。2012年，“环境保护河长制”在全省八大水系推广实施。这些探索试点，为治理保护贵州省主要河流的水生态环境，巩固提升全省生态优势发挥了重大作用。同时，贵州省地处两江上游，江河湖泊的水质及其保护情况，直接影响长江、珠江流域生态安全，而两江流域的生态环境质量制约着全国生态平衡，事关国家生态文明建设和绿色发展战略的实施。因此，从更高层面统筹推进河长制，形成江河湖泊保护的完善、联动体系，努力构建水清、岸绿、河畅、景美的江河湖库体系，对贵州省具有更加特殊而又极其重要的意义。

1. 推进河长制，是践行绿色理念、推进生态文明建设的内在要求

党的十八大以来，党和国家高度重视生态文明建设。在“五位一体”总体布局中生态文明建设是其中“一位”，在新时代坚持和发展中国特色社会主义基本方略中坚持人与自然和谐共生是其中一条基本方略，在新发展理念中绿色是其中一大理念，在三大攻坚战中污染防治是其中一大攻坚战。

全面推行河长制，是进一步完善贵州水治理体系、保障水安全的内在要求，是以严格的制度体系和责任要求推进生态文明建设的内在要求，是建设国家生态文明试验区的内在要求。

2. 推进河长制，是守好“两江”上游绿色安全屏障的内在要求

贵州省位于长江流域、珠江流域两江上游，在流域分布上，长江流域、珠江流域贵州境内红线面积分别占全省总面积的21.39%和10.53%。

国家生态文明试验区赋予贵州建设长江珠江上游绿色屏障示范区的重大使命。全面推行河（湖）长制，守好“两江”上游绿色屏障，在国家生态环境安全战略格局中发挥着重要作用。

3. 推进河长制，是保护好人民群众“大水缸”的内在要求

水是生命之源，水资源是重要的战略资源。保护江河湖泊，让人民群众喝上干净的水，生产用上充足的水源，事关人民群众福祉，事关贵州长远发展。推进河长制，就是要保护好人民群众的生命之源、生活之便、生产之利，为维系贵州各族人民永续生存、子孙后代永续发展留下一口“大水缸”。

4. 推进河长制，是满足人民群众绿色生态美好需求的内在要求

江河湿地是大自然赐予人类的绿色财富。随着新时代我国社会主要矛盾的变化，人民群众日益追求绿色生活。贵州省流域面积300km^2以上的河道共167条，省内河道总长15676km，保护和管理难度很大，涉河违法案件时有发生。全面推行河长制，是解决复杂

水问题、维护河湖健康生命的有效举措，有利于构建水清、岸绿、河畅、景美的江河湖库体系，对满足人民群众绿色追求具有特殊而又极其重要的意义。

特别报道 | 06
2021年贵州生态日
GUIZHOU DAILY
贵州日报

扛起上游担当　护佑两江清源

——贵州全面推行河（湖）长制守好“两江”生态屏障

高位推动　构建覆盖全域河湖组织保障体系

区域联动　破解跨界河湖管理难题

全民行动　创建人民满意的幸福河

护河员的美好生活

兴义

小黄泥河变清了

贵州全面推行河湖长制　守好“两江”生态屏障

二、贵州河湖长制发展历程及现状

2009 年 6 月，贵州省政府下发了《关于在三岔河流域实施环境保护河长制的通知》（以下简称《通知》），要求流域内的六盘水市、安顺市政府和毕节地区行署以及 9 个县（区）政府“一把手”担任本辖区三岔河流域河流的河长，对本辖区内河流水环境质量负责。《通知》下发后，三市（地）立即行动，基本达到了省政府提出“河长要组织制订并实施所负责河流年度水环境综合整治工作计划”的要求，并确保计划、项目、资金和责任“四落实”。针对辖区内污染特点，三市（地）结合实际，研究制定并实施了一系列污染防治措施，着力解决重点、难点环境问题。“河长”成为政府社会责任的代言人，而不是政府的一个官职。

贵州省出台了《三岔河流域环境保护河长制项目规划》，分年度下达任务并督促实施。同时，加大资金投入，加强水质监测，并加大督察和考核力度。2010 年 4 月，贵州省制定了《三岔河流域环境保护河长制实施情况考核办法（试行）》，将悬浮物指标纳入考核内容。三岔河流域长期开发煤炭等矿产资源，将悬浮物纳入水质监测、评价和考核，既符合实际也有效反映了三岔河环境保护河长制的实施效果。

2012 年，贵州省在乌江、清水江实施“环境保护河长制”，在三岔河流域实施河长制的基础上，对清水江、乌江流域全面推进河长制，确保出境断面水质达标。对重点流域实施“环境保护河长制”，是全面加强流域水污染防治和生态建设的重要举措，是改善流域水环境质量和生态环境的重要途径。各地各有关部门必须进一步提高认识，以生态文明理念引领流域环境保护，既尊重自然、保护自然，又充分、合理地开发利用自然资源，发展循环经济，减少污染排放，加强污染治理，努力实现经济发展与环境保护的双赢。

2014 年起，贵州省开始在清水江、红枫湖、赤水河流域建立并开展水生态补偿机制，与“河长制”一起在水生态保护与恢复上双管齐下，形成独具特色的贵州管水模式。

2016 年 9 月 30 日，贵州省第十二届人大常委会第二十四次会议第三次全体会议表决通过《关于设立“贵州生态日”的决定》，决定自 2017 年起将每年 6 月 18 日设立为贵州“生态日”。

2016 年 11 月 24 日，贵州省人大常委会通过了《贵州省水资源保护条例》，明确规定“全省江河（湖泊、水库）水资源管理和保护全面推行各级人民政府行政首长负责的河长制”。此举率先将河长制工作纳入法制化轨道，该条例也是全国首部省级地方性水资源保护法规。

为贯彻落实《中共中央办公厅　国务院办公厅印发〈关于全面推行河长制的意见〉的通知》（厅字〔2016〕42 号），按照《水利部环境保护部贯彻落实〈关于全面推行河长制的意见〉实施方案》的有关要求，建立健全河湖管理保护体制机制，结合贵州省实际，制订了《贵州省全面推行河长制总体工作方案》。

2017 年 3 月 28 日，省委召开省委常委会，审议通过了《贵州省全面推行河长制总体工作方案》，2017 年 3 月 30 日，省委办公厅、省政府办公厅印发了《贵州省全面推行河长制总体工作方案》，提出在全省构建省、市、县、乡、村五级河长体系，实现河道、湖泊、水库等各类水域河长制全覆盖。

2017 年 6 月 18 日，贵州迎来首个“贵州生态日”。当天，“贵州生态日”重要系列活动之一的“保护母亲河河长大巡河”活动拉开帷幕，省委、省政府主要领导带头，30 多名在职省级干部以及市、县、乡、村各级河长共同开展大巡河活动。这是贵州落实绿色发展理念、加快生态文明试验区建设的创新实践，是贵州全面推行河长制的一个标志性事件，有效带动了全社会自觉参与保护河湖生态环境、建设美好家园的自觉行动。

2018 年 4 月 18 日，根据省领导职务变动，中共贵州省委办公厅、贵州省人民政府办公厅印发了《贵州省省级河长名录》，并提出今后非换届原因，省级河长调整原则上按照《中共贵州省委办公厅　贵州省人民政府办公厅关于印发〈贵州省全面推行河长制总体工作方案〉的通知》（黔委厅字〔2017〕22 号）确定的省级河长名录进行。

2018 年 7 月 25 日，为贯彻落实《中共中央办公厅 国务院办公厅印发〈关于全面推行河长制的意见〉的通知》（厅字〔2016〕42 号）和《中共中央办公厅 国务院办公厅印发

〈关于在湖泊实施湖长制的指导意见〉的通知》（厅字〔2017〕51 号），按照《水利部 环境保护部贯彻落实〈关于全面推行河长制的意见〉实施方案》和《水利部贯彻落实〈关于在湖泊实施湖长制的指导意见〉的通知》的有关要求，建立健全河湖管理保护体制机制，结合贵州省实际，中共贵州省委办公厅、贵州省人民政府办公厅印发了《贵州省全面推行河（湖）长制总体工作方案》。贵州省紧紧围绕统筹推进“五位一体”总体布局和协调推进“四个全面”战略布局，牢固树立新发展理念，全面建立省、市、县、乡、村五级河长体系，构建责任明确、协调有序、监管严格、保护有力的河湖管理保护机制，为维护河湖健康生命、实现河湖功能永续利用提供制度保障。

依法划定河湖管理范围，明确河湖管理边界线，科学合理编制岸线利用规划，是加强河湖管理的基础性工作，也是《水法》《防洪法》《河道管理条例》《贵州省河道管理条例》等法律法规作出的规定，更是中央、贵州省全面推行河（湖）长制明确的任务要求。

2019 年 3 月 8 日，为贯彻落实《水利部办公厅关于实施乡村振兴战略加强农村河湖管理通知》（办河湖〔2018〕274 号），按照贵州省领导的指示要求，省河长制办公室制定了《贵州省实施乡村振兴战略加强农村河湖管理工作推进方案》。

乡村振兴，生态宜居是关键。全面推行河长制湖长制以来，贵州省认真贯彻党中央、国务院的决策部署，牢固树立和践行“绿水青山就是金山银山”的理念，统筹山水林田湖草系统治理，全省水环境质量有了明显改善。但是，一些农村地区的小河塘，尤其是房前屋后的小沟渠，仍然存在治理盲区，“脏、乱、差”的现象仍较为普遍。为加强农村水环境治理，建设美丽宜居乡村，推动实施乡村振兴战略势在必行，加强农村河湖管理是实施乡村振兴战略的重要任务。

2019 年 9 月 9 日，为进一步推进和规范各地河（湖）长制管理信息系统建设，贵州省河长制办公室组织编制了《河（湖）长制管理信息系统建设导则》。

2020 年 6 月 9 日，为贯彻落实党中央、国务院和贵州省委、省政府关于河湖长制的有关精神，按照省领导指示和《贵州省河（湖）长制 2020 年度工作细化方案》要求，经研究，决定在贵州省跨市（州）、流域面积 1000km^2 以上、未设省级河长且管理难度偏大的 4 条河流及列入全国第一批示范河湖建设的赤水河遵义段开展互派副河长试点工作，省河长制办公室拟订了《贵州省跨界河流互派副河长试点工作方案》。

第三节　贵州省推进河湖长制的主要措施及成效

为更好地推进河湖治理进程，贵州省构建独具特色的省、市、乡、县、村五级河长体系，首创四级“双总河长”，独创“四大班子人人当河长”，33 家省直属部门一对一协助省级河长开展工作。截至 2020 年年底，全省 4697 条河流（湖）、2407 座小（2）型及以上水库、17150 座山塘共落实五级河长 22755 名，实现江河湖库河湖长制全覆盖。

2017 年至 2020 年，贵州省连续在 6 月 18 日“贵州生态日”期间举办五级河长巡河活动；完成流域面积 50km^2 1059 条河流划界工作；编制实施河湖“一河一策”方案；建成投用贵州河湖大数据管理信息系统；深入开展河湖“清四乱”，全面完成全省各级排查台账内 1694 处、水利部暗访反馈的 201 个“四乱”问题整改销号，取得了重要阶段性成效。加强城乡生活污水、垃圾收集处理，坚决打好污染防治攻坚战。城市（县城）污水收集处理能力快速提升、城市（县城）生活垃圾收运处理体系不断完善。

城市黑臭水体治理攻坚战取得明显成效，全省地级城市建成区 49 处黑臭水体均已消除黑臭并初步实现“长制久清”。

2018 年，贵州全省上下合力推动开展网箱养殖取缔工作，全省累计投入网箱养殖取缔补助经费约 17.9 亿元，累计取缔网箱养殖 3.3 万多亩，实现了全域“零网箱”。

在草海的生态保护与综合治理方面，威宁采取退城还湖、生态修复等政策，腾退原城市规划用地 22652 亩，收回保护区内原出让开发建设用地 2182.5 亩全部用于植被恢复。拆除房屋 3152 户，共计 39.6 万 m^2。造林绿化 4.35 万亩，完成退耕还湿 6 万亩。

自 2017 年以来，贵州省创新“1234”工作方法，深入推进河湖长制“有名”“有实”“有为”“有效”。

一、对标“四个到位”，实现河湖长制“有名”

中共中央办公厅、国务院办公厅印发的《关于全面推行河长制的意见》要求 2018 年年底全面建立河长制；水利部、原环境保护部印发的《贯彻落实〈关于全面推行河长制的意见〉实施方案》，要求工作方案到位、组织体系和责任落实到位、相关制度和政策措施到位、监督检查和考核评估到位，力争 2018 年 6 月底全面建立河长制。贵州省紧紧围绕“四个到位”要求，省、市、县三级以及需推行河长制的 1437 个乡（镇、社区）工作方案全部按时出台；省、市、县、乡、村五级河湖长体系全面建立，各级全部制定印发了中央要求的河长会议制度、信息报送制度、信息共享制度、工作督查制度、考核问责及激励制度、验收制度等 6 项制度，还结合实际创新制定了《贵州省河长巡河制度》《贵州省河湖违法行为行政执法与刑事司法衔接工作机制》及《贵州省省级河湖志愿者监督员管理办法》等；顺利通过水利部、生态环境部全面推行河长制中期评估和总结评估，评估成绩位居全国前列；配合水利部、流域委开展督查，组织省级责任单位对各地开展督导检查；逐级开展考核，并将考核结果报总河长审定后向社会公告，送组织部门作为党政领导干部综合考评重要依据。贵州省于 2017 年年底全面建立河长制，比中央要求提前一年，比水利部要求提前半年。

二、凝心聚力，多措并举，实现河湖长制“有实”“有效”

（一）构建一个体系

在中央全面建立省、市、县、乡河长制湖长制要求的基础上，贵州省延伸一级，率先全面建立省、市、县、乡、村五级河湖长制，并首创四级“双总河长”，由各级地方党委、政府主要领导共同担任；独创“省四大班子人人当河长”，省委、省人大、省政府、省政协领导各担任一条重点河流的省级河湖长，明确 32 家省直部门作为省级责任单位协助省级河湖长开展工作。各级参照省级做法，由本级党委、人大、政府、政协领导担任河湖长，全省 4697 条河流（湖）、2407 座小（2）型及以上水库、17150 座山塘落实五级河湖长 22755 名，省级河湖长 34 名，市（州）级河（湖长）302 名，县（市、区）级河湖长 2186 名，乡（镇）级河湖长 5671 名，村级河（湖）长 14562 名，实现河流、湖泊、水库等各类水域河湖长制全覆盖。还聘请了11220名河湖民间义务监督员和17884名河湖巡查保洁员参与河湖日常监督、巡查和保洁。

（二）推动“两个协作”

1. 推动区域协作

一是积极与相邻省（直辖市）建立跨境河湖联防联动机制。与四川、重庆、云南、广西、湖南等省（自治区、直辖市）签订跨省河湖联动机制协议，推动跨省河湖共同保护治理，实现了与周边省（自治区、直辖市）跨境河湖联防联动全覆盖。二是深入推进黄泥河两省三地共治共享。连续三年召开黄泥河两省三地联席会议，2019年，滇黔两省省委常委、省纪委书记共同出席黄泥河两省三地联席会议，推动签订了《2020年两省三地四县共管共治黄泥河目标考核方案》《黄泥河三地四县两级党委政府互派副河长工作机制》《黄泥河市县两级纪检监察机关监督检查和问题通报机制》等五项机制。三是三省四市政协共同推进赤水河流域生态经济发展协作，签订了《云贵川三省政协助推赤水河流域生态经济发展协作协议书》，2019年，遵义市和毕节市、云南省昭通市、四川省泸州市四市政协组成主席联合视察组，对赤水河流域污水治理情况开展了联合视察。四是黔渝川滇四省市检察机关联合出台《关于建立赤水河、乌江流域跨区域生态环境保护检察协作机制的意见》，在全国开先河、创经验，为构建长江上游生态屏障提供强有力的司法保障。

2. 推动部门协作

一是省河湖长办牵头统筹、32家省级责任单位通力协作，按年度制订工作细化方案和细化分解对应河湖“一河一策”方案年度目标任务，并督促抓好落实，协同推进监督检查。二是省纪委省监委主动介入，积极支持河湖长制工作，将河湖“四乱”问题专项整治纳入漠视侵害群众利益问题强力推进。三是部门间积极履职、协调联动更加积极有效。如松桃河省级责任单位省统计局积极协调省相关部门，发布锰污染处理设施特别排放限值，获国家批准建设大宗固体废弃物综合利用基地试点。四是省河湖长办与团省委、省文明办等单位联合开展“青清河”保护河湖志愿服务行动，组织志愿者巡河达数十万人次。五是省河湖长办积极对接水利、生态环境、交通、住房和城乡建设、农业、林业等部门，将相关工作纳入河湖长制并进行考核，协调推进最严格的水资源管理、船舶与港口污染防治、磷污染防治、农业面源污染防治、养殖污染防治、饮用水水源地环境问题整治、农村人居环境整治、城镇污水收集处理设施建设、黑臭水体治理、水土流失综合治理、河湖生态保护修复等重点工作。

（三）强化“三个保障”

1. 强化组织保障

全面推行河湖长制是习近平总书记亲自部署的一项重大改革举措。省委、省政府高度重视，要求各级各部门把全面推行河湖长制作为树牢“四个意识”、做到“两个维护”的行动检验。历任书记、省长率先垂范，亲自挂帅、靠前指挥，抓研究、抓部署、抓落实，认真履行省总河湖长职责，统筹推进全省河湖长制工作。各级河湖长均在本人负责的河湖积极开展组织协调、开展巡查暗访、研究解决有关问题等工作，自上而下高位推动的工作机制有效运行。2018年组织召开的全省深入推进河长制工作电视电话会议上，时任省委书记孙志刚、省长谌贻琴两位省总河长出席并对全面推行河湖长制工作进行动员部署；2020 年 12 月，省委书记谌贻琴、代省长李炳军召开了总河湖长会议，全面总结四年来贵州省全面推行河湖长制工作情况，研究部署下一阶段重点工作。省委改革办连续三年将河湖长制列为全省深化改革重点督办事项进行调度。副省长、省副总河长连续三年组织召开年度省级河湖长制部门联席会议，调度成员单位履职情况，针对性研究部署下一阶段重点工作。各地高位推动河湖长制工作，及时召开总河长会议及其他会议，研究部署下一步重点工作。县级及以上全部按照中央要求设立河湖长制办公室，配备专职人员，有效开展河湖长制日常工作。

2. 强化法律保障

贵州省创新探索，在全国率先将全面推行河长制写入地方法规，确保工作开展有法可依。2017 年至 2019 年 3 年出台了 3 部省级地方法规，其中 2017 年元月 1 日施行的《贵州省水资源保护条例》和 2018 年 2 月 1 日施行的《贵州省水污染防治条例》均要求推行河湖长制，2019 年 5 月 1 日施行的《贵州省河道条例》，设专章进一步对河（湖）长制工作进行了更为全面具体的规定，包括河湖长设立、河湖长职责、河湖长制工作部门职责、考核评价等。相关市州还针对辖区重要河流流域出台了保护条例，如《铜仁市锦江流域保护条例》《黔东南苗族侗族自治州㵲阳河流域保护条例》《黔南布依族苗族自治州涟江流域保护条例》等，以上条例均明确了“河长”职责。

3. 强化经费保障

各级积极协调，统筹安排资金用于河湖长制工作。据统计，近 4 年来，全省共落实各级资金 15.76 亿元，重点保障河湖管理范围划定、河湖岸线保护与利用规划编制、“一河（湖）一策”方案编制、宣传培训、信息系统建设等，为河湖长制工作顺利推进提供了有力的经费支撑。

（四）狠抓“四个重点”

1. 狠抓基础工作

一是全省各级均编制印发了辖区河湖“一河一策”方案，每年结合实际情况对年度目标任务细化分解，切实做到可预期、可监督、可考核。二是全面摸清了域内河湖基本情况，编印了《贵州省河湖名录》，按要求编制完成了设省级河湖长河湖的第一轮、第二轮“一河（湖）一策”方案，建立“一河（湖）一档”并实时更新。三是贵州省入选全国第一批 17 个示范河湖的赤水河（遵义市河段）建设顺利通过验收，为全省河湖管理保护提档升级探索经验、提供样板。四是制订印发了《贵州省实施乡村振兴战略加强农村河湖管理工作推进方案》，着力解决农村河湖“脏乱差”等突出问题。五是积极推进河湖管理范围划定。2018 年率先在全国完成省管河道（14 条）管理范围划定工作；2019 年制订印发了《贵州省河湖管理范围划定三年行动方案》，并按时全部完成全省流域面积 $1000km^2$ 以上的 71 条河流和草海管理范围划定并向社会公告；2020 年 12 月 10 日，流域面积 $50km^2$ 以上的河流划界和重要河流岸线保护与利用规划编制已全部完成，按时保质保量完成了年度任务。六是扎实推进信息系统建设。贵州河湖大数据管理信息系统建成投用，基本实现信息上传、任务派遣和督办考核的数字化管理。七是组织开展暗访督查。省级通过购买服务，采取“四不两直”形式开展暗访督查，对发现的问题交相关市州限期整改。八是创新实行“三考”，按年度实行“一河一考”“一市一考”“一单位一考”，有效推动了河湖长、有关责任单位积极履职尽责。九是试点开展跨界河流互派副河长工作。省级制订印发了《贵州省跨界河流互派副河长试点工作方案》，选取5条河流互派16名副河长积极有效开展工作；黔西南州充分总结黄泥河互派副河长经验，在全州推广跨界河流互派副河长机制，境内33条跨县河流共派副河长34名。

2. 狠抓专项行动

一是积极推进磷化工企业转型升级，采取“以渣定产”方式，减少河湖总磷污染。二是全流域取缔网箱养鱼，2018年，全省境内网箱3.38万亩已全部拆除，实现了全域“零网箱”。三是河湖“清四乱”成效显著。按照水利部有关要求，贵州省以1号、2号总河长令部署“清四乱”专项行动，全省各级台账内的887个问题及水利部暗访发现的158个问题全部按时整改销号。在前期以1号、2号总河长令动员部署河湖“清四乱”专项行动取得明显成效的基础上，2020年又以3号总河（湖）长令印发了《贵州省深入推进河湖“清四乱”常态化规范化工作方案》，细化判别标准和整治措施，督促各地准确把握清理整治重点，确保清理整治质量，对“四乱”问题“查”“认”“改”“罚”，查认一起，整改一起，销号一起，切实做到动态清零，持续推进河湖面貌改善。截至2020年年底，全省各地共自查自纠发现678个问题，全部按时整改销号。四是加强河湖采砂管理。全面排查全省河湖采砂情况，并制定了河湖采砂专项整治工作方案，持续开展非法采砂整治工作，组织编制印发了《贵州省河道采砂管理重点河段、敏感水域采砂管理规划》。五是圆满完成长江经济带固体废物清理整治行动。全省169处固体废物均在规定时间内完成清理整治。六是“百千万”清河行动成效明显。组织对120条［设省级河长的32条＋88个县（市、区）各选1条］主要河流开展重点执法检查，对全省$50km^2$以上的1059条河流开展了清岸清水行动，聘请了17884名保洁员负责河湖日常巡查和保洁，人均工资840元/（人·月），其中贫困人员占比63.85%，有效带动贫困人员脱贫。

3. 狠抓巡河护河

一是连续五年在“贵州生态日”成功举办“保护母亲河　河长大巡河”活动。2019年和2020年连续两年将“保护母亲河　河长大巡河”活动与中央环保督察反馈问题和长江经济带曝光贵州省突出问题有机结合，五级河湖长积极巡河履职，着力解决河湖水生态环境管护存在的突出问题，推动河湖面貌持续好转，打造造福人民的幸福河，用实际行动践行生态文明，守护绿水青山。二是按照渝川滇黔跨区域生态环境保护检察协作机制要求，2019年年初，省河长办与省检察院共同举办“三级两长护河大巡查”活动，在全省推行河长、检察长“两长”巡河机制，充分融合河长行政监督、检察长法律监督的职能职责作用，实行重要内容及时沟通、重要部署共同决策、重要环节联合推进、重大疑难问题牵头办理，有力促进河湖顽疾整治。三是各级河长严格按照《贵州省河长巡河制度》规定的巡河频次及要求积极巡河履职，三年多来，累计巡河超过两百万人次，切实解决了河湖存在的一大批重点难点问题。

4. 狠抓培训宣传

一是全省各级充分采取以会代训、专题培训、现场培训、河湖长制进党校等方式组织开展河湖长制培训。2018年，原副省长、省副总河长吴强在省委党校“生态文明建设和大生态战略行动专题研讨班”专门就深入实施河长制讲课；2019—2020年，连续两年联合省委组织部分别在河海大学、浙江大学举办了贵州省提升河湖长履职能力专题培训班，进一步统一思想、深化认识、拓宽思路、推动实践，提升个人政策素养与业务能力。二是连续四年将河湖长制作为“世界水日”“中国水周”重要宣传内容，有效带动更多的人参与到河湖保护的实际行动中来。三是充分利用各种媒体、采取各种方式向社会宣传，人民网、新华网、央视等主流媒体刊发新闻报道上万篇（条），营造了全社会关爱河湖的良好氛围。

贵州省河湖长制工作在省委省政府的高度重视和组织领导下，各级河长积极履职尽责，各级河长办统筹协调，各有关部门和单位协同配合，各项工作扎实有效推进，河湖管理保护成效明显，全省江河湖库水质持续改善。2020 年 1—11 月纳入国家“水十条”考核的 55 个地表水断面水质优良比例为 98.2%，22 个地级城市集中式饮用水水源水质均达到或优于Ⅲ类。

展望未来，贵州省将积极践行新时期治水思路，强化河湖长制，继续推动贵州省河湖长制工作高质量发展，为开创百姓富、生态美的多彩贵州新未来提供更加坚实的生态保障。

任务篇

第三章　加强水资源保护

第一节　全面落实最严格水资源管理制度

根据《国务院关于实行最严格水资源管理制度的意见》（国发〔2012〕3 号），2013 年 12 月 1 日贵州省政府印发了《省人民政府关于实行最严格水资源管理制度的意见》（黔府发〔2013〕27 号），目标任务为："到 2015 年末，初步建立全省用水总量控制、用水效率控制、水功能区限制纳污'三条红线'和控制指标、实时监控、考核评估'三个体系'框架；到 2020 年末，基本建立最严格水资源管理制度，水资源配置格局基本形成，用水效率和效益明显提高，水环境质量和重点地区水生态状况明显改善，经济社会发展用水保障能力大幅度提升；到 2030 年末，全面建立最严格水资源管理制度，以水资源的可持续利用保障经济社会可持续发展，促进生态文明建设。"

目前，贵州省以实行最严格水资源管理制度考核为抓手，推动落实水资源总量和强度双控，建立了覆盖省、市、县三级的总量控制、用水效率控制、水功能区限制纳污"三条红线"指标体系。省人民政府成立了以分管副省长为组长的贵州省实行最严格水资源管理制度工作领导小组，全面协调贵州省实行最严格水资源管理制度各项工作。要坚持以水定城、以水定地、以水定人、以水定产，全面落实"用水总量控制、用水效率控制、水功能区限制纳污和水资源管理责任与考核"四项制度，全面实行水资源消耗总量和强度双控行动，严格水资源用途管控；建立水功能区水质达标评价体系，健全控制指标体系，着力加强监督考核。严格落实环境影响评价、水资源论证、取水许可和水资源有偿使用制度，积极推进水权制度改革、水权交易试点。加快水资源监控能力建设，探索建立区域水资源、水环境承载能力预警工作机制。开展入河（湖）排污口全面核查和整治，加强水功能区监督管理。核定水功能区的纳污能力，明确功能区的允许纳污总量。实施全民节水计划，全面推进节水型社会建设，加强工业、城镇、农业节水。

全面落实最严格水资源管理制度包括以下几方面内容：

（1）严格水资源论证。国民经济和社会发展以及城市总体规划的编制、重大建设项目、工业聚集区和产业园区的布局，要充分考虑当地水资源的承载能力，严格落实规划水资源论证制度，实现生产力布局、产业结构与水资源承载能力相协调。严把新上项目准入关口，把建设项目水资源论证作为开工建设的前置条件。

（2）严格控制用水总量。建立用水总量控制指标体系，对取用水总量已经达到或者超过控制指标的地区，暂停审批新增取水建设项目。对取用水总量接近控制指标的地区，严格限制高耗水、高污染、低效益的项目，实现区域水资源供需平衡。

（3）严格规范取水许可。严格规范取水许可审批管理，未经水行政主管部门批准，不得随意取水或改变用水计划。取水许可证有效期满需延续的建设项目，要全面评估产品、规模、技术、工艺和实际取用水变化情况，合理核定取用水量。建立全省取水许可管理登记信息台账，建立健全水平衡管理制度。

（4）加强地下水管理和保护。在查明可有效开发利用的地下水赋存情况及开发利用潜力的基础上，合理规划，有序推进地下水的开发利用。加强地下水动态监测、预警预报和监督管理体系的建立和实施，制定和完善地下水保护政策，防止地下水过度开发、水质污染和水源破坏。

（5）加强水资源费征收管理。依法按时足额征收水资源费，禁止协议性收费，加强计量管理，实行按计量收费，任何单位和个人不得减免水资源费。

（6）加强水资源管理调度。对地表水与地下水、本地水与外来水、常规水资源与非常规水资源实行统一调度、统一管理。制定全省水资源年度调度计划和应急调度预案，统筹生活、生产和生态供水调度，保障供水安全、粮食安全、经济安全和生态安全。

（7）严格计划用水与定额管理。建立用水效率指标体系，实行用水效率控制指标与区域年度用水计划管理相结合的制度。纳入取水许可管理的单位在每年 11 月底前向当地水行政主管部门报送下年度用水计划，由水行政主管部门审核确定用水计划。对不按规定申报用水计划的，依法进行处罚。对超计划或超定额用水的单位实行累进加价制度。

（8）推进节水型社会建设。开展节水型社会省级试点创建工作，建设一批节水型示范机关、企业、社区、学校。水资源短缺、生态脆弱地区要严格限制高耗水工业项目建设和高耗水服务业。加大国家节水技术推广和技术标准贯彻执行力度，支持节水技术改造和示范工程，积极发展高效节水灌溉和旱作节水农业。建立市场准入制度，推动节水器具标准化建设和管理。

（9）严格节水“三同时”制度。新建、改建和扩建的建设项目，实行节水设施与主体工程同时设计、同时施工、同时投产使用的“三同时”制度。未落实“三同时”制度的，由县级以上人民政府水行政主管部门依法责令停止取用水并限期整改。逾期不改的，依法进行处罚。

（10）推进非常规水资源开发利用。积极开展中水回用工程建设，加大水资源的循环利用，不断探索非常规水资源利用的方式。矿山聚集区要加强矿井涌水处理回用，干旱缺水区要加强雨水积蓄工程建设。

（11）加强河湖水生态保护与修复。以重要河湖、湿地和城镇水环境的恢复与改善为重点，积极开展水生态系统保护与修复工程建设，严禁非法侵占河湖水域，切实维护河湖生态环境。

贵州省目前的水资源配置体系尚不完善，在供水端、需求端和配置链之间存在较大的分配不合理问题，挤占河道内生态用水等现象仍然较为突出。在供水端，骨干水源工程仍然缺乏，对水资源的调配能力仍然不足；在需求端，农业灌溉的用水比例仍然最大，与其他行业争水的现象较为普遍；在配置链，水源供水能力与用水需求在空间分布上仍然存在错位。未来随着经济社会发展对水资源的需求不断增加，供需矛盾将更加突出。贵州省未来水资源配置的重点是结合全省水资源特点和经济社会发展布局，适应新时期发展的新要求，立足于贵州省水资源条件和供水基础，围绕贵州省水资源需求和发展制约，初步建立节水型生产和生活方式，并逐步提高用水效率和效益，积极推进社会节水意识，提升水资源节约安全利用水平。

第二节 坚持节水优先

以《国务院关于实行最严格水资源管理制度的意见》（国发〔2012〕3号）为指导，积极践行“节水优先、空间均衡、系统治理、两手发力”治水思路，落实《国家节水行动方案》和《贵州省节水行动实施方案》，执行《贵州省节约用水条例》，围绕贵州生态文明建设要求，强化水资源刚性约束，合理分水，管住用水，实现水资源消耗总量和强度双控，加强监督管理，做好全产业、全用水过程节水工作，增强节水意识，提高用水效率和效益，为守好发展和生态两条底线提供有力支撑。做好节水工作，主要从以下六个方面着手。

一、加大节水宣传力度

为深入贯彻习近平总书记提出的“节水优先”方针和党的十九大“实施国家节水行动”决策部署，依据《水利部办公厅 教育部办公厅关于开展节水用水主题宣传教育活动的通知》（办节约〔2020〕13号）和水利部办公厅关于组织开展“世界水日”“中国水周”活动的通知要求，通过建设“节水文化”、开展“节水行动”、分享“节水经验”和留下“节水足迹”等系列主题宣传教育活动，充分调动群众的积极性，养成节约用水的良好习惯。政府部门通过宣传活动积极采取有效措施，提高公众节水意识，使群众真切地感受到缺水的严重性。通过宣传逐步加强群众的节水意识，转变用水观念，端正思想认识，自觉树立“节约水光荣，浪费水可耻”的信念，使群众主动加入到节约水资源、创建节水型社会的行列当中去。加强国情省情水情教育，开展主题宣传和节水进校园等活动。鼓励开展节水型社会、节水型城市及节水型单位、节水示范基地等创建活动。

二、抓好节水评价

依据《水利部关于开展规划和建设项目节水评价工作的指导意见》（水节约〔2019〕136号）的要求，为规范与取用水有关的规划和建设项目节水评价工作，贵州省水利厅印发《省水利厅关于开展规划和建设项目节水评价工作的通知》（黔水节〔2019〕5号），对贵州省规划和建设项目节水评价工作进行了相关规定。同时，按照《水利部办公厅关于印发规划和建设项目节水评价技术要求的通知》（办节约〔2019〕206号），贵州省水利厅印发《省水利厅转发水利部办公厅关于印发规划和建设项目节水评价技术要求的通知》（黔水节〔2019〕15号），对规划和建设项目节水评价的技术要求进一步作了明确。

三、重点领域节水

（一）农业节水增效

1. 创建节水型灌区

为贯彻落实《国家节水行动方案》，大力推动灌区节水，全面提升农业灌溉用水效率，促进灌区高质量发展，2021 年 4 月 15 日，水利部印发《水利部办公厅关于深入开展节水型灌区创建工作的通知》（办农水〔2021〕107 号）。在深入开展节水型灌区创建工作中，有效推进灌区建立完善节水制度、创新节水体制机制、提高节水技术应用水平，促进农业用水方式由粗放向节约集约转变，以水资源的可持续利用支撑经济社会的可持续发展。

2. 加大工程节水力度

以骨干水源工程配套灌区建设为重点，结合节水型灌区建设的契机，新建和改造渠道及渠系建筑物，提高渠道防渗率。因地制宜建设集雨工程，充分利用非常规水源进行农业灌溉。在基础条件具备的灌区、农业园区开展土壤墒情监测。通过工程节水、田间节水、管理节水和信息化、生态化“三节两化”五位一体的建设模式推进现代生态灌区建设。

（1）积极推广喷灌技术。

（2）大力发展微灌技术。微灌指利用专门设备，将有压水流变成细小水流或水滴，湿润植物根区土壤的灌水方法，包括滴灌、微喷灌、涌泉灌（或小管出流灌）等。

（3）推广管道输水工程与低压管道输水灌溉。

（4）推进智能灌溉发展。以高效节水灌溉技术、自动化与信息化技术、无线数据与视频传输技术及水肥一体化技术为核心，结合农业示范园区建设，推广智能灌溉技术，实现自动化管理和远程化（电脑、手机）操控。

3. 推进用水计量设施建设和管理

灌区取水水量监测是灌区水价改革的基础，也是节水的基础。大力推广灌溉用水计量管理，逐步建设灌溉用水计量设施，新建灌区在建设阶段应安装计量设施，已建灌区进一步完善计量设施，有条件的灌区推广智能水表，实行先售水、后用水。

4. 推广畜牧渔业节水方式

实行规模养殖场节水改造和建设，推行先进适用节水型畜禽养殖方式，推广节水型饲喂设备、机械干清粪等技术和工艺。

5. 优化调整作物种植结构

以保障粮食生产为前提，结合国家和地方各类节水增效示范项目、贵州省农业产业发展布局和现代山地特色高效农业科技示范园区建设，重点调整蔬菜、茶、马铃薯、精品果业、中药材、核桃、油茶和特色杂粮等产业结构，推动蔬菜、食用菌、辣椒、精品水果等优势农业特色化、规模化。根据水资源条件，推进适水种植、量水生产。在易旱地区，适度压减高耗水作物，例如需水需肥量大的玉米种植面积；扩大低耗水和耐旱作物种植比例，选育推广特色优势产业、耐旱农作物新品种。

（二）工业节水减排

综合考虑布局优化、调整结构、淘汰落后产能，限制高消耗、高排放、低效率、产能过剩行业盲目发展及严格市场准入等。通过加强计量设施有效性监督、计划用水管理、技术改造以及扩大非常规水源利用等措施降低单位产品取水量和排污量；开展节水型工业园区建设，创建节水型企业等。

（1）加快高用水重点行业节水技术改造。重点抓好火电、钢铁、纺织染整、造纸、石化和化工、食品和发酵等高用水重点行业节水技术改造，组织研究开发节水工艺技术和设备，大力推广当前国家鼓励发展的节水设备（产品），重点推广工业用水重复利用、高效冷却、热力和工艺系统节水、洗涤节水、工业给水和废水处理、非常规水资源利用等通用节水技术和生产工艺。

（2）推动节水型企业建设。开展节水型企业创建活动，树立一批行业示范典型。工业企业特别是高用水企业要根据国家和地方节水规划及用水定额的要求，把节水工作贯穿于企业管理、生产全过程，制定企业节水目标、节水计划，通过强化管理、加强技术改造、开展水平衡测试等措施，挖掘节水潜力，提高用水效率。推进工业企业水平衡测试。

（3）落实项目节水评价。突出节水的优先地位，强化规划制定、建设项目立项、取水许可中节水有关内容和要求；严格控制用水总量，合理确定规划和建设项目用水规模和结构，确保用水总量控制在流域水量分配方案、区域用水总量红线范围内；推动提高用水效率，对标国际国内同类地区先进用水水平，建立科学合理的节水评价标准，促使规划和建设项目高效用水；充分论证各类用水的必要性、合理性、可行性，提出客观公正的评价结论，从严叫停节水评价不通过的规划和建设项目，真正从源头上把好节水关。

（4）推进工业园区节水及开展清洁生产。建立节水和废水处理回用专业技术服务支撑体系，鼓励高新技术开发区、经济技术开发区、工业园区推行清洁生产技术。新建工业园区在规划布局时要统筹供排水、水处理及水梯级循环利用设施建设，实现公共设施共建共享，鼓励企业间的串联用水，分质用水、一水多用和循环利用。已有园区应将节水作为产业结构优化和循环改造的重点内容，推动企业间水资源利用，强化节水及水循环利用设施建设。建立园区节水、废水处理及资源化专业技术支撑体系，鼓励各级工业园区、经济技术开发区、高新技术开发区采取统一供水、废水集中治理模式，实施专业化运营，实现水资源梯级优化利用。

（三）城镇节水降损

贵州省在降低城镇管网漏损率和节水器具普及方面仍具有一定节水潜力。随着城市化进程的加快以及生活和居住条件的改善，人们生活水平不断提高，生活节水成为城镇节水的重点。通过全面推行节水型城市建设、降低供水管网漏损、深入开展公共领域节水、严控高耗水服务业用水等措施，逐步控制用水定额、降低用水增长率，全面提高城镇生活节水水平。加快实施城镇供水管网改造，强化城镇用水管理，合理利用城镇再生水及雨水；加强服务业、公共设施及基础设施节水；推广使用节水器具；加强供水和公共用水管理；全面推进节水型城市建设，推进海绵城市建设，开展节水型企事业单位、小区和学校建设。主要措施如下：

（1）实施节水“三同时”管理。新建和改扩建工程节水设施必须与主体工程同时设计、同时施工、同时投入使用。城市建设主管部门在城市规划、设计、施工、竣工验收等管理环节要强化“三同时”制度落实，不符合规定的不予通过。政府明确落实程序，建立联动机制，加强信息沟通共享，强化节水设施建设的事中、事后监管。

（2）强化计划用水与定额管理。严格执行国家和省级最新用水定额标准，在水资源论证与取水许可申请、取水许可证办理、计划用水管理等工作环节中，加强计量设施和用水定额管理。将直接从地表或地下取水的用水户以及公共供水管网中的用水大户纳入计划用水管理，扩大计划用水覆盖范围。

（3）合理调整城镇供水价格。在制订水价调整方案时，应综合考虑水资源费、水利工程供水价格、供水企业正常运行合理成本和盈利，以及各方面的承受能力，合理调整城镇供水价格。实施阶梯水价，超计划、超定额加价收费，降低第一级水量基础，适当拉大高耗水行业与其他行业用水的价差。

（四）促进非常规水资源利用

贵州的非常规水资源主要包括再生水、雨水和矿井水。“十四五”期间，促进非常规水资源利用主要工作有以下两个方面：一是建立健全非常规水资源利用的各项规章制度，研究和出台鼓励非常规水资源开发利用的优惠政策，强制配套建设再生利用及输配设施，明确非常规水资源的建设、运营、监督等管理主体，并划分权责职能；建立合理的融资、运营、监管机制，发挥经济杠杆调控作用，形成再生水水价市场定价体系，给予再生水生产供给企业各类扶持，充分调动投资运营的积极性，提高区域水资源的利用效率，逐步提高非常规水资源的利用水平。二是加大政府在再生水供水管网建设方面的投入，并借鉴国内其他省份再生水运营实体的运营模式和经验，通过特许经营方式，由具有专业资质的企业全面负责城市集中式再生水设施的投资、建设和运营，有效整合和拓宽资金渠道，建立良性的市场运作机制。

四、全面推进节水型社会达标建设

1. 开展县域节水型社会达标建设的重要意义

全面开展节水型社会达标建设是落实节水优先方针的重要举措，对加快实现从供水管理向需水管理转变，从粗放用水方式向高效用水方式转变，从过度开发水资源向主动节约保护水资源转变，具有十分重要的意义。通过推进节水型社会达标建设，可以全面提升全社会节水意识，倒逼生产方式转型和产业结构升级，促进供给侧结构性改革，更好地满足广大人民群众对美好生态环境的需求，增强县域经济社会可持续发展能力，促进社会文明进步。

2. 节水型社会评价指标

节水型社会的评价标准遵照《省水利厅关于印发贵州省县域节水型社会达标建设工作实施方案的通知》（黔水资〔2017〕17号）执行。

3. 节水型社会达标建设的主要任务

各县级行政区根据县域内各行业的具体情况，按照节水型社会评价标准编制节水型社会达标建设实施方案，经县级人民政府批复后开展县域节水型社会达标建设的创建，对标对表进行自评并报评估验收。各省级水行政主管部门根据上报材料组织评估验收，并报水利部备案。

五、加强节水监督管理

1. 加强节水监督要求

严格实行计划用水监督管理。对重点地区、领域、行业、产品进行专项监督检查，建立国家、省、市三级重点监控用水单位名录。

2. 监督管理主要措施

（1）加大计划用水管理力度。按照《省水利厅关于进一步规范取水许可项目计划用水管理的通知》（黔水节〔2021〕9号）文件要求，加强各市（州）、各县（市、区）计划用水管理，严格按照用水定额和区域用水计划下达单位用水计划。

（2）加强重点监控用水单位监督管理。各省级水行政主管部门按要求制订监督检查计划，认真组织开展节水业务监督检查，及时发现问题，督促限期整改。

六、提升节水管理能力

1. 建设用水定额体系

规范和加强用水定额编制、发布和执行。各流域机构和省级水行政主管部门要按照要求，科学编制各行业用水定额，严格督导检查，强化定额执行。

2. 加大计划用水管理力度

加快修订《计划用水管理办法》，进一步发挥计划用水约束作用。地方各级水行政主管部门要加快推进计划用水规范化管理，严格按照用水定额和区域用水计划下达单位用水计划。

3. 深入落实和完善节水评价机制

严格水利部层面节水评价审查，把好重大项目节水关。指导流域和地方加强节水评价台账管理，抽查复核涉水规划和建设项目节水评价内容。各流域机构和省级水行政主管部门要加快推进节水评价工作，从建机制向严管理转变，指导规范节水评价章节编制，细化实化节水评价审查标准，从严叫停节水评价审查不通过项目，将节水优先落到实处。

4. 积极推动重点领域合同节水管理

建立合同节水管理服务平台，推介“十三五”合同节水典型案例，为节水服务企业、用水单位搭建沟通桥梁，促进节水服务市场发展。各省级水行政主管部门要积极推进合同节水管理，打造一批合同节水典型示范项目。

5. 加强节水统计体系和机制建设

依托用水统计调查制度，完善节水统计体系，改进节水统计调查方式方法。各省级水行政主管部门要做好节水数据收集、统计和复核工作，提高节水统计数据质量，建立健全节水统计机制。

第三节　严格水功能区管理

一、水功能区划体系

水功能区划是水资源保护与管理的基础。经过多年的发展，水功能区划体系已基本形成，管理日趋完善，并在水资源保护和管理工作中发挥了重要作用，成为核定水域纳污能力、制定相关规划的重要基础和主要依据。

水功能区划分采用两级区划，水功能一级区划分为四类，包括保护区、保留区、开发利用区、缓冲区；二级区划分重点在开发利用区内进行，分七类，包括饮用水水源区、工业用水区、农业用水区、渔业用水区、景观娱乐用水区、过渡区、排污控制区。一级区划主要解决地区之间的用水矛盾，二级区划主要解决部门之间的用水矛盾。

保护区是指对水资源保护、自然生态系统及珍稀濒危物种的保护具有重要意义，需划定进行保护的水域；缓冲区是指为协调省际、用水矛盾突出的地区间用水关系而划定的水域；开发利用区是指为满足工农业生产、城镇生活、渔业、游乐等功能需求而划定的水域；保留区是指目前水资源开发利用程度不高，为今后水资源可持续利用而保留的水域。

饮用水水源区是指为城镇提供综合生活用水而划定的水域；工业用水区是指为满足工业用水需求而划定的水域；农业用水区是指为满足农业灌溉用水而划定的水域；渔业用水区是指为满足鱼、虾、蟹等水生生物养殖需求而划定的水域；景观娱乐用水区是指以满足景观、疗养、度假和娱乐需要为目的的江河湖库等水域；过渡区是指为满足水质目标有较大差异的相邻水功能区间水质状况过渡衔接而划定的水域；排污控制区是指生产、生活废污水排污口比较集中的水域，且所接纳的废污水对水环境不产生重大不利影响。

二、严格控制入河湖排污总量

为限制污染物排放的总量就必须基本摸清规划流域（区域）污染源现状，进一步合理确定纳污能力及规划年限制入河湖排污总量控制方案，需要对规划水平年污染物的排放量和入河量进行预测。

1. 污染物排放量和入河湖量预测

污染源是指造成环境污染的污染物发生源，通常分为点源和非点源两种。本处所指污染物排放量预测，主要针对点源。点源主要包括工矿企业废水污染源和生活污水污染源。

污染物排放量预测的基本思路是通过收集规划区域社会经济发展及主要工业布局的变化趋势等资料，并考虑其他相关行业规划实施对区域经济格局的改变、水资源配置方案对废污水排放格局的影响等因素，以水资源配置中需水预测为基础，分工业废水和生活污水两部分，对规划区域废污水排放量进行预测。然后以预测的废污水排放量为依据，对废污水中主要污染物量进行预测。

2. 污染物入河湖控制

目前纳污红线的建立和管理尚处于探索阶段，尚未形成明确的管理制度与合理的管理方法。经过多年的探索、研究和实践，对河湖水资源保护的关键是控制入河排污量。入河湖限制排污总量与水功能区水质目标、达标评价方法、来水条件（水量、水质）、排污口的布设、排放方式、河道中污染物的迁移、转化特征等因素密切相关，揭示不同因素对入河湖限制排污总量影响程度，合理控制入河排污总量，可以指导流域污染源治理，改善河湖水环境质量，为流域污染源全面控制与入河湖污染负荷定量化管理提供支撑。

根据水功能区水质管理目标和现状污染物入河湖量，结合预测的进入该水功能区的污染负荷，拟定的规划水平年内分年度或分阶段的允许排入该水功能区的某种污染物总量，称为污染物入河控制量。入河湖控制量是实施水功能区水质管理的依据。

不同的水功能区入河湖控制量按不同的方法分别确定，同一水功能区不同水平年入河控制量可以不同。入河湖控制量须对应到每一个水功能区，有条件的可分配到水功能区内各入河排污口。

入河湖控制量分解包括时间分解和空间分解两个部分。时间分解即分阶段分解和控制入河湖控制量。水污染控制不能一蹴而就，为便于管理，提出不同规划水平年时间节点的分解控制方案，并保持与《全国水资源综合规划》规划目标的衔接。空间分解是按照不同行政单元对入河湖控制量分解。不同流域中的不同区域和水功能区，其经济发展、污染程度以及水文、地理条件不尽相同，综合考虑区域的差异性，对不同区域和水功能区设定不同的水质达标目标，确定入河控制量，将限排总量对应到每一个水功能区（有条件的可以分解到入河排污口）及水功能区（或排污口）所属的行政区。

三、污染物达标排放

1. 地面水质监测

监测断面的设置原则如下：①设在大量污水排入河湖的主要居民区、工业区的上游和下游；②设在湖泊、水库、河口的主要出口和入口；③设在河湖主流、河口、湖泊和水库的代表性位置；④设在主要用水地区，如公用给水的取水口、商业性捕鱼水域或娱乐水域等；⑤设在主要支流汇入干流、河口或入海水域的汇合口。

对河湖采样断面，通常设置背景断面和监测断面。背景断面水环境背景值是指未受或少受人类活动影响的区域内的天然水体的物质组成与基本含量。在清洁河段中设置水环境采样断面或采样点，可得到整个水系或河湖的水环境背景值。监测断面是为了弄清排污对水体的影响，评价水质污染状况所设的控制断面。流经城市或工业区的河段，一般设置对照断面、监测断面和消减断面。

河湖采样断面上采样点的设置，应根据河湖的宽度和深度而定。一般水面宽 50m 以下，只设 1 条中泓垂线；水面宽 50～100m，设左、右 2 条垂线；水面宽 100～1000m 时，应设左、中、右 3 条垂线；水面宽大于 1500m 时至少需设 5 条等距离的垂线。

在 1 条垂线上，水深小于 5m，只在水面下 0.3～0.5m 处设 1 个监测点；水深 5～10m 设 2 个点，即水面下 0.3～0.5m 和河底上约 1m 处设点；水深 10～50m 时，设 3 个点，即水面下 0.3～0.5m、河底上约 1m 处和 1/2 水深处各设 1 点；水深超过 50m 时，应酌情增加采样点。

对湖泊和水库的采样断面，除了出入湖、库的河湖汇合处及湖岸功能区的分布等因素外，还要考虑面积、水源、鱼类洄流和产卵区等。断面上采样点设置的确定方法与河湖相同。如果存在温跃层，则要考虑设置温跃层采样点。

采集的水样必须有代表性，要能反映出水质在时间和空间上的变化。常规水质监测采样频率及时间的要求为：①饮用水水源及重要水源保护区，全年采样 8～12 次；②重要水系干流及一级支流，全年采样 12 次；③一般中小河湖，全年采样 6 次，丰水期、平水期、枯水期各 2 次；④面积大于 $1000km^2$ 的湖泊和库容大于 10^8m^3 的水库，每月应采样分析 1 次，全年不少于 12 次；⑤其他湖库，全年采样 2 次，丰水期、枯水期各 1 次。

2. 地下水质监测

布置地下水质监测网，应当充分考虑监测区（段）的环境水文地质条件、地下水资源的开发利用状况、污染源的分布和扩散形式以及区域地下水的化学特征。监测的主要对象应该是污染物危害性大和排放量大的污染源、重点污染区和重要的供水水源地。污染区监测点的布置方法应根据污染物在地下水中的存在形式来确定。

3. 监测项目的确定

水污染监测项目的确定应按水污染的实际情况而定。根据我国城市水污染的一般特征和当前的监测水平，按一般环境质量评价的要求，监测项目大体上可分为以下几种：

（1）常规组分监测。常规组分监测包括钾、钠、钙、镁、硫酸盐、氯化物、重碳酸盐、pH 值、总溶解性固体、总硬度、耗氧量、氨氮、硝酸盐氮、亚硝酸盐氮等。

（2）有害物质监测。应根据工业区和城市中厂矿、企业类型及主要污染物确定监测项目，一般常见的有汞、铬、镉、铜、锌、砷等有机有毒物质和酚、氰以及工业排放的其他有害物质。

（3）细菌监测。可取部分控制点或主要水源地进行监测。对于一些特定污染组分，要根据水质基本状况进行专项监测。

四、监管入河湖排污口

（一）入河湖排污口管理主要问题识别

在对现有入河湖排污口全面调查的基础上，可以从以下方面识别入河湖排污口存在的问题：

（1）入河湖排污口是否按要求达标排放。

（2）排污口设置是否规范，是否便于监督管理。规范化排污口相关设施包括计量装置、自动监控装置、标志牌、公告牌等，排污口规范化整治要遵循便于采集样品、便于监测计量、便于日常监督管理的原则。

（3）排污口位置是否合理，是否影响水源地或自然保护区等敏感水域水质安全。

（4）排污口密集，宜造成多个排污口叠加，对水体影响加大。部分江段存在排污口密集、排污量较小的分散排污口。

（5）现状排污超过水域纳污能力，不能满足水功能区水质管理要求。

（二）入河湖排污口布设

1. 入河湖排污口布设分区

入河湖排污口布设分区原则如下：

（1）依法划区原则。水域排污分区的划定必须符合《中华人民共和国水法》《中华人民共和国水污染防治法》《中华人民共和国环境保护法》《中华人民共和国河道管理条例》《入河排污口监督管理办法》《风景名胜区管理条例》等法律法规，以及各级政府水源保护管理规定要求。

（2）从严控制原则。排污分区全面贯彻《最严格水资源管理制度》，坚守“水功能区限制纳污红线”，确保各水功能区水质达标。

（3）科学排污原则。在划分可申请排污区时，尽可能地选择纳污能力强，自净扩散能力大，没有环境敏感点的河段。

（4）经济发展和水资源保护相统筹原则。排污分区既要考虑到当地经济社会发展对水资源开发利用的需求，也要考虑到在水资源开发利用过程中水资源得到有效保护的内在需求。

（5）边界协调统一原则。为便于管理和监控，所划定的分区边界原则上与饮用水源保护区边界、自然保护区边界、种质资源保护区边界和水功能区边界一致。

2. 排污口禁设区

排污口禁设区是指法律或法规明确禁止新建、改建或扩建排污口的水域。

根据有关水域纳污能力及限制排污总量控制等要求，禁止设置入河排污口的水域包括但不仅限于：①饮用水源保护区水体；②风景名胜区、重要渔业水体及其他具有特殊经济文化价值的水体；③自然保护区水体；④需要削减排污总量或者新建排污口易引起水功能区水质不达标的水域；⑤直接影响合法取水户用水安全的水域。

3. 排污口限制区

排污口限制区是指所在水功能区开发利用程度较低，功能区纳污能力尚有富余，该水域范围内有条件新建、改建和扩建排污口，但需要限制排污行为的水域。

除禁止设置入河排污口的水域之外，其他水域均为排污口限制区。排污口限制区又可分为一般限制排污区和严格限制排污区。一般限制排污区是指当前水功能区水域纳污能力足够，在新设排污口建设运行后，水域纳污能力仍有富余的水域。严格限制排污区是指当前水功能区水域纳污能力足够，但在新设排污口建设运行后，水域纳污能力不足的水域。

第四章　加强水域岸线管理保护

第一节　我国河湖水域岸线管理与保护现状及存在的问题

一、我国河湖水域岸线管理与保护现状

近年来，我国高度重视对湖泊的保护与治理，采取了一系列有力措施，如大规模开展湖泊流域防洪治理，加强湖泊水资源保护，逐步开展水生态修复和治理，不断加强湖泊管理法治建设等，以维护湖泊的休养生息，取得了明显的成效。

合理地规划和开发利用河湖水域岸线对于促进经济社会发展，保障防洪、供水、水环境与生态安全，具有重要意义。而涉水建设项目作为河湖水域岸线管理与保护的重要组成部分，其建设对加快我国经济发展速度，改善城市水环境，提高居民生活质量具有积极意义，因此必须加大对涉水建设项目的管理力度，加强对河湖水域岸线的管理与保护。我国河湖水域岸线管理与保护的现状可从管理体制现状和开发利用现状两方面进行阐述。

1. 管理体制现状

目前我国岸线管理尚无明确的管理部门及专门法规，呈现出水利、自然资源、交通、海洋、渔政等多部门综合管理的状态和复杂局面，岸线管理不到位、越权审批、越权执法及部门之间矛盾纠纷日益突出。

2. 开发利用现状

随着经济社会不断发展和城市化进程加快，对岸线开发利用的要求也越来越高。特别是在经济发展水平较高、岸线资源开发利用条件较好的地区，岸线开发利用程度普遍较高。但由于岸线开发利用尚未形成较完善的管理体系，岸线开发利用和治理保护缺乏有效的控制措施，占用河滩、随意围垦、违规建设等与水争地的现象日益增多，岸线呈现出无序开发的“公地悲剧”，削弱了岸线资源的潜在利用价值。

二、河湖水域岸线管理与保护存在的问题概述

1. 河湖水域岸线面临的问题

随着我国经济社会的不断发展和城市化进程的加快，部分地区对河湖（湖泊）岸线利用的程度越来越高，沿江河（湖泊）开发活动和临水建筑物日益增多。河湖岸线利用

要求及程度的提高导致河湖水域岸线管理与保护面临严峻的形势。

（1）岸线资源利用效率低。部分项目从各自需求出发，缺乏与国民经济发展及其他相关行业规划的协调，常以单一功能进行岸线开发利用，造成岸线资源配置不够合理，存在多占少用和重复建设现象，岸线资源总体利用效率不高，不能充分发挥岸线资源的效能，造成岸线资源的浪费。部分河段建设项目过于集中，导致河道壅水相互叠加，其累加效应已影响到防洪安全和河势稳定。岸线利用配置不合理，部分小型工程大量占用岸线资源，把深水泊位按浅水泊位利用，或中小型码头占用较长的岸线，造成岸线资源浪费。一些先期建设的码头因管理等问题形成阻水障碍；一些省际边界河道未能处理好上下游、左右岸之间的关系，各自为政，盲目竞相开发利用，挤占河道；河道、岸线滩地多用于经济开发，较少考虑水景观、水生态、水文化等公益性功能。

（2）生态与环境保护压力大。由于经济持续快速发展，一些地方在加快开发利用河湖岸线资源的同时，虽然对岸线资源的管理和保护也开展了相关工作，但依然存在流域水土流失加剧、湖泊淤塞严重、湖泊水生态系统退化、生物多样性受损的问题，加大了湖泊生态与环境保护压力。近几十年来湖泊普遍萎缩，部分干涸，水域面积大幅缩减，导致区域生态严重恶化；污染严重，湖泊富营养化加剧；湖泊围网养殖过度，生态系统受损。随着湖泊围网养殖泛滥，面积不断扩大，许多湖泊的围网养殖已远远超出湖泊本身所能容纳的能力，湖泊水生态系统被破坏，人工大量投放饵料又加速了湖泊的富营养化过程。

（3）违章建设依然存在。一方面，历史遗留违章难以清除。20 世纪 90 年代前建设的水利工程，大多数没有确权划界，当时法律法规不健全，水利工程管理保护范围不明确，老百姓保护河流、保护生态的意识淡薄，沿河堤建房、侵占河道建房的现象普遍。另一方面，随着大量的民生基础设施修建，码头、桥梁侵占河道未批先建的情况较多，地方招商引资等带来的新违章建设时有发生。

（4）边界河湖非法采砂打击难。我国的行政区划习惯于以河湖边界为界线，在许多跨省（自治区、直辖市）、跨市（县）的中小河湖，河道采砂管理难度大，打击非法采砂组织难、效果差。比较突出的是中小河湖没有协调一致的专门机构，常常是左岸打击跑右岸，上游禁采下游偷采，非法采砂屡禁不止，“运动式”打击仅能维持一段时间，不能从根本上消除非法采砂现象。

2. 河湖水域岸线管理与保护存在的问题

长期以来，由于河湖岸线范围不明，功能界定不清，管理缺乏依据，部分河段岸线开发无序和过度开发严重，对河道（湖泊）行（蓄）洪带来不利影响，甚至严重地破坏了水生态环境。同时，由于缺乏岸线功能区划和管理规定，在岸线利用与保护方面缺乏技术依据，给行政许可和审批带来一定的难度。目前河湖水域岸线管理与保护主要存在以下四个方面的问题：

（1）管理体制不完善。由于河湖管理工作起步较晚，加之重视不够，目前河湖水资源管理体制不完善，综合管理相对薄弱，水利工程的水土资源开发、利用和保护难以实施有效管理和协调，在一定程度上制约了河湖管理工作的有效开展，不利于河湖水土资源的有效保护。在河道管理方面，近年来虽加强了岸线的依法管理，但执行仍不够严格和规范，已经形成的一些不合理利用状况也难以改变。

（2）规划欠缺整体性。岸线开发利用多强调局部利益，不能统筹上下游、左右岸关系，缺乏统一规划及有效管理，个别项目挤占规划保留区或防洪工程用地，改变河势，影响防洪安全；一些河段取水口、排水口、港口码头犬牙交错，既相互影响，又不能发挥岸线功能，或造成岸线资源浪费；一些临水城市以经济发展为由，随意围垦河湖、占用河滩地，人水争地矛盾突出。

（3）资金缺口较大。河湖管理工作是一项艰巨的工作，由于重建轻管等思想的影响，目前开展这项工作所需的经费渠道还不完善，大部分资金仍然使用在水利工程建设上，水利工程管理的经费还存在一定的缺口，能够用于河湖管理的资金很少。虽然河湖管理单位定性为财政差额拨款事业单位，但由于地区财政困难，很多中小型河湖一直未纳入区财政差补范围。这不仅使工程折耗和维护管理费用没有补偿渠道和来源，职工的工资发放也难以保障。

（4）管理人员缺乏。河湖水域岸线管理机构大多数远离城市，高级专业技能人才不愿意到条件艰苦的基层，客观上造成基层管理人员文化素质相对较低；同时培训提升资源相对缺乏，管理运行人员在政策法规意识、科学管理意识、专业技能知识等方面更新较慢。

第二节　河湖水域岸线管理与保护理论及方法

河湖水域岸线是保障供水安全与防洪安全的重要屏障，同时对维系良好的生态环境具有重要作用。合理地规划和开发利用河湖水域岸线、加强河湖水域岸线管理与保护对于促进经济社会发展，保障防洪、供水、水环境及生态安全，具有重要意义。本节将从水域、岸线和水环境管理与保护三方面提出河湖水域岸线管理与保护的目标，明确“河长制”背景下河湖水域岸线管理与保护的要求和主要内容。

一、河湖水域岸线相关定义与划定原则

1. 河湖水域岸线相关定义

目前，河湖水域岸线定义为河湖水域和岸线。其中，河湖水域是指江河、湖泊、水库、塘坝、人工水道、溪流及其管理范围，不包括海域和在耕地上开挖的鱼塘。河湖岸线是指河湖两侧、湖泊周边一定范围内水陆相交的带状区域。岸线边界线是指沿河湖走向或湖泊沿岸周边划定的用于界定各类岸线功能区垂向带区范围的边界线，分为临水边界线和外缘边界线。

临水边界线，是根据稳定河势、保障河道行洪安全和维护河湖生态等基本要求，在河湖沿岸临水一侧顺水流方向或湖泊（水库）沿岸周边临水一侧划定的岸线带区内边界线。

外缘边界线，是指岸线资源保护和管理的外缘边界线，一般以河（湖）堤防工程背水侧管理范围的外边线作为外缘边界线，对无堤段河道以设计洪水位与岸边的交界线作为外缘边界线。

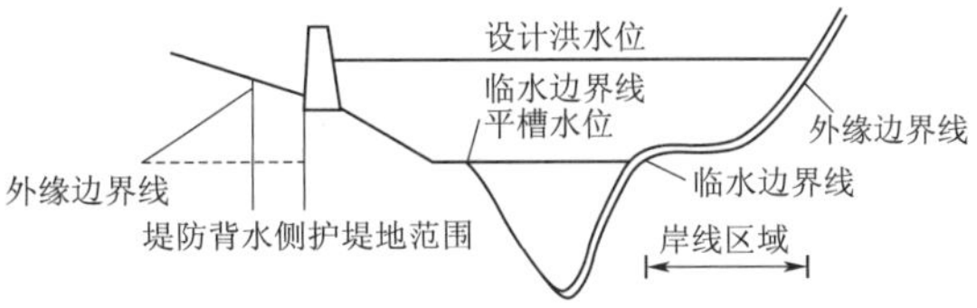

岸线边界线的断面图

河湖岸线是指河流两侧、湖泊周边一定范围内水陆相交的带状区域，它是河流、湖泊自然生态空间的重要组成。在外缘边界线和临水边界线之间的带状区域即为岸线。岸线具有行洪、调节水流和维护河流（湖泊）健康的自然生态功能属性，同时在一定情况下，也具有开发利用价值的资源功能属性。任何进入外缘边界线以内岸线区域的开发利用行为都必须符合岸线功能区划的规定及管理要求，且原则上不得逾越临水边界线。

2. 岸线边界线划定的原则

（1）根据岸线利用与保护的总体目标和要求，结合各河段的河势状况、岸线自然特点、岸线资源状况，在服从防洪安全、河势稳定和维护河流健康的前提下，充分考虑水资源利用与保护的要求，按照合理利用与有效保护相结合的原则划定岸线边界线。

（2）按照流域综合规划、防洪规划、水功能区划及河道整治规划、航道整治规划等方面的要求，统筹协调近远期防洪工程建设、河流生态功能保护、滩地合理利用、土地利用等规划以及各部门对岸线利用的要求，按照岸线保护的要求，结合需要与可能合理划定。

（3）应充分考虑河流左右岸的地形地质条件、河势演变趋势及与左右岸开发利用与治理的相互影响，以及河流两岸经济社会发展、防洪安全和生态环境保护对岸线利用与保护的要求等因素，合理划定河道左右岸的岸线边界线。

（4）城市段的岸线边界线应充分考虑城市防洪安全与生态环境保护的要求，结合城市发展总体规划、岸线开发利用与保护现状、城市景观建设等因素。

（5）岸线边界线的划定应保持连续性和一致性，特别是各行政区域交界处，应按照河流特性，在综合考虑各行业要求，统筹岸线资源状况和区域经济发展对岸线的需求等综合因素的前提下，科学合理进行划定，避免因地区间社会经济发展要求的差异，导致岸线边界线划分不合理。

二、岸线功能区分类及划分原则

1. 岸线功能区分类

岸线功能区是根据岸线资源的自然和经济社会功能属性以及不同的要求，将岸线划分为不同类型的区段。合理划分岸线功能区是岸线利用管理规划的核心内容之一。岸线功能区界线与岸线边界线垂向或斜向相交。根据水利部《全国河道（湖泊）岸线利用管理规划技术细则》的规定，岸线功能区分为岸线保护区、岸线保留区、岸线控制利用区和岸线开发利用区四类。

（1）岸线保护区。岸线保护区是指对流域防洪安全、河势稳定、水资源保护、水生态保护、珍稀濒危物种保护及独特的自然人文景观保护等至关重要而禁止开发利用的岸线区。

（2）岸线保留区。岸线保留区是指规划期内暂时不开发利用或者尚不具备开发利用条件的岸线区。

（3）岸线控制利用区。岸线控制利用区是指因开发利用岸线资源对防洪安全、河势稳定、水生态保护存在一定风险，或开发利用程度已较高，进一步开发利用对防洪、河势、供水和水生态安全等造成一定影响，而需要控制其开发利用程度或开发利用方式的岸线区段。

（4）岸线开发利用区。岸线开发利用区是指河势基本稳定，无特殊生态保护要求或特定功能要求，岸线开发利用活动对防洪安全、河势稳定、供水安全及河湖健康影响较小的岸线区。

2. 岸线功能区划分原则

为合理划分岸线功能区，充分利用河湖水域岸线资源，岸线功能区划分原则包括以下 11 个方面：

（1）引起深泓变迁的节点段或改变分汊河段分流态势的分汇流段等重要河势敏感区岸线应划为岸线保护区。

（2）列入省（自治区、直辖市）集中式饮用水水源地名录的水源地，其一级保护区应划为岸线保护区，列入全国重要饮用水水源地名录的水源地应划为岸线保护区。

（3）位于国家级和省级自然保护区核心区和缓冲区、风景名胜区核心景区等生态敏感区，法律法规有明确禁止性规定的，需要实施严格保护的各类保护地的河湖岸线，应从严划分为岸线保护区。

（4）根据地方划定的生态保护红线范围，位于生态保护红线范围的河湖岸线，按红线管控要求划定为岸线保护区。

（5）位于国家级和省级自然保护区的实验区、水产种质资源保护区、国际重要湿地、国家重要湿地以及国家湿地公园、森林公园生态保育区和核心景区、地质公园地质遗迹保护区、世界自然遗产核心区和缓冲区等生态敏感区，但未纳入生态保护红线范围内的河湖岸线，应划为岸线保留区。

（6）已列入国家或省级规划，尚未实施的防洪保留区、水资源保护区、供水水源地的岸段等应划为岸线保留区。

（7）为生态建设需要预留的岸段，划为岸线保留区。

（8）重要险工险段、重要涉水利工程及设施、河势变化敏感区、地质灾害易发区、水土流失严重区需控制开发利用方式的岸段，划为岸线控制利用区。

（9）位于风景名胜区的一般景区、地方重要湿地和地方一般湿地、湿地公园以及饮用水水源地二级保护区、准保护区等生态敏感区未纳入生态红线范围，但需控制开发利用方式的部分岸段，划为岸线控制利用区。

（10）河势基本稳定、岸线利用条件较好，岸线开发利用对防洪安全、河势稳定、供水安全以及生态环境影响较小的岸段，划为岸线开发利用区。

（11）岸线功能区划分在充分考虑保护区保护对象的同时，考虑地方经济发展规划，留出发展空间。

三、岸线边界线划分标准

根据岸线管理保护的总体目标和要求，结合各河段的河势状况、岸线自然特点、岸线资源状况，在服从防洪安全、河势稳定和维护河湖健康的前提下，充分考虑水资源利用与保护的要求，按照强化管控、有效保护与合理利用相结合的原则划定岸线边界线。

岸线边界线的划分采用《河湖岸线保护与利用规划编制指南（试行）》（2019年3月）中关于岸线边界线的划分标准，其中岸线边界线划分为临水边界线和外缘边界线，详见下表。

岸线边界线划分标准

类别	划分标准
临水边界线	1. 已有明确治导线或整治方案线（一般为中水整治线）的河段，以治导线或整治方案线作为临水边界线； 2. 平原河道以造床流量或平滩流量对应的水位与陆域的交线或滩槽分界线作为临水边界线； 3. 山区性河道以防洪设计水位与陆域的交线作为临水边界线； 4. 湖泊以正常蓄水位与岸边的分界线作为临水边界线，对没有确定正常蓄水位的湖泊可采用多年平均湖水位与岸边的交界线作为临水边界线； 5. 水库库区一般以正常蓄水位与岸边的分界线或水库移民迁建线作为临水边界线； 6. 河口以防波堤或多年平均高潮位与陆域的交线作为临水边界线，需考虑海洋功能区划等的要求
外缘边界线	1. 有堤防河道，一级堤防的外缘管理边界线为堤身和背水坡脚起20～30m内的护堤地处，二、三级堤防的外缘管理边界线为堤身和背水坡脚起10～20m内的护堤地处，四、五级堤防的外缘管理边界线为堤身和背水坡脚起5～10m内的护堤地处（险工地段可以适当放宽）； 2. 无堤防河道，平原地区无堤防县级以上河道外缘管理边界线为护岸迎水侧顶部向陆域延伸不少于5m处；其中重要的行洪排涝河道，护岸迎水侧顶部向陆域延伸部分不少于7m处，平原地区无堤防乡级河道外缘管理边界线为护岸迎水侧顶部向陆域延伸部分不少于2m处。其他地区无堤防河道外缘管理边界线根据历史最高洪水位或者设计洪水位外延一定距离确定； 3. 河道型水库库区段：河道型水库库区段外缘管理边界线为校核洪水位线或者库区移民线； 4. 水闸：大型水闸左右侧边墩翼墙外各50～200m处；中型水闸左右侧边墩翼墙外各25～100m处； 5. 水电站：为电站及其配套设施建筑物周边20m内处； 6. 海塘：外缘管理边界线一至三级海塘为背水坡脚起向外延伸30m；四至五级海塘为背水坡脚起向外延伸20m，有护塘河的海塘应当将护塘河划入外缘管理边界线范围； 7. 已规划建设防洪及河势控制工程、水资源利用与保护工程，生态环境保护工程的河段，根据工程建设规划要求，在预留工程建设用地的基础上，划定外缘边界线

四、河湖水域岸线管理与保护的目标与要求

（一）管理与保护目标

河湖水域岸线资源管理与保护的总体目标是加强水域、水环境的管理与保护以及促进岸线资源合理利用与有效保护。岸线保护的总体目标是严格控制污染河湖的开发利用项目、严禁占用河湖水域、改善河湖水域环境，最终逐步恢复河湖生态功能。同时对已有不合理的岸线开发利用项目逐步进行调整和清退，对历史遗留的围垦区域予以妥善处理。

（二）管理与保护要求

1. 岸线边界线管理

临水边界线是为保障河湖畅通、行洪安全、稳定河势和维护河湖健康生命的基本要

求，对进入河道范围的岸线利用项目加以限定的边界线，因此要严格控制。除拦河闸坝以外，任何实体的阻水建筑物原则上不得逾越临水边界线，但防洪及河势控制工程、桥梁、管线和取供水利工程等跨河、穿河建设项目除外。建设项目必须满足河道管理范围内建设项目审查技术要求并经有审批权限的水行政主管部门审查同意。桥梁、码头、管线等需超越临水边界线的项目，超越临水边界线的部分应采取架空、贴地或下沉等方式，尽量减小占用河道过流断面。外缘边界线是岸线资源保护和管理的外缘边界线，进入外缘边界线的建设项目均须服从岸线利用管理规划。外缘管理边界线与外缘生态边界线之间的范围，应按照所在的岸线功能区的相关要求进行管控。如岸线保护区内两条外缘线之间的范围应按照岸线保护区的相关规定管控，控制利用区内的两条外缘线之间的范围应按照控制利用区的相关规定管控。

2. 岸线功能区管理

对于岸线功能区的管理，要将保护作为管理工作的首要目标，结合划分岸线保护区时确定的保护目标，有针对性地进行岸线功能区的管理，确保保护目标的实现。岸线保留区的管理须重视岸线开发利用条件，对现状不具备开发利用条件的，在防洪治理及河势控制等工程建成后，方可考虑开发利用，部分洲滩岸线须严格按照流域防洪规划的安排进行管理。对于岸线控制利用区的管理，特别需要强调的是控制和指导，以实现岸线的可持续开发利用。岸线开发利用区的管理，要充分考虑沿江地区经济社会发展的需要，根据地方城乡建设规划等相关规划，严格执行防洪影响评价、水资源论证和环境影响评价等相关行政审批制度，才可建设港口码头、跨穿河建筑物、取排水口等各种符合法律法规的开发利用项目。

3. 岸线利用与保护

（1）合理配置岸线资源。统筹协调上下游、左右岸的关系，重视岸线开发利用项目的论证，合理配置岸线资源，实现有序高效利用。

（2）保障防洪安全。清除河道岸线范围内的阻水建筑物，清理阻碍行蓄洪的滩地占用，实施农村段围堤（生产堤）、套堤清退及“单退”，清除河道中阻水林地和高秆作物，拆除影响防洪安全的浮桥及废弃桥等阻水建筑物，复核河段内多个桥梁的阻水作用，对阻水严重的桥梁实施必要的改建，对盘山闸进行改扩建。

（3）落实水资源保护。严格控制排污口水质达标排放和污染负荷总量控制，对于无法达标排放或污染负荷总量超标的排污口坚决予以清除；清退或调整水源地及取水口保护区内影响水资源保护的岸线开发利用项目。

五、河湖水域岸线管理与保护的内容

根据《水利部办公厅关于印发河湖岸线保护与利用规划编制指南（试行）的通知》（办河湖函〔2019〕394号）的要求，河湖水域岸线保护与利用规划，是全面推行河长制明确的重要任务，是加强岸线空间管理的重要基础，是推动岸线有效保护和合理利用的重要措施。岸线的有效保护对生态文明建设和经济社会发展具有重要作用。《河湖岸线保护与利用规划编制指南（试行）》中关于河湖水域岸线管理与保护的主要内容包括以下七个方面。

1. 保护和利用现状分析

调查岸线利用现状及其历史演变特征，分类统计港口码头、取排水设施、跨（临、穿）江设施、防洪治理工程、生态环境整治工程等项目占用岸线的规模，分析评价各类岸线利用的程度、水平，了解岸线利用项目审批和管理情况，总结现状岸线利用及管理存在的主要问题。分析现状岸线利用与相关规划和区划的协调性以及各河段现状岸线保护与利用的合理性，提出岸线现状保护与利用的评价意见，为岸线分区及岸线外缘边界线确定奠定基础。

2. 河势稳定性分析

河道演变特性与河势稳定性是判别河道岸线是否稳定的控制性因素，也是合理确定岸线边界线、划分岸线功能区以及制定岸线利用与保护控制指标的基础工作，主要内容包括河段河道演变的规律及其影响因素、河势稳定性分析和河口演变趋势分析。应充分利用已有相关规划的工作成果，对近期河势变化较大、确有必要的可开展补充论证。

3. 岸线规划目标确定

根据河湖岸线的自然条件和特点、沿河（湖）地区经济社会发展水平以及岸线开发利用程度，针对岸线保护利用中的主要矛盾，结合流域或区域在生态保护、防洪减灾、水资源利用等方面的规划目标，统筹协调经济社会发展和相关行业、部门对岸线保护利用的要求和需求，分析规划水平年岸线保护与利用的发展趋势，制定岸线保护与利用目标，合理设置目标指标值。

4. 岸线保护与利用控制条件分析

从防洪、供水、生态、经济社会和重要涉水工程等方面分析岸线开发利用带来的影响，提出相应的岸线保护和利用控制条件。

（1）防洪河势方面。在防洪形势和河道演变分析基础上，分析提出各河段岸线开发利用的条件，并重点分析各河段岸线开发利用对重要防洪设施、重要险工段和河势敏感区的影响。在此基础上，从保障防洪安全和河势稳定角度提出相应岸线保护和开发利用控制条件。

（2）供水方面。根据饮用水水源地保护区要求，分析各河段岸线开发利用对饮用水水源地的影响，在此基础上，从保障供水安全角度提出相应岸线保护和开发利用控制条件。

（3）生态方面。根据水生态敏感区、水生生物资源与珍稀物种保护以及其他涉水生态环境敏感区保护要求，分析各河段岸线开发利用对水生态环境的影响，在此基础上，从保护生态环境角度提出相应岸线保护和开发利用控制条件。

（4）经济社会方面。根据经济社会发展规划、港口布局规划，过江通道布局规划等规划情况，结合岸线利用情况，分析经济社会发展对岸线利用的需求及其可能产生的影响，提出相应岸线保护和开发利用控制条件。

（5）重要涉水工程方面。根据重要涉水工程保护要求，分析各河段开发利用对重要涉水工程安全和正常运用的影响，在此基础上，从保护涉水工程安全角度提出相应岸线保护和开发利用控制条件。

5. 岸线功能区划分

合理划分岸线功能区是规划的核心内容之一。根据规划目标、岸线保护目标与开发利用控制性条件分析成果，按照岸线功能区划分依据和方法，结合不同河段岸线保护与利用的特点，划定岸线功能区。

确定规划河湖各段岸线功能分区的具体位置和坐标，说明各段岸线功能分区划分的主要依据。统计规划范围内岸线保护区、岸线保留区、岸线控制利用区、岸线开发利用区个数、长度、比例等。

6. 岸线管控要求制定

（1）功能区管控要求。根据相关法规政策要求，结合岸线功能分区定位，从强化岸线保护、规范岸线利用等方面分别提出各岸线功能分区的保护要求或开发利用制约条件、禁止或限制进入项目类型等。

（2）岸线边界线管控要求。根据划定的临水边界线和外缘边界线，分别提出针对现状及规划建设项目的岸线保护要求和开发利用的制约条件、准入标准等。任何进入外缘控制边界线以内岸线区域的开发利用行为都必须符合岸线功能区划的规定及管理要求，且原则上不得逾越临水控制边界线。

（3）岸线管控能力建设措施。提出加强河湖岸线管控能力建设的措施；利用遥感监测、大数据、移动互联等信息化技术手段开展现状利用调查，整合河湖水利等部门基础数据和空间地理数据，以水利普查等空间数据“一张图”为基础构建河湖岸线管理信息系统，为河湖岸线管控提供支撑。

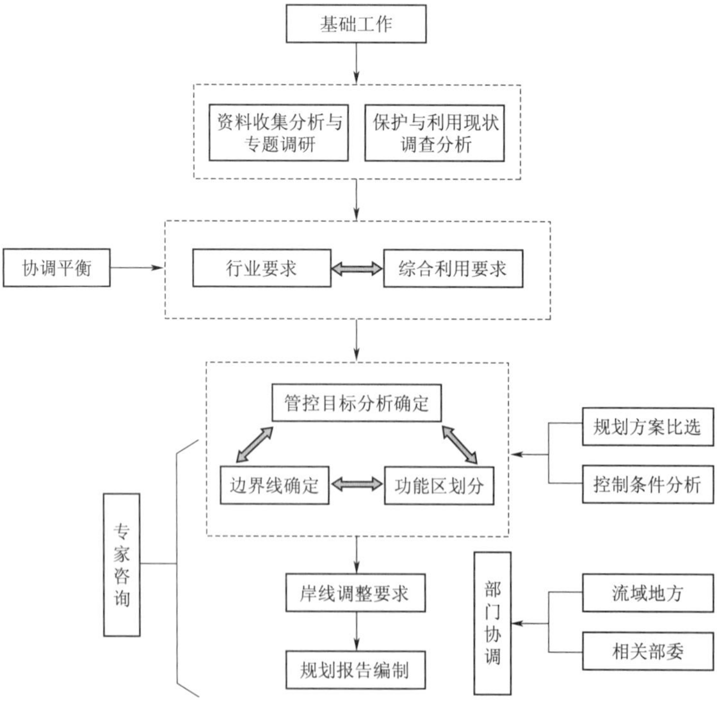

河湖水域岸线保护利用规划编制技术路线图

（4）岸线保护利用调整意见。按照岸线保护目标要求和各功能区管理要求，以岸线功能区为单元，分析现状岸线利用的合理性，对不符合岸线功能区管理要求的岸线利用项目，按轻重缓急，有计划、有步骤地提出调整或清退意见。对岸线利用强度较高的岸段，应严格控制岸线利用行为，并提出岸线整合意见。

7. 环境影响评价

（1）环境保护目标与规划合理性分析。简要介绍规划范围环境敏感因子，分析规划主要环保目标；分析规划与相关法律法规及政策符合性、与国家地区发展战略符合性、与《全国主体功能区规划》等国家或部门相关规划地协调性，以及规划环境合理性。

（2）环境影响预测与评价。从水文水资源、水生态、水环境、社会环境等方面开展规划的环境影响预测与评价。

第三节　贵州省河湖岸线保护措施与现状

2018 年 12 月，《水利部关于加快推进河湖管理范围划定工作的通知》（水河湖〔2018〕314 号）印发，要求各省、自治区、直辖市水利厅（局）、河湖长办公室等相关机构依法划定河湖管理范围，明确河湖管理边界线，科学合理规划岸线，加强河湖管理的基础性工作，通知明确要求 2020 年年底前，基本完成全国河湖管理范围划定工作。其中，第一次全国水利普查流域面积 1000km^2 以上的河流、水面面积 1km^2 以上的湖泊，省、市级党政领导担任河湖长的河湖，力争提前完成划定工作。管理任务较轻的农村河湖，可在 2021 年年底前基本完成；地处无人区的河湖，各地可根据管理需求，结合实际安排河湖管理范围划定工作。

2019 年 3 月，《水利部办公厅关于印发河湖岸线保护与利用规划编制指南（试行）的通知》（办河湖函〔2019〕394 号）印发，从四个方面对河湖岸线保护与利用规划作出明确要求：高度重视规划编制工作、切实落实规划编制责任、严格履行规划审批程序和按时完成规划编制工作。

为进一步落实水利部相关文件的精神和要求，贵州省水利厅河长制办公室于 2019 年 3 月印发《贵州省河湖管理范围划定三年行动方案》，对责任主体、划定标准、进度安排和保障措施等方面作出具体要求。

一、明确责任主体

根据《中华人民共和国水法》《中华人民共和国防洪法》《中华人民共和国河道管理条例》《贵州省河道条例》的规定，由县级以上地方人民政府负责划定河湖管理范围，县级以上地方水行政主管部门商请相关部门开展具体划定工作。省、市、县级按照河湖管理权限和属地管理职责要求，分级开展河湖管理范围划定工作。省级负责统一部署和组织全省范围内河湖划定及重点河湖岸线利用规划编制工作，开展省管 14 条河流管理范围划定及岸线利用规划编制工作；市（自治州）开展市（州）级管理河湖管理范围划定及重点河湖岸线利用规划编制工作，督促指导县（市、区）开展河湖管理范围划定及重点河湖岸线利用规划编制工作，贵安新区负责本行政区域内河湖管理范围划定及重点河湖岸线利用规划编制工作；县（市、区）负责开展县级及以下河湖管理范围划定工作。

二、明确划定标准

（1）依据法律法规和相关技术规范开展河湖管理范围划定工作。《中华人民共和国防洪法》《中华人民共和国河道管理条例》《贵州省河道管理条例》明确规定，有堤防或者护岸的，以堤防外坡脚线、护岸控导工程外沿线确定，包括两岸堤防或者护岸之间的水域、整治工程、沙洲、滩地（含可耕地）、行洪区等；无堤防的，有防洪规划的按照设计洪水位确定；无防洪规划的按照国家防洪标准规定确定；水库库区河段，已征地的按照水库征地退赔线确定，未征地的按照水库校核洪水位确定。

（2）有堤防的河湖背水侧护堤地宽度，护堤地范围按照下列规定划定：①1万亩以上农田的新建堤防，应当划定1～5m的护堤地；②1万亩以下农田的新建堤防或者现有堤防尚未划定护堤地的，由县级以上人民政府根据实际情况划定。

（3）划定的河湖管理范围，要明确具体坐标，并统一采用2000国家大地坐标系。

（4）河湖管理范围划定可根据河湖功能因地制宜确定，但不得小于法律法规和技术规范规定的范围，并与生态红线划定、自然保护区划定等做好衔接，突出保护要求。

三、进度安排

（1）2019年上半年，市、县两级完成辖区管理权限范围内的河湖管理范围划定工作实施方案编制并报同级人民政府审批。实施方案应包括基本情况、目标和任务要求、划界依据和标准、主要任务及实施安排、经费测算、责任分工、保障措施、河道管理线桩（牌）制作安装标准图等内容，要具有针对性和可操作性。

（2）2019年年底前，按照分级管理原则，完成辖区市（州）级管理的80%以上河流的管理范围划定工作，督促辖区县（市、区）完成县级管理的40%以上河流的管理范围划定工作。优先划定跨行政区域、“四乱”问题突出的河流管理范围及编制重点河湖岸线利用规划，省、市、县领导担任河（湖）长的河（湖）力争提前完成。

（3）2020年年底前，完成省、市、县级领导担任河（湖）长的河（湖）管理范围划定及重点河湖岸线利用规划编制工作。

（4）2021年年底前，基本完成乡、村级领导担任河（湖）长的河（湖）管理范围划定工作。地处无人区的河湖，各地可根据管理需求，结合实际安排河湖管理范围划定工作。

按照《贵州省河湖管理范围划定三年行动方案》的要求，2019年年底前要完成第一次全国水利普查流域面积1000km^{2}以上河流管理范围划界工作。贵州省1000km^{2}以上河流河流共计73条，截至2019年7月仍有40条（段）未开展此项工作。为确保2019年年底前完成水利部部署任务，2019年7月5日，《贵州省河长制办公室关于加快推进河湖管理范围划定及岸线保护与利用规划编制工作的通知》印发，要求各市（自治州）、县（市、区）人民政府要及时安排部署，协调解决经费落实、部门合作等重大问题，主动抓所管辖河湖的管理范围划定及重点河湖岸线利用规划编制工作，加大各级财政部门资金倾斜力度，督促县级以上地方水行政主管部门、河长制办公室履职尽责；分级落实责任，加快工作进度，全力以赴完成河湖管理范围划定及岸线保护与利用规划编制工作任务。

2019 年 7 月 13 日，《贵州省水利厅关于成立贵州省 1000 平方千米以上 40 条（段）河道管理范围划界及岸线保护与利用规划编制工作专班的通知》印发，将河湖长制国务院激励资金用于剩余 40 条河流（段）划界工作，同时考虑到河道管理范围划界及岸线保护与利用规划编制工作量大、问题复杂、时间紧任务重等因素，成立河道管理范围划界及岸线保护与利用规划工作专班，负责相关工作的领导、协调和推进事宜。

2019 年 12 月 3 日，《贵州省河长制办公室关于做好 1000 平方公里以上河道管理范围划定成果公告有关工作的通知》印发，贵州省 1000 平方千米以上河流河流共计 73 条，省管 14 条已全部完成河流管理范围划定及岸线保护与利用规划编制工作，并报请省人民政府同意后，于 2019 年 2 月 28 日在《贵州日报》上对划界相关成果进行了公示；省级组织开展的 40 条（段）河道管理范围划定工作在规定时间内完成；市（自治州）负责的其他河道正在积极推进和完成，并且，贵州省流域面积 1000 平方千米以下河流管理范围划界工作如期完成。

2019 年 12 月 3 日，贵州省市场监督管理局发布实施贵州省地方标准《河道管理范围划界技术规程》（DB52/T 1450—2019）。规程从范围、规范引用文件、术语和定义、划界原则、工作程序、河道现状调查、划界要求、洪水分析计算、划界测量、河道管理范围线确定、界桩（牌）及公告牌、划界成果审查及验收等 12 个方面作出详细的解释，为加快推进贵州省生态文明建设实验区建设和全面推行河湖长制工作提供基础支撑，对贵州省河道管理划界工作具有指导和有效规范的意义。

2020 年 3 月，《贵州省河湖长制办公室关于全省河湖管理范围划定及岸线保护与利用规划编制工作进展情况的通报》印发。通报中指出，在全省共同努力下，2019 年年底前全面完成涉省级河长 32 条河流、其他流域面积 $1000km^2$ 以上河流及 $1km^2$ 以上天然湖泊草海的管理范围划定工作，总体进度位于全国前列。同时，对下一步工作提出要求，要进一步提高认识，增强责任感和紧迫感，确保如期完成河湖管理范围划定及岸线保护与利用规划编制工作，要确保落实划界资金，集中力量做好流域面积 $50km^2$ 以上及设县级河长河流管理范围划定工作，流域面积 $1000km^2$ 以上河流与设省级河（湖）长的工作，推进流域面积 $50km^2$ 以下河流管理范围划定工作。

2020 年 4 月贵州省河湖长制办公室组织技术支撑单位利用全国“水利一张图”及河湖遥感本地数据库，要求在 2020 年 6 月之前完成贵州省流域面积 1000 平方千米以上河流及草海管理范围划定成果一次性上图，并要求同步推进贵州省流域面积 50～1000 平方千米河流管理范围划定工作。

2021 年 6 月 1 日，《贵州省河湖长制办公室关于限期完成河湖管理范围划定成果上图的通知》印发，贵州省河湖管理范围划定成果上图完成率在全国比较靠后。贵州省流域面积 $50km^2$ 以上 1059 条河流仅有 250 条完成上图，流域面积 $50km^2$ 以下河流完成划界并上图的 30 条。河湖管理范围划定成果上图是推进河湖管理信息化的重要基础工作，是河湖强监管的重要举措，通知要求各市（自治州）河长制办公室、水务局要加强组织领导，抓紧组织河湖管理单位、信息化管理单位协同开展工作，加大对县级工作的指导督促力度，按照《河湖管理范围划定成果提交技术要求和示例》确保进度和质量。贵州省河长制办公室将密切跟踪，对进度滞后的市（自治州）要加大督办力度，并视情况将相关工作进度按程序通报给各市（自治州）级河（湖）长，同时将该项内容纳入河湖长制年度考核。

第五章　加强水污染防治

第一节　水环境现状

一、我国水环境现状

随着社会生产力水平的明显提高和人民生活的显著改善，社会主要矛盾已经转化为人民日益增长的美好生活需要和不平衡不充分的发展之间的矛盾。当前，大江大河干流水质稳步改善，但部分重点流域的支流污染严重，重点湖库和部分海域富营养化问题突出，城市黑臭水体大量存在，饮用水安全保障有待加强。严重的生态环境问题已成为民生之患、民心之痛，生态环境成为满足人民美好生活需要的短板。

党的十八大以来，生态环境治理力度明显加大，环境状况得到改善。但总体上看，长期快速发展中累积的资源环境约束问题仍然存在，生态环境保护仍然任重道远。未来一段时间要着力解决突出环境问题，为人民创造良好的生产生活环境。近年来，我国仍存在水环境质量不高、饮用水环境隐患较多、水生态系统受损较重、未来水环境压力增大等问题。

2020 年，全国地级及以上城市建成区黑臭水体消除比例达 98.2%。长江流域、渤海入海河流国控断面全部消除劣Ⅴ类，长江干流历史性实现全优水体。长江经济带 11 省（直辖市）279 家三磷企业（矿、库）均完成问题整治。“十三五”期间共计完成 15 万个建制村环境整治。加强地下水生态环境保护，完成加油站地下油罐防渗改造。

全国地表水Ⅰ～Ⅲ类水质断面比例为 74.9%，劣Ⅴ类水质断面比例为 3.4%。其中，长江、黄河、珠江、松花江、淮河、海河、辽河等七大流域及西北诸河、西南诸河和浙闽片河湖（以下统称重点流域）Ⅰ～Ⅲ类水质断面比例为 79.1%，劣Ⅴ类水质断面比例为 3%。开展监测的 902 个在用集中式生活饮用水水源监测断面（点位）中，有 830 个全年均达标，占 92%。我国水环境质量主要有以下几个特点。

1. 地表水环境质量

2020 年，全国地表水监测的 1937 个水质断面（点位）中，Ⅰ～Ⅲ类水质断面（点位）占 83.4%,；劣Ⅴ类水质断面占 0.6%，主要污染指标为化学需氧量、总磷和高锰酸盐指数。总体而言，水质整体得到改善，但仍存在局部问题。

2. 重点流域和湖库水质状况

2020 年，长江、黄河、珠江、松花江、淮河、海河、辽河七大流域和浙闽片河流、西北诸河、西南诸河水质状况如下图所示，在主要江河监测的 1614 个水质断面中，Ⅰ～Ⅲ类水质断面占 87.4%；劣Ⅴ类占 0.2%，但仍有部分流域存在污染问题。西北诸河、浙闽片河流、长江流域、西南诸河和珠江流域水质为优，黄河流域、松花江流域和淮河流域水质良好，辽河流域和海河流域水质为轻度污染。

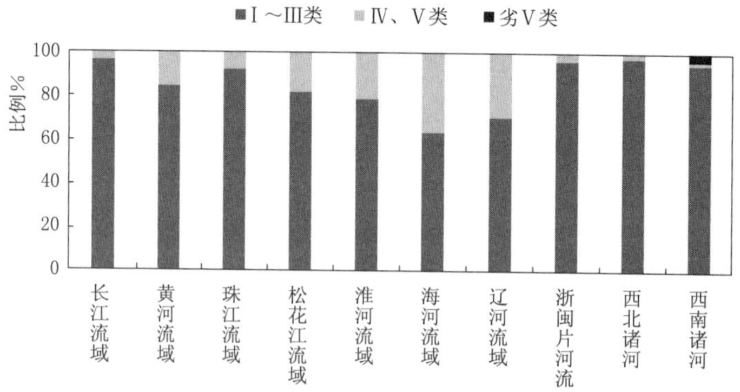

2020 年七大流域和浙闽片河流、西北诸河、西南诸河水质状况

2020 年，开展水质监测的 112 个重要湖泊（水库）中，类湖泊（水库）占 76.8%；劣Ⅴ类占 5.4%。主要污染指标为总磷、化学需氧量和高锰酸盐指数。开展营养状态监测的 110 个重要湖泊（水库）中，贫营养状态湖泊（水库）占 9.1%，中营养状态占 61.8%，轻度富营养状态占 23.6%，中度富营养状态占 4.5%，重度富营养状态占 0.9%。

总体而言，全国重点流域和湖库水质总体得以改善，但多数重点流域仍存在污染，湖库仍存在富营养状态的问题。面对新时期新形势，全国各省份应落实相关文件，大力促进和保障水生态治理成效。

3. 地下水水质状况

2020 年，自然资源部门 10171 个地下水水质监测点（平原盆地、岩溶山区、丘陵山区基岩地下水监测点分别为 7923 个、910 个、1338 个）中，Ⅰ～Ⅲ类水质监测点占 13.6%，Ⅳ类占 68.8%，Ⅴ类占 17.6%；水利部门 10242 个地下水水质监测点（以浅层地下水为主）中，Ⅰ～Ⅲ类水质监测点占 22.7%，Ⅳ类占 33.7%，Ⅴ类占 43.6%，主要超标指标为锰、总硬度和溶解性总固体。

4. 饮用水水源地水质状况

2020 年，监测的 902 个地级及以上城市在用集中式生活饮用水水源断面（点位）中，有 852 个全年均达标。其中地表水水源监测断面（点位）共 598 个，有 584 个全年均达标，主要超标指标为硫酸盐、高锰酸盐指数和总磷；地下水水源监测点位共 304 个，有 268 个全年均达标，主要超标指标为锰、铁和氨氮。

二、贵州省水环境质量现状

总体而言，全省水环境质量保持优良。全省地表水水质总体为“优”，主要河流监测断面水质优良比例为99.3%（达到Ⅲ类及以上水质类别）；主要湖（库）监测垂线中92%达到Ⅲ类及以上水质类别；15个出境断面全部达到Ⅲ类及以上水质类别；集中式饮用水水源地水质为“优”，9个中心城市23个集中式饮用水水源地水质达标率保持在100%，74个县城133个集中式饮用水水源地水质达标率为100%。

1. 主要河流水质状况

2020年，全省主要河流水质总体为“优”。纳入监测的79条河流151个监测断面中：Ⅰ～Ⅲ类水质断面占99.3%；Ⅳ类水质断面（1个）占0.7%；无Ⅴ类水质断面；无劣于Ⅴ类水质断面，水质同比处于稳中向好的趋势。

2. 主要湖（库）水质状况

2020年，全省纳入监测的红枫湖、百花湖、阿哈水库、乌江水库、梭筛水库、虹山水库、万峰湖和草海8个湖（库）共布设监测垂线25条。其中，达到Ⅲ类及以上水质类别的监测垂线23条；2条垂线（草海杨关山垂线和中部垂线）为Ⅳ类水质，占8.0%，主要污染指标为高锰酸盐指数、化学需氧量、五日生化需氧量；无Ⅴ类水质垂线。

3. 河流出入境断面水质状况

2020年，全省纳入监测的出境断面15个，全部达到Ⅲ类及以上水质类别。其中，流入四川省的鲢鱼溪断面、习水河长沙断面，流入重庆市的洪渡河望水渡口断面、松坎河木竹河断面、羊蹬河坡度断面、乌江沿河断面，流入湖南省的锦江河漾头断面、舞阳河抚溪江断面、清水江白市断面、洪洲河草坪断面、洪渡河长脚断面、松桃河木溪断面，流入广西壮族自治区的红水河蔗香红断面、都柳江从江大桥断面和樟江界牌断面水质均为Ⅱ类。2020年，全省纳入监测的入境断面为云南省流入黔西南州的南盘江三江口断面和云南省流入毕节市的赤水河清水铺断面，2个断面均达到Ⅱ类水质类别。

4. 饮用水水源地水质状况

2020年，贵阳市、遵义市、六盘水市、安顺市、毕节市、铜仁市、凯里市、都匀市和兴义市9个中心城市共23个集中式饮用水水源地水质达标率均为100%。2020年，74个县城共133个县级集中式饮用水水源地水质达标率均为100%。

第二节 水污染防治的基本理论与方法

水污染是指人类活动排放的污染物通过一定形式进入水体，造成水体污染，无法通过自净作用去除，造成水环境的破坏，水质恶化，影响水的使用价值，乃至危害人类身体健康，破坏生态环境，首先需了解入河污染源的主要类型，其次了解各类型水污染的基本防治理论和措施。

一、水污染的主要类型及特征

水污染是指人类活动排放的污染物进入水体，且污染物数量超过了水体的自净能力，使水体理化特性和水环境中的生物特性、组成等发生改变，从而影响水的使用价值，造成水质恶化，乃至危害人体健康或破坏生态环境的现象。污水中的酸、碱、氧化剂，以及铜、镉、汞、砷等化合物，苯、二氯乙烷、乙二醇等有机毒物，会毒死水生生物，影响饮用水水源和风景区景观。污水中的有机物被微生物分解时消耗水中的氧，影响水生生物的生命，水中溶解氧耗尽后，有机物进行厌氧分解，产生硫化氢、硫醇等气体，使水质进一步恶化。因此，了解入河污染源的主要类型和各种类型水污染的定义、属性及其带来的危害十分必要。下面就这几个方面分别叙述。

（一）水污染的主要类型

(1) 按污染成因可分为自然污染和人为污染。自然污染主要由自然因素造成，如天然植物腐烂过程中产生的某种毒物，以及降雨淋洗大气和地面后挟带的各种物质流入水体，都会影响该地区的水质。人为污染是人类生产生活中产生的废污水对水体的污染，包括生活污水、工业废水、农田排水和矿山排水等。总体来说，与自然过程相比较，人类活动是造成水体污染的主要原因。

(2) 按污染物属性可分为物理性污染、化学性污染和生物性污染。物理性污染可细分为热污染、放射性污染和表观污染；化学性污染可细分为酸碱污染、重金属污染、非金属污染、耗氧有机物污染、农药污染、易分解有毒有机物污染和油类污染；生物性污染可细分为病原菌污染、霉菌污染和藻类污染。

(3) 按污染物空间分布方式可分为点源污染和非点源污染。点源污染指有固定排放口（点）的污染源，主要包括工矿企业污染和城镇生活污染。非点源污染是指污染物以广域的、分散的、微量的形式进入地表及地下水体，主要包括农村生活污染、畜禽养殖污染、水产养殖污染、农业面源污染。

(4) 按产生污染物的行业性质可分为工业污染源、农业污染源、生活污染源和交通运输污染源等。其中工业污染源污染物种类繁多、数量大、毒性差异大、处理困难，是目前水污染的主要来源。

(5) 按污染源排放特征可分为连续排放源、间接排放源和瞬时排放源等。此外，还可以根据污染源是否移动分为固定源和移动源，按受纳水体类型分为降水、地表水和地下水污染源等。

（二）水污染的危害

水污染会对水体产生物理性、化学性和生物性的危害。

1. 物理性危害

物理性危害是指水污染影响人体感官，减弱浮游植物的光合作用，以及热污染、放射性污染带来的一系列不良影响。

(1) 表观水污染中的悬浮固体增加，不仅会淤塞航道，妨碍航运，还能截断光线，妨碍水生植物的光合作用。

(2) 热污染会引起水温增高，降低水体的饱和溶解氧浓度，同时促使水中有机物加速分解，增加氧的消耗，从而使水体的溶解氧浓度降低。

(3) 放射性污染物质的衰变期往往很长，衰变过程中释放的射线会引起生物体细胞、组织和体液中的原子、离子电离，直接破坏机体内的某些大分子结构，使某些生物酶失去活性。

2. 化学性危害

化学性危害是指水中的化学物质降低水体自净能力，毒害动植物，破坏生态系统平衡，引起某些疾病和遗传变异，造成工程设施腐蚀等不良影响。

(1) 耗氧有机污染物在微生物作用下发生氧化反应会不断消耗水中的溶解氧，造成水体缺氧，严重时会造成鱼类等水生生物窒息死亡。当水体中的氧耗尽时，有机物将在厌氧微生物作用下分解，产生甲烷、氨、硫化氢等有毒物质，使水体发黑发臭。

(2) 受酸性物质污染的水（如酸雨），可直接损害各种植物的叶面蜡质层，使植物逐渐枯萎而死亡，此外还可使土壤酸化，导致钙、镁等营养元素淋失；许多工业排出的含氢氧化钠的废水，还影响水体 pH 值。

(3) 工厂和矿山废水中常含有某些重金属，如汞、镉、铅等，这些物质极难降解，虽然在水中的浓度很低，但会在食物链的传递中不断富集，最终给人类带来严重疾病。

(4) 有毒化学品污染物即使在很低的浓度下，对鱼类和水中微生物也有很强的毒性。例如农药中的滴滴涕、六六六等不易分解消失，可长期残留在土壤和作物上，在雨水冲刷下进入水体，危害水生生物。

(5) 油类污染物进入水体后，先形成浮油，后形成油膜和乳化油。油膜在水面上扩展和漂浮，阻碍水分蒸发和氧气进入水体，危及鱼类和鸟类生存。石油在水体中可发生氧化作用而分解，产生多种化合物，有一些甚至是致癌物质。

3. 生物性危害

生物性危害是指病原微生物随水传播造成疾病蔓延，以及水体富营养化造成藻类猛长、水体缺氧、鱼虾大量死亡等不良影响。

(1) 生物制品厂、制革厂、屠宰厂、医院等排出的废水中常含有各种各样的病毒、病菌、寄生虫虫卵、原生动物，当人们饮用或接触受病原微生物污染的水体时，便会感染许多疾病，引起传染病蔓延。

(2) 氮、磷等污染物的输入，会引起湖泊、水库、河口等流速缓慢的水体发生富营养化，使藻类异常繁殖，覆盖水面，并形成泡沫、浮垢，阻止水体复氧，引起水体浑浊、恶臭等现象。大量的藻类、水草死亡后沉入水底，久而久之，将导致湖泊的淤塞和沼泽化，破坏生态平衡。

二、工矿企业污染防治

这部分内容主要包括工矿企业污染问题分析、工矿企业污染控制方案及技术以及工矿企业污染管理机制。

（一）工矿企业污染问题分析

近年来，我国经济建设取得了赶超进位的巨大成就，但是在经济快速发展的进程中环境污染日益严重，尤其是工矿企业污染对我国经济社会与生态环境的可持续发展构成了严峻的挑战。下面将从工业集聚区污染、“低小散”企业、工业用水效率三个方面进行剖析，具体如下。

1. 工业集聚区污染问题突出，污水集中处理有待加强

工业集聚区的水污染防治是工业污染防治的薄弱环节，其环境基础设施建设运行更是突出短板。目前，各地正大力推动城市主建成区等区域内重污染企业搬迁入园，工业集聚区已成为工业发展的主要形态。工业集聚区污水成分复杂，污染因子多，如得不到有效处理，将严重破坏生态环境。

2. “低小散”企业整治力度有待提高

“低小散”企业具有产出低、规模小、分布散等特点，占用较多资源，社会贡献度却很低，甚至影响地方生态环境，越来越不利于区域的产业发展。

3. 工业用水效率低，节水管理力度不足

近年来，国家、省、市层面致力于提高工业用水效率，但成效不显著，主要有以下几个原因：①由于中水回用政策法规缺乏，激励机制欠缺，中水管网建设滞后，导致工业园区污水再生利用率较低；②工业企业规模结构、产品结构和原材料结构不合理导致用水量居高不下；③工业企业节水产品推广普及力度不足，用水效率标识制度尚未建立；④较多企业没有建立节约用水的管理制度，工业用水定额不完善，用水计量不健全；⑤工业用水节水管理工作薄弱，合同节水管理模式应用不广泛；⑥非常规水资源开发利用力度不足。

（二）工矿企业污染控制方案及技术

明确工矿企业污染存在的问题，提出控制方案及技术迫在眉睫。长久以来，工业污染防治取得积极进展，污染物排放总量得到有效控制，但工业结构偏重、企业数量多且分步密集、排放基数大等情况仍将长期存在，工业污染危害大。因此，工业污染防治仍是水污染防治的重点，下面就工矿企业存在的问题提出具体的控制方案及技术。

1. 加强污水集中处理，治理工业集聚区污染

工业集聚区应当统筹规划、建设污水集中处理设施，并安装自动监测设施，与环境保护主管部门的污染源自动监控系统联网，实行工业污水集中处理。排污单位对污水进行预处理后向污水集中处理设施排放的，应当符合集中处理设施的接纳标准。

工业集聚区未按照规划建设污水集中处理设施或者污水集中处理设施排放不达标的，环境保护主管部门应当暂停审批该工业集聚区新增重点水污染物排放总量的建设项目的环境影响评价文件。

国务院有关部门和县级以上地方人民政府应当合理规划工业布局，要求造成水污染的企业进行技术改造，采取综合防治措施，提高水的重复利用率，减少废水和污染物排放量。工业集聚区应当配套建设相应的污水集中处理设施，安装自动监测设备，与环境保护主管部门的监控设备联网，并保证监测设备正常运行。

工业园区除了要选用有效的、科学的污水处理方法，还应不断科学管理工业园区中的污水处理。推动并逐步形成省级及以上工业集聚区“一园一档”，并实现信息化，动态更新数据。

2. 加强重点行业清洁化改造，降低“低小散”企业污染影响

（1）国家禁止新建不符合国家产业政策的小型造纸、制革、印染、染料、炼焦、炼硫、炼砷、炼汞、炼油、电镀、农药、石棉、水泥、玻璃、钢铁、火电以及其他严重污

染水环境的生产项目。企业应当采用原材料利用效率高、污染物排放量少的清洁工艺，并加强管理，减少水污染物的产生。

（2）降低“低小散”企业污染影响。围绕“坚决关停一批，扎实提升一批，有效整合一批”的整治理念，对环境污染类、安全隐患类、产能淘汰类、违法用地类、违章建筑类、违规经营类、土地闲置类的企业依法予以关停淘汰；对规模以上、符合产业导向、土地及建筑合法、已取得生产许可证，通过改造提升可达到环保、消防和安全等要求的，予以改造提升；对园区外成长性好、科技含量高、节能环保型的小微企业，且符合产业导向、为当地特色产业提供上下游配套的小微企业，予以择优入园。

3. 提高工业用水效率，强化工业节水管理

（1）加强工业节水，提高用水效率。推动水效领跑者引领行动在工业用水领域全面展开，通过定期滚动遴选出用水效率处于领先水平的企业，树立标杆，发挥示范效应，同时建立标准引导，建立促进水效持续提升的长效机制；严格执行取水定额国家标准，强化高耗水行业企业生产过程和工序用水管理；优先扶持节水装备制造业快速发展，鼓励企业规模化生产专用节水装备和材料。

（2）强化工业节水管理。根据水资源赋存情况和水资源管理要求，科学制定工业行业的用水定额，逐步降低产品用水单耗；以节水效益分享、节水效果保证、用水费用托管为模式，推行合同节水管理，形成基于市场机制的节水服务模式。鼓励节水服务企业整合市场资源要素，加强商业模式创新，培育具有竞争力的大型现代节水服务企业。

（三）健全工矿企业污染管理机制

健全工矿企业污染管理机制，需要加强工矿企业水污染管理，加强排污许可证管理，加强污染源在线监控，加大监管执法力度以及建立引导企业自律和公众参与机制。

1. 加强工矿企业水污染管理

规范并加强污水治理设施运行管理具体可以从以下几个方面着手：

（1）制订可操作的污水处理设施、操作规程并予以完善，操作规程应明确各个过程的操作程序及要求，明确各个控制点的控制参数，并提出异常情况的防范要求以及应对措施。

（2）污水治理设施的管理人员以及操作人员应经过必要的培训，培训的内容包括污水治理的基本概念及原理、污水站的运行操作要求以及污水达标排放的重要性。

（3）建立污水处理设施运行台账，明确相关控制参数或是控制步骤的记录要求并予以记录，记录应真实反映运行状况。

（4）操作人员严格按照操作规程控制相关参数，确保正常运行，废水达标排放，同时管理人员应该加强监督管理。

（5）严格设备管理制度，做好设施设备的维护保养，确保治理设施正常运转。

2. 加强排污许可证管理

规范和加强排污许可证管理，可以从以下几个方面着手：

（1）规范核发审核管理。科学核定排放污染物种类、执行的排放标准、污染物排放许可量；完善许可证核发审核，初步建立许可证办理、执法监察、环评审批部门联合审核机制；编制排污许可证核发工作手册，完善台账管理和月报制度，动态掌握全市核发

工作情况；规范核发许可证公示、信息公开工作。

（2）完善信息平台。改进行政许可审批系统，新增许可证有效期届满短信提醒功能，实现省、市局审批系统与门户网站之间公示内容自动连接，需将内容自动转入网上公示。

（3）加强监管执法。强化巡查与其他监管工作相结合，督促企业及时申领许可证，及时注销已关停搬迁的单位，对无证排污、超量排污、持无效许可证排污等环境违法行为依法进行查处。

（4）突出因地制宜。指导各区简化办证程序、优化审批流程。

3. 加强污染源在线监控

（1）为充分发挥污染源在线监控的预警和监控作用，结合日常环境执法检查工作，启动调度式执法工作机制，采取“日常检查与例行检查相结合，随机抽检与比对检查相结合”等方式，加强对污染源自动监控系统运行维护的监管。

（2）加强自动在线监测和人工监测比对分析工作，对于在分析比对中出现误差超范围时，及时通知单位和第三方运营公司进行仪器校准，保证在线监测数据的准确性。同时，健全报送制度，建立每日工作联系单，为生态环境部门有效开展环境监管提供技术保障。

（3）提高企业领导对自动在线监测工作的认识，强化企业自动在线监测管理，安排专人负责在线监测工作，加强对自动监测设备的运营、维护，不断提高维护人员的业务素质。

（4）督促运行维护单位及时修复故障设备，并实施“人工采样、监测”等应急措施，保持自动监控系统的有效运行，并及时将停产修复报告和修复合约上传环境保护部门，同时将自行监测的数据上报企业自行监测网络平台。

4. 加大监管执法力度

（1）加大监管力度。加快环境监管体制改革，建立和完善环境监管体制，提高环境监管体制的有效性。完善环境监管体制，包括科学的专门立法、完善的组织体系、合理的监管权配置、完备的监管工具、规范的监管程序、严格的问责机制等内容。

（2）加大执法力度。具体来讲包括：

1）创新执法手段，加强对企业的管理。所有排污单位必须依法实现全面达标排放，逐一排查工业企业排污情况。

2）严厉打击违法行为。重点打击私设暗管或利用渗井、渗坑、溶洞排放、倾倒含有毒有害污染物废水、含病原体污水，监测数据弄虚作假，不正常使用水污染物处理设施，或者未经批准拆除、闲置水污染物处理设施等环境违法行为。

3）严格环境准入。根据流域水质目标和主体功能区规划要求，明确区域环境准入条件，细化功能分区，实施差别化环境准入政策。

5. 建立引导企业自律和公众参与的机制

建立促进企业自觉守法的引导机制，完善企业环境行为评价制度，建立一套统一适用的企业环境行为评价指标体系，将环境行为评价结果纳入企业的环境信用等级评定体系，尤其对一些污染比较严重的企业建立环境管理体系具有非常重要的作用：一方面能够实现经济与环保的双赢，有利于减污增效的技术改进和综合利用；另一方面能够促进公司良性和长期发展。在引导企业守法的同时，加强社会监督，建立面向公众的环境监管执法信息发布平台，为社会公众提供信息查阅、网上投诉等服务。拓宽公众参与范围，提高公众参与程度。

三、城镇生活污染防治

城镇生活污染防治主要从污水的收集、输送、处理、回用；污水处理的管理；污水处理的产物污泥及生活垃圾处理处置四个方面介绍城镇生活污染防治存在的问题、控制方案与技术及其管理机制。

（一）城镇生活污染问题分析

近年来，随着城市化进程加快，城市呈辐射状向外围发展，主城区周边区县城镇人口大幅度增加，城镇生活污染问题也日益突出，主要表现在管网不完善，雨污分流、清污分流有待提高，导致污水处理厂进水浓度偏低。

1. 配套管网建设不完善，污水收集能力不足

配套管网建设滞后，污水收集严重不足主要表现在目前仍有部分城镇存在尚无污水集中处理设施，污水管网接管不到位，污水收集率较低等。这些问题导致大量生活污水直排河道（湖泊），污染河道（湖泊）水体。

2. 排水管道缺陷严重，污水处理能力大打折扣

现代城市排水管网存在一些突出问题，一方面，城市排水管道大多建设在地表层或建筑物下，大部分由人工修建的管道，收集城市里的雨水和污水，排水管网在地下潮湿的环境中，时刻遭受雨水的冲刷和污水的侵蚀，导致管网出现堵塞、腐蚀、爆裂进而影响地下水体和土壤；另一方面，排水管网整体规划不合理，以前“拼速度”没有整体规划，导致局部管网与现代管网建设过程中出现矛盾，造成新建成的排水管网无法发挥全部的效用；在采用分流制的城市，因为管网结构性缺陷，导致雨水和污水管混接，造成水体污染。

3. 中水回用力度不足，资源化水平有待提高

再生水回用尚处于起步阶段，使用再生水的范围窄，利用率低。多数污水处理厂规模偏小，很多都没有预留中水利用方案，有一些即使有中水利用设施，但由于没有用户使用再生水而被一直搁置。因此造成的回用中水仅占设计规模的8%左右。使得中水得不到有效利用，难以发挥其有效的经济效益和社会效益。

4. 污泥处理处置滞后，生活垃圾处理处置能力不足

（1）污泥处理处置滞后。污水处理率与其附属品污泥安全处置率相差较大，“重水轻泥”现象十分明显。目前污泥处理方式主要有填埋、堆肥、自然干化、焚烧等，但仍以填埋为主。加之城镇污水处理企业处置能力不足、处置手段落后，大量污泥没有得到规范化的处理，直接造成了“二次污染”，对生态环境产生了严重的威胁。

（2）生活垃圾处理处置能力不足。生活垃圾中含有大量病原微生物，在堆放腐败过程中也会产生大量的酸性、碱性有机污染物，并会溶出垃圾中含有的重金属，包括汞、铅、镉等，形成有机物、重金属和病原微生物“三位一体”的污染源。

（二）城镇生活污染控制方案及技术

城镇生活污染控制方案及技术，是以“控源截污”为核心，通过“查、改、修、分、蓄、净、管”等措施，解决“关键在排口，核心在管网”的问题。

1. 加强城镇污水收集能力建设

新增配套污水管网。围绕加强城镇污水收集能力建设，加大城镇污水管网建设力度，进一步提高污水收集率。优先解决已建城镇污水处理设施配套管网不足的问题，强化黑臭水体沿岸的污水截流、收集，新建污水处理设施的配套管网应同步设计、同步建设、同步投运。除干旱地区外，城镇新区建设均实行雨污分流，有条件的地区要推进初期雨水收集、处理和资源化利用。

2. 加强排水口和管道的改造治理

排水口是指向自然水体排放或溢流污水、雨水、合流污水的排水设施。排水口设置不合理，会造成水体倒灌进入截留管或污水管道，降低污水处理厂进厂污水浓度。排水管道系统和管理不完善的问题，会在排水口产生污水直排或者溢流污染。排水口治理是“控源截污”一系列措施中的重要环节，应针排水口存在的不同类别具体情况，利用封堵、截流、防止倒灌等措施综合治理，对排水口实施改造和治理。

3. 加强污水处理厂提标改造，推动再生水利用

污水处理厂提标改造是一项非常复杂综合性的系统工程，包含较高的技术标准和技术要求。污水处理厂进行污水处理的过程中，技术、环境、污染物等因素的变化，都会对污水处理效果以及效率造成影响。促进污水处理厂提标改造过程中，可采取以下技术路线来实施：①稳定进水，使得进水符合原设计，强化预处理，增强污水的可生化性；②对原主体工艺进行运营改良、优化参数、添加外物质、强化生化处理；③对原主体工艺进行改造、革新；④增加尾水处理设施，进行深度处理，考虑中水回用；⑤对附属工艺进行改造，如污泥处置、隔音、除臭等；⑥机械、电气、自控设备进行升级；⑦同时考虑前述措施的组合。

推动再生水利用。按照“集中利用为主、分散利用为辅”的原则，因地制宜确定再生水生产设施及配套管网的规模及布局。结合再生水用途，选择成熟合理的再生水生产工艺。鼓励将污水处理厂尾水经人工湿地等生态处理达标后作为生态和景观用水。再生水用于工业、绿地灌溉和城市杂用水时，宜优先选择用水量大、水质要求不高、技术可行、综合成本低、经济效益和社会效益显著的用水方案。

4. 推进污泥处理处置，加强生活垃圾无害化处理

一是对于城镇污水处理设施产生的污泥，应进行稳定化、无害化处理处置，禁止处理处置不达标的污泥进入耕地，非法污泥堆放点一律予以取缔。二是对于城镇生活垃圾应加快处理设施的建设，合理布局生活垃圾处理设施；完善垃圾收运体系，积极发展“互联网＋资源回收”新模式体系，打通生活垃圾回收再生资源回收网络通道，实现“两网融合”；加大存量治理力度，治理历史遗留非正规垃圾堆放点、不达标处理设施以及库容饱和填埋场。

四、农业农村生活污染防治

农业农村生活污染可分为农村生活污染、农田面源污染、畜禽养殖污染和水产养殖

污染。本节详细介绍农业农村生活水污染防治的现状问题及控制技术。

（一）农业农村生活问题分析

随着农村生活水平的提高和人口不断增加，农村环境污染和生态破坏情况日趋严重，农村环境的总体状况不容乐观，日益加剧的农村环境污染问题，已经成为新农村建设和落实科学发展观中急需解决的重大社会课题。

1. 农村生活污染问题分析

（1）农村污水收集难度大，垃圾乱堆放现象严重。

目前农村污水处理方式主要分为分散处理模式、集中处理模式和接入市政管网统一处理模式三种类型。由于农村人口居住相对分散独立，人口基数大、规模小、密度低，农村居民环保意识薄弱，农村地区经济实力不一、地理条件各异，使得大量村庄和小集镇都没有完善的污水收集和处理设施，造成村镇水体的严重污染。

（2）污水控制技术针对性弱，垃圾无害化处理水平低。

农村生活污水成分日益复杂，排水量小而分散，水质波动较大，难以正确评估生活污水的污染负荷导致不能合理设计污水处理方案、正确选择处理工艺。在农村生活垃圾治理方面，垃圾收集点选址规划缺乏对农村分散居住特点的关注，导致村民不愿到指定地点投放垃圾。此外，垃圾收集点通常集中在村四周的河道、沟渠、水塘、树林旁边，易造成水体或土壤污染。一些地区直接在村头建焚烧炉，来解决村庄垃圾的最终处置问题。但是小型垃圾焚烧炉运行稳定性差，存在较大的环境风险。

（3）投资和管理机制不完善，运行维护能力弱。

一是农村生活污染治理管理机制不健全。许多城镇的污水管网与处理设施建设涉及水利部门、住房和城乡建设部门、生态环境部门、农业部门等。这种多头管理、责权模糊的局面导致设计时不能统筹规划、工作界面无法很好地对接。二是长期资金保障缺乏。

2. 农田面源污染问题分析

（1）种植业结构布局不合理。

当前，农业发展环境正发生深刻的变化，但农业结构性矛盾仍然突出：第一，农业多功能开发总体偏弱，主要农产品供求关系偏紧；第二，农业投入成本持续走高，抗风险能力不强，实现农业持续增效和农民持续增收难度增大；第三，资源环境压力不断增加，农业发展方式转变任务艰巨；第四，产学研结合不紧密、基层农技队伍不稳定、农民专业合作社和社会化服务组织规范化程度不高，财政及金融支农政策体系有待进一步完善。

（2）农用物资投入量大。

随着农业和农村经济的快速发展，种植数量和规模不断扩大，但农用物资利用率不足，导致农业面源污染问题日益突出。农药使用量总体呈上升趋势，且具有持续性和农产品富集性，随着使用量和使用年数的增加，农药残留逐渐增加。

粮食增产压力大、耕地基础地力低、耕地利用强度高、农户生产规模小、肥料品种结构不合理、施肥技术落后等原因造成化肥施用量逐年增加。施肥结构不平衡，重化肥、轻有机肥，有机肥资源利用率低；传统人工施肥方式仍然占主导地位，化肥撒施、表施现象比较普遍，机械施肥占主要农作物种植面积的30%左右。农田残留地膜治理工作不彻底，农田残留地膜污染呈逐年加重态势，成为农业可持续发展的重大隐患。

（3）废弃物利用率低。

一直以来农村农田种植废弃物得不到有效的解决。动物粪便直接归田，污染了附近的水域和农户的生活用水，不利于经济的可持续发展和资源的循环利用。大量农作物秸秆在收割时期被直接燃烧，加重了空气污染。

（4）种植模式有待加强。

种养结合是一种结合种植业和养殖业的生态农业模式，该模式是将畜禽养殖产生的粪便、有机物作为有机肥的基础，为种植业提供有机肥来源；同时种植业生产的作物又能够给畜禽养殖提供食源。但不是所有种养模式都是合理的，常见的种植问题有品种选择的不正确、种植密度的不合理、药物使用的不规范等。

3. 畜禽养殖污染问题分析

（1）产业布局不合理，规划引导力度低。

从目前的畜禽养殖布局情况来看，养殖点的建设呈随意、分散分布的特点，且早期发展起来的畜禽养殖场还多建于禁养区或限养区。长期以来，对于养殖业的管理和规划，畜禽养殖业选址一般都位于河岸附近和城镇郊区，便于取水、排污。还有些为了方便产品运输与销售，把临近市郊或者交通要道附近选作养殖场，容易扰民和污染下河。

（2）集约化、规模化养殖难度大，废弃物综合利用效益待提高。

畜禽标准化规模养殖普遍存在规模养殖比重低、标准化水平不高、粪污处理压力大等问题。目前养殖户大多呈分散型，和种植户之间很难形成有效的合作。

（3）污染防控措施可操作性不强，治理设施运行管理存在缺陷。

目前，许多规模化畜禽养殖场基础设施条件仍然落后，畜禽采食、饮水、排粪尿等空间集中狭小，养殖密度高；缺少专门的粪水收储设施，简易的铲车与手推车式的人工清粪方式，容易将粪便到处散落，粪尿多与垫料掺混难以清理，畜舍内养殖环境条件差；脏、净道交叉等粗放简单的生产经营方式给场区内外的环境造成严重影响。

（4）监督管理机制不完善，长效评价机制不全面。

畜禽养殖污染具有面广量大（多分布于农村）、瞬时性强（持续动态过程）、构成复杂（种类多、规模不一）等特点，仅仅依赖于目前的监管队伍很难达到治理效果。加上畜禽养殖行业已成微利行业，且从事人员多为农民弱势群体，即使生态环境部门做出处罚和整改要求，很多养殖场仍无力或不愿意投资建设污染防治设施。

4. 水产养殖污染问题分析

（1）总体布局难以合理规划，养殖活动缺乏科学指导。

现阶段主要的水产养殖模式分为三种：淡水池塘养殖模式、工业化养殖模式和生态渔业。从现状看，一方面，养殖模式在布局和容量控制方面缺乏科学的政策调控措施与养殖规划，很难做到从源头控制污染；另一方面，养殖管理的职权分散在渔业、卫生、水务、生态环境等部门，职责分工和所指定的养殖规划实施主体不明确。

（2）污染防控治理力度低，环保养殖模式待推广。

在养殖过程中放养的密度远远大于该水体环境所能承受的最大值，造成严重的环境污染，养殖人员为了水体的清洁，不得不频繁更换水体，造成大量的污染水体外排。现阶段水产养殖人员环境保护意识较差，并未采取有效措施去预防环境污染，如国家虽然提倡使用配合饲料，但价格低廉、环境污染较大的鱼饲料仍被大量使用。

（二）农业农村生活污染控制技术

解决农业农村生活及问题需要落实到行动上，提出合理的控制技术，有效地控制和处理农业农村生活。

1. 农村生活污染控制技术

目前，农村生活污水的处理模式和形式多种多样，从工艺原理上可以分为三类：第一类是以土地利用为主的处理技术，利用土壤过滤、植物吸收和微生物分解的原理有效处置污水，常用的有人工湿地处理技术、土地处理技术等；第二类是稳定塘技术，该技术主要利用菌藻共同作用去除污水中的污染物；第三类是厌氧/好氧生物处理技术，利用微生物的降解作用实现对污染物质的去除，常用的厌氧生物处理技术有生活污水净化沼气池，常用的好氧生物处理技术有生物接触氧化法、序批式活性污泥法等。三类处理方式可以分开使用，也可以根据需要将两种具体处理方法结合在一起，如兼氧接触氧化与土地渗滤联合、滴滤池与人工湿地组合等，以提高污水处理的出水水质。

2. 农田面源污染控制技术

（1）农田面源源头控制技术。

农田面源源头控制技术有精准施肥技术、农药改进使用技术、种植模式优化技术、土壤耕作优化技术、节水灌溉技术、农田废弃物处理技术等。

（2）农田面源过程阻断技术。

农田面源污染物质大部分随降雨径流进入水体，在其进入水体前，通过建立生态拦截系统，有效阻断径流水中氮磷等污染物进入水环境，是控制农田面源污染的重要技术手段。目前农田面源污染过程阻断常用的技术有两大类：一类是农田内部拦截，如稻田生态田埂技术、生态拦截缓冲带技术；另一类是污染物离开农田后的拦截阻断技术，包括生态拦截沟渠技术、生态护岸边坡技术等。

（3）农田面源污染末端强化技术。

农田面源污染物质离开农田、沟渠后的汇流被收集，再进行末端强化净化与资源化处理，如前置库技术、生态塘技术、人工湿地技术等。这类技术多通过对现有塘、池的生态改造和功能强化，或者额外建设生态工程，利用物理、化学和生物的联合作用对污染物（主要是氮、磷）进行强化净化和深度处理。

3. 畜禽养殖污染控制技术

（1）畜禽养殖废弃物无害化处理技术。

1）畜禽养殖废水无害化处理技术。国内对养殖废水的处理技术多种多样，大致有自然处理和工业化处理两种模式。自然处理法是利用天然的水体和土壤中的微生物来净化废水的方法。工业化处理模式包括厌氧处理、好氧处理以及厌氧-好氧组合处理等不同的组合处理系统，具有占地少、适应性广、不受地理位置限制、季节温度受变化的影响较小等特点。

2）畜禽粪便收集与处理技术。畜禽粪便收集与处理技术主要分为堆肥技术、厌氧发酵技术和微生物发酵床技术，具体技术简介、特点可见下表。

类型	技术名称		技术简介	技术特点	适用范围
废弃物收集技术	干清粪工艺	人工清粪	干清粪工艺是指粪便一经产生便进行分离，干粪由机械或人工收集、清扫，尿及冲洗水则从下水道分流，分别进行处理	（1）使用设备简单。 （2）工人劳动量大，清理效率低	适用于小规模养殖场
		机械清粪		（1）工作效率高。 （2）一次性投资大，运行、维护费用较多	适用于中大型的养殖场
废弃物处理技术	堆肥技术	好氧堆肥	在人工控制的好氧条件下，通过微生物的发酵作用，将对环境有潜在危害的有机质转变为无害的有机肥料	（1）发酵周期短。 （2）分解效果佳。 （3）产气量少	
		厌氧堆肥	在厌氧状态下，通过厌氧菌和兼性菌的作用降解有机物，制成有机肥料	（1）技术工艺简单，操作简便。 （2）发酵周期较长。 （3）会产生大量沼气	
	厌氧发酵技术		在无氧条件下通过微生物作用，将畜禽粪便中的有机物转化为二氧化碳和甲烷	（1）发酵条件易控制，产气稳定。 （2）操作相对简单，能耗适中。 （3）能产生沼气能源，可消除臭气、杀灭致病菌和虫卵	
	微生物发酵床技术		通过在养殖场内铺设装填有机填料的发酵床，利用兼性好氧菌等微生物的原位发酵分解粪便中的有机物，将其转化成可供畜禽食用的营养物质	（1）粪便的综合利用率高。 （2）能消除恶臭和抑制病菌、寄生虫的滋生。 （3）成本投入大	

（2）综合处理模式。

综合处理模式主要包括集中处理模式、种养结合模式和循环利用模式三种。集中处理模式是指在养殖密集区，依托规模化养殖场处理设备设施或委托专门从事粪便处置的处理中心，对周边养殖场的粪便和（或）污水实施专业化收集和运输，并按资源化和无害化要求集中处理和综合利用。种养结合模式就是“以地定养、以养肥地、种养对接”，是一种结合种植业和养殖业的生态农业模式。循环利用模式是严格控制生产用水、实现粪尿分离，分离后的固体粪便与死亡动物尸体进行堆肥无害化处理，得到的有机肥可以施用于农田或销售；污水通过污水管网输送、雨污分流、固液分离、生物处理和消毒后回用于养殖场，实现养殖场零排放。

（3）水产养殖污染控制技术。

水产养殖废水处理技术水产养殖废水的处理方法包括物理处理技术、化学处理技术和生物处理技术，物理处理技术主要有过滤、反渗透、吸附、泡沫分离等；化学处理技术有氧化消毒技术、电化学技术、絮凝沉降、光电化学催化等；生物处理技术有生物膜法、活性污泥法、人工湿地法、生态塘处理法等。

第六章　加强水生态修复

根据中共中央办公厅、国务院办公厅印发《关于全面推行河长制的意见》，河湖管理保护是一项复杂的系统工程，涉及上下游、左右岸、不同行政区域和行业。全面推行河长制是落实绿色发展理念、推进生态文明建设的内在要求，是解决我国复杂水问题、维护河湖健康生命的有效举措，是完善水治理体系、保障国家水安全的制度创新。为进一步落实和推进河湖生态修复和保护，《意见》指出禁止侵占自然河湖、湿地等水源涵养空间。在规划的基础上稳步实施退田还湖还湿、退渔还湖，恢复河湖水系的自然连通，加强水生生物资源养护，提高水生生物多样性，开展河湖健康评估，强化山水林田湖系统治理，加大对江河源头区、水源涵养区、生态敏感区的保护力度。积极推进建立生态保护补偿机制，加强水土流失预防监督和综合治理，建设生态清洁型小流域，维护河湖生态环境。

第一节　水生态系统及修复概述

水生生态系统就是指水生生物群落与水环境构成的生态系统。水生生态系统在人类的生活环境中起着十分重要的作用。一方面，它在维持全球物质循环和水循环中具有重要的作用；另一方面，它还承担着水源地、动力源、交通运输、污染净化场所等功能。分位：海洋生态系统、淡水生态系统（流水生态系统和静水生态系统）、湿地生态系统。陆地上的淡水湖泊、池塘和水库属于静水生态系统。

水生态修复是修复水生态系统的核心，水生态修复是指在不破坏河湖自然生态的基础上，以满足人类生产生活需要为目标，通过人工手段对受损河湖进行改造，并监测和评价效果的过程。生态修复技术包括：①通过养殖鱼类、种植植物、添加微生物菌剂对富营养化水体中的藻类进行有效去除；②恢复水生植物，实现沉水植物茎、叶对营养物质的吸收功能，发挥浮水植物的过滤和吸收等作用；③利用底栖动物在河湖生产力、水生系统、水体能量流通以及水体食物网中的重要作用实现对水体的生态修复；④构建材质自然、表面异质、正常行洪、内外透水、成本经济的生态护岸等。

水生态系统是一个复杂、开放、动态、非线性的系统，水生态系统修复的目的是通过一定的技术手段促使生态系统受损河湖恢复到较为自然的状态，在此状态下，河湖系统具有可持续特征，并可提高生态系统的价值和生物多样性。

一、水体生态系统概述

河湖体生态系统是以水为基质的生态系统，系统中绝大多数生物终生不离开水。狭义上的水体生态系统由水生植物、水生动物、底栖生物等生物与水体等非生物环境组成的一类水生生态系统。广义上的水体生态系统包括陆域河岸生态系统、水生生态系统、湿地及沼泽生态系统等一系列子系统组合而成的复合生态系统。

（一）水体的功能

从对人类的作用来看，河湖功能可分为正向、负向两类；负向功能主要是指洪水泛滥产生的洪涝灾害、传播污染疾病等；正向功能主要表现在为人们生活及农业生产提供所需的淡水资源、进行水力发电、发展航运业和水产养殖捕捞业及提供景观环境资源。此外，河湖所具有的生态功能也不容忽视，具有溶解污染物、保证水质、净化环境、调节气候、增加区域生物多样性、供人们游憩等公益价值。

（二）岸带的功能

1. 廊道功能

岸带既是生物多样性的潜在濒危区，又是连接分散生境斑块的廊道，适当的廊道带残林对于一些动物的保护具有重要的作用。

2. 缓冲带功能

水岸缓冲带是指直接生长在河岸的林地、灌丛或草地。水岸缓冲带中植被和土壤及土壤微生物有很强的活动能力和吸附能力。水岸缓冲带吸纳非点源污染的有效性受到很多因素的制约，设计河岸缓冲带是一个十分复杂的过程。

3. 护岸功能

水岸植被覆盖的密度与类型对河岸侵蚀的防护作用有较大影响，不仅能够保护岸堤，而且降低了河床中的水流速度，防止水流侵蚀，促进泥沙沉积。

二、水生态系统修复的内容

Constanza 提出的生态系统健康概念得到了广泛认可，其内容涵盖了六个方面，即自我平衡、没有病征、多样性、有恢复力、有活力和能够保持系统组分间的平衡。水生态系统的健康与社会、经济、人类、生态环境等密切相关，在区域水平上可以理解为是资源安全、生态系统健康稳定、环境安全和经济安全的有机统一。一个健康的水生态系统应具有合理的组织结构和良好的运转功能，系统内部的物质循环和能量流动未受到损害，对长期或突发的自然或人为扰动能保持着弹性和稳定性，并表现出一定的恢复能力，整体功能表现出多样性、复杂性，能满足所有受益者的合理目标要求。

（一）水体的整治

在河湖整治线的选择上，应考虑区域是否有重要的生物栖息地、是否需要保留原有大型深潭的弯道，并采取措施保护现存河畔林及濒临灭绝物种等；在确定滩地高程时，应考虑洪水脉冲频率及水深；在选择河床坡降时，要考虑其对河湖冲淤的影响等。

（二）河口地区的修复

人类对河口地区生态环境的影响主要是由于河床的疏挖造成盐水上溯，使鱼类产卵场减少，并对盐沼（地表过湿或季节性积水、上壤盐渍化并长有盐生植物的地段）产生影响，致使其减少或消失。

（三）河湖漫滩、水体岸带的修复

河漫滩与河岸带是河湖的主要结构，但由于人类开发、河湖改造等，这些结构已经被严重破坏，取而代之的是笔直的河湖、零星的人工植被。河岸带改变和河漫滩消失而造成的洪灾、水质恶化和生物多样性减少等问题，已很好地证明了河漫滩、河岸带的重要性。

（四）河湖沿岸景观的整治与修复

将生态修复与景观设计有机结合已经成为河湖整治中的一种趋势。河湖规划应当体现“以人为本”的设计理念，因地制宜地引入景观设计的内容，满足人类亲近大自然的要求；河滨空间景观设计应以安全性、开放性和舒适性为原则，突出自然风格，并尽可能满足居民的日常生活需求。

三、水生态系统修复的原则

1. 多目标兼顾原则

水生态修复与重建规划必须以实现滨水区多重功能作为主导目标。在理解河湖历史变化与河湖系统内地貌特征之间相互关系的基础上预先掌握河湖的变化，运筹帷幄，建立完善系统与区域原则的水生态系统来改善水域生态环境。

2. 资源保护的原则

水生态修复与重建规划要贯彻资源保护原则，保护两岸现有水系、湿地、漫滩以及河岸带等资源。

3. 景观设计生态原则

要依据景观生态学原理，保持河湖的自然地貌特征和水文特征，保护生物多样性，增加景观异质性，强调景观个性和自然循环，构架区城生境走廊，实现景观的可持续发展。

4. 尊重自然美学原则

在修复过程中，要在满足防洪的前提下，保留原河道的自然线形，运用自然材料和软式工程，强调植物造景，不主张完全人工化；更要避免裁弯取直，防止留有大量生硬的人工雕琢痕迹。

5. 可持续发展原则

水生态系统中生物多样性是水体可持续发展的基础，水体可持续恢复需要设定目标层次，即恢复自然水体和冲积机制、恢复自然水体形态，为各类生物提供良好的生存与迁移走廊、恢复自然水体岸带群落、恢复乡土的水生动植物。

第二节 河湖形态结构修复

一、河湖形态结构概述

（一）河湖结构

从水体治理及生态修复的角度，河湖结构理论上一般可划分为河湖基底（河槽）、河湖岸坡带及河湖缓冲带三部分。

1. 基底（河槽）

河湖基底（河槽）是指沿河湖纵断面走向，河湖水域侧岸坡边线之间的河床基底。河湖基底作为河床土质类型及构成、污染状况、河床形态及其演变、河床稳定性等综合内容的一部分，具有水利、航运、环保、节能、生态等专业领域的综合功能。河湖基底宜在生物生息环境的构建和污染基底的清除等方面，体现生态及环保功能。

2. 岸坡带

河湖岸坡带是指河湖陆域侧岸坡边线和河湖水域侧岸坡边线之间的范围。河湖岸坡是水陆交错带的重要区域，具有安全防护、生态、景观等综合功能。岸坡区域应在满足安全防护功能的前提下，从生态环境改善的角度构建良好的生物生息环境。生息环境主要包括移动路径、生育繁殖空间及避难场所等。

3. 缓冲带

河湖缓冲带是陆地生态系统和水生生态系统的交错地带，广义上的缓冲带包括了岸坡带。较早开始研究河湖缓冲带的欧美国家对河湖缓冲带的定义是指河岸两边向岸坡爬升的树木（乔木）及其他植被组成的，防止和转移由坡地地表径流、废水排放、地下径流和深层地下水所带来的养分、沉积物、有机质、杀虫剂及其他污染物进入河湖系统的缓冲区域。河湖缓冲带与水体相邻，没有明显的界线，是水生和陆生环境间的过渡带，是河湖周边生态系统以及各陆生物种的重要栖息地，也是河湖中物质和能量的重要来源，直接影响整个河湖的水质以及流域的生态景观价值。其主要功能体现在生态功能、防护功能、社会功能及经济功能等方面，一般内容如下：

（1）生态功能主要包括物种的多样性、物质和能量的交换、栖息地及迁徙通道、生存环境等。

（2）防护功能主要包括过滤径流、吸收养分、改善河湖水质；调节河湖流量，降低洪、旱灾害概率；保护河岸、稳定河势等。

（3）社会功能主要包括河湖缓冲带与周围的景观协调性，在滨水地带构建人类休闲、户外和亲水活动的场所等，体现人类与生俱来的亲水性。

（4）经济功能主要包括选择适宜的经济植物，实现经济价值。

（二）河湖形态保持要求

1. 河湖形态保持工程总体要求

（1）工程总体方案设计应从岸线形态、横断面形态、纵断面形态进行研究和布置，处理好河湖形态保持与河湖水利，航运等基本功能需求的关系，重视河湖形态的保持，体现河湖平面、断面形态的自然属性，为河湖水生态、水环境的健康及水生动植物的生长提供良好的条件。

（2）河湖基底总体设计应从河湖纵、横断面形态上满足河湖形态保持工程的总体要求。此外，当河湖底泥内源负荷和污染风险较大时，宜通过环保疏浚的方法，有效清除河湖底泥中的各种污染物（营养盐、重金属、有毒有害有机物等），并对疏浚的底泥进行安全处置，改善河湖基底环境。

2. 河湖岸坡总体设计要求

河湖岸坡总体设计应充分考虑河岸现状、设计标准、总体布置等内容，一般要求如下：

(1) 应对现状河岸及其护岸特征进行充分调查，分析现状岸坡存在的问题。具有水利、航运等基本功能的河湖，岸坡设计标准应满足相应的行业规范及标准规定。

(2) 岸坡的平面总体布置应根据河湖断面、水深、地质、地形及周边环境等条件的变化进行分段布置。一般情况下，河湖面宽条件较好的河段，可选用斜坡式；河湖较狭窄的区段，可采用直立式；介于两者之间的河段，可采用复合式，并应根据河湖水深、工程地质、岸线资源等综合因素，选用不同的组合形式。

(3) 生态护岸结构型式应根据自然条件、材料来源、使用要求和施工条件等因素，经技术经济比较确定。

(4) 岸坡带植被修复总体设计应主要考虑种类选择、布置、种植及景观等，应充分考虑工程河段的场所特性，进行因地制宜的布置。植被配置应符合原有的生态结构。充分利用乡土植物和当地优势物种，择优选取自维持效果及生态效果好的植被，减少人工维护需求。

3. 缓冲带总体设计要求

应充分考虑缓冲带位置、植物种类、结构、布局及宽度等因素，以充分发挥其功能，一般要求如下：

(1) 应根据流域的水文、地形和环境特点选择合适的位置。缓冲带宜设置在下坡位置，与地表径流的方向垂直；对于长坡，可以沿等高线设置多道以消减水流的能量。在溪流和沟谷边缘，宜全部设置缓冲带。

(2) 应从缓冲带的净污效果、受纳水体水质的保护要求、非点源污染有效控制以及环境、经济和社会等角度对缓冲带的适宜宽度进行综合研究，科学界定缓冲带的适宜宽度。

(3) 应根据实际情况进行乔木、灌木、草本植物的合理搭配；宜采用以灌木、草本植物为主的植物在农田附近阻沙、滤污；宜布置根系发达的乔木、灌木保护岸坡和滞水消能。

(4) 缓冲带的结构和布局应综合考虑去污效果、吸附能力、系统稳定性及流域的生物多样性。

二、河流生态保持技术

(一) 河流类型划分

河流是陆地表面上经常或间歇有水流动的线性天然水道。河流一般可分为上游、中游与下游三个部分。由上游向下游侵蚀能力减弱，堆积作用逐渐增强。

河流根据平面形态、河型动态河和分布区域的不同，有不同的类型。一般情况下，主要有以下三类：

(1) 根据平面形态和特点分类。可分为顺直型、弯曲（蜿蜒）型、分汊型、游荡型等典型河段。

（2）根据动态分类。可分为稳定和不稳定型，或相对稳定和游荡型两类。

（3）根据区域分类。可分为山区（包括高原）河流和平原河流两类。山区与平原的河流地貌各自有着不同的发育演化规律与特点。山区河流谷地多呈 V 形或 U 形，纵坡降较大，谷底与谷坡之间无明显界限，平原河流的河谷中多厚层冲积物。

（二）不同类型河流形态保持

每条河流从源头到河口，按照水流作用的不同以及所处地理位置的差异，可分为河源、上游、中游、下游、河口等五个河段。

1. 根据河流平面形态和特点分类

根据河型、平面形态和河段特点分类，河段可分为顺直型、弯曲型、分汊型、游荡型以及感潮河段等。不同类型河段生态治理的形态保持技术重点和相关要求如下：

（1）顺直型。从河湖整治的角度来看，顺直型河段应在分析浅滩演变规律的基础上进行必要的整治稳定现有河势，并满足安全通过设计泄洪流量和航运的相关要求。从水生态保护的角度来看，生态治理工程技术可侧重于河岸的生态化改造或保留稳定的自然岸坡，突出自然属性，并应充分保护河湖浅滩所具有的生境条件。当有利于形成稳定的河槽时，也可采取必要的疏浚措施改善浅滩。

（2）弯曲型。从水利防洪的角度来看，弯道水流所遇到的阻力比同样长度的顺直河段要大，将抬高弯道上游河段的水位，从而对宣泄洪水不利。此外，曲率半径过小的弯道，汛期水流不平整，形成顶冲凹岸的现象，危及堤岸安全。从航运的角度来看，河湖过于弯曲，航道弯曲半径将不能满足航行安全的要求，且航行视线不利，弯道往往也形成不利航行安全的流势、流态。一般情况下，对适度的弯曲型河段宜维护、稳定现有的河型、河势，可根据情况采取以下措施：①稳定现状，防止其向不利的方向发展，当河湾发展至适度弯曲时，采用防护工程或控导工程控制凹岸发展及改善弯道，防止弯道继续恶化；②改变现状，使其向有利的方向发展，即因势利导，通过人工裁弯工程将迂回曲折的河湖改变为有适度弯曲的连续河湾，从而稳定河势。从水生态保护的角度来看，弯曲（蜿蜒）型河段形态蜿蜒曲折，是自然河湖的重要特征，河湖的蜿蜒性使得河湖形成主流、支流、河湾、沼泽、急流和浅滩等丰富多样的生境。此外，由于弯曲河段的流速不同，在急流和缓流的不同生境条件下，可形成丰富多样的生物群落，如急流生物群落和缓流生物群落。生态治理工程应在满足河湖水利防洪、航运等行业综合整治的基础上，尽量顺应河湖平面形态的蜿蜒特征，保持岸线和河槽的适度弯曲形态。平面形态布置在充分调查和论证的基础上，可采用经验关系推算、模报复制、模型研究等技术方法，确定适宜的布置方案。

（3）分汊型。从河湖整治的角度来看，分汊型河段的整治技术措施一般主要有汊道的稳定、改善与堵塞。其中汊道的稳定与改善，目的在于调整汊道的水流条件及汊道间的分流比等，维持与创造有利河势，从而对防洪和航运有利，并与经济社会发展相适应；汊道的堵塞，往往是从汊道通航环境条件和对泄洪能力的影响等角度分析考虑，经技术经济充分论证确定后，有意淤废或堵塞一汊，常见的工程措施为修建锁坝。

从水生态保护的角度来看，分汊型河湖作为一种常见的天然河湖形态，可形成较为丰富多样的生物群落，应侧重汊道生态流量的研究，保护水生态环境，维持河湖健康，科学开发和利用水资源，当条件允许时，亦可结合地形、水文条件等，因地制宜地布置浅滩湿地、江心洲湿地或生态岛等。目前，生态需水规律的研究及生态流量的计算方法尚不成熟。可在河湖总体生态环境研究成果的基础上，采用水文学方法、水力学方法、生物栖息地或生境模拟法，以及合适的模型研究法等，提出汊道不同季节适宜的最小、最大生态流量要求。

(4) 游荡型。从河湖整治的角度来看，游荡型河段的整治应采取逐步缩小主流的游荡摆动范围、稳定河势的工程措施，工程布局宜以坝护湾、以湾导流、保堤护滩。

从水生态保护的角度来看，游荡型河湖应充分利用水利工程逐步稳定下来的河势，采取必要的工程、生物等措施，发挥河漫滩及边滩丰富的生态价值，并利用部分滩地串沟，尤其是堤防临水侧堤脚附近的水沟，构筑生态水槽，提供良好的生物栖息条件。此外还可利用自然或人工放淤的边滩，构筑滩地小型湿地环境，恢复或保持生物的多样性。

(5) 感潮。感潮河段是流量及水位受潮汐影响的河段，对于感潮河段的整治，应结合潮河河段地形，本着因地制宜的原则，使河道近于自然，河湖宜宽则宽，宜窄则窄，随弯就势，顺其自然。在考虑河段现状、洪水危害严重程度、防护对象的重要性、防护区域对水域的需求的情况下，采取不同的治理措施和护岸型式。同时运用生物、生态工程的技术和方法，依据设定的目标，恢复河岸带植被，充分发挥河岸带植被的缓冲带功能和护坡效应，尽可能修复和重建退化的河岸带生态系统。

2. 根据地区分类

根据地区分类，不同类型河流生态治理的形态保持技术重点和相关要求综合体现如下：

(1) 山区（包括高原）河流。山区河流尤其是中小型山区（包括高原）河流分布广泛，因山区地形和地质结构复杂、气候差异悬殊、自然条件恶劣等特征，山区河流具有暴雨后洪峰出现时间短、洪峰流量大、河流坡降陡、洪水洪枯变幅大、洪水冲刷力强、河岸植被脆弱、水土流失严重等显著特点。

山区性河流的规划整治宜首先满足河湖水利防洪整治的需要，确定整治的重要河段和重点部位，一般以城镇、集镇、村庄、耕地面积集中成片的河段为重要河段，以易垮易冲刷决口损失较大的地段为重点部位。对河流的岸线、堤线进行上下游、左右岸统筹布置，河湖转弯半径不宜太小，适度调整河势和流向，充分发挥天然河湖的作用。此外还需处理好整条河流的平面、断面之间的关系，提高堤防护岸迎面的防冲能力。从水生态保护的角度来看，应注重整治的整体效果，结合城镇建设、生态环境建设、农田改造项目，统筹规划，协调布置，互不干扰，分步分项逐步实施。

(2) 平原河流。平原地区一般人口稠密，农业和经济发达，地形地势平坦，河流行洪排涝不畅，从而成为洪涝灾害的多发地。

平原河流具有线状分布里程长，河流周边农田分布广、自然河湖和人工运河交叉密布（包括行洪、排涝、灌溉等渠道）、水流受人工泵闸调控等显著特征。从河流整治的角度来看，平原河流以提高地区河湖防洪除涝标准为主，保障人民群众生命财产安全、改善农业生产环境、促进国民经济持续发展。水利工程的主要整治措施一般包括：分洪道或人工运河开挖、河湖疏浚、弯道裁弯取直、护岸堤防建设等；主要整治建筑物包括防洪闸、水闸、船闸、泵站、防洪堤防、渠道等。从水生态保护的角度来看，排洪、除涝、设闸等措施可能导致污染转移、河流原有水文条件改变、水体流动性变差、纳污能力下降以及对地下水水质造成不利影响。此外，人工运河、排洪渠、裁弯取直河段以及灌溉渠等宜进行生态化改造或建设。结合堤防或护岸建设要求，河流两侧尽量留有一定宽度的缓冲带范围（一般不宜少于15m），改善河岸带生境条件。

3. 根据河流流经的不同区段分类

根据河流流经的不同区段，不同类型河段生态治理的形态保持技术重点和相关要求总体如下：

（1）城（镇）市区段河流。由于城市（尤其是老城区）的建设基本成型，一般情况下，城（镇）市区段河流的形态已基本固定，河流两侧或周边的用地基本受限，规模化改造河湖的平面形态及布局难以实现。此外，城（镇）市区段河流两岸大部分建有各种形式的护岸，并以硬质护岸结构型式为主，且一般分布有大量不同类型的排水口。

生态治理工程的形态保持重点一般可考虑河流两侧沿线的护岸、堤防或防汛墙的生态化改造、景观绿化节点布置、河流局部形态改变等。此外，宜充分利用河流两侧的城市绿地或景观带进行必要的水质净化工程布置，最大限度地提升城（镇）段河流的生态、人文、环境等品质。

（2）城（镇）郊区段河流。总体来说，城（镇）郊区段河流两岸用地相对较为宽裕，一般情况下尚保留着河湖原有的岸线形态。随着城市的经济建设和发展，城（镇）郊区也逐步纳入城（镇）相关的规划发展范围，相关用地规划也逐步呈现。

从水生态保护的角度来看，应首先将水生态保护或治理的相关要求纳入城（镇）开发建设的总体规划内容中，从规划开始就体现水生态保护的控制要求，将属于河流的水域和陆域，通过规划保护起来。河流形态保持工程的技术重点可体现在河流自然形态的保持、生境条件的改善、河流两侧缓冲带的建设，最大限度地保留河流沿线的自然属性。当条件允许时，可结合河湖的地形、地貌和水文条件等，进行局部形态的改变，适当增加河流的蜿蜒性，构筑必要的滩、洲湿地等，提升河湖的生物或生境多样性。

（3）农村段河流。农村段根据村落和农田的分布情况，又可细分为农村村落段和农村田野段。农村段河流周边主要为村落、耕地、农田、经济林等，受农业生产发展的影响，农村段河流周边可能分布有一定的农业生产设施，如取水与排水口、灌溉沟渠、闸涵以及堤防、田埂等，但河流总体形态一般保持着自然状态。

农村段水生态治理，应充分调查和研究农田面源污染入河情况，尤其对村落生活污水直排入河以及农灌渠的灌溉余水入河进行必要的沿岸分散处理。可充分利用现场的地形、地貌条件，结合水塘、池塘的分布，选取适宜的位置布置湿地或其他分散处理工程。在有条件时，可在农灌渠入河口布置河口小型湿地，或沿河岸坡脚布置与河流基本平行的生态沟槽，拦截并处理入河生活污水或灌溉余水。此外，农村段河流根据河岸的稳定情况，宜进行必要的岸坡防护，并宜首先采用生态化护坡及斜坡式结构型式。

（4）重要保护区段及其他自然形态区段。重要保护区段河流原则上位于自然保护区、风景名胜区、山地森林区、自然文化遗产区、水源保护区等，往往保持着自然的、原始的河流形态。其他自然形态区段的河流，一般也具有相同的自然或原始属性。

对于重要保护区段及其他自然形态区段河流，以保持现状形态和生态环境为重，一般不应采取过多人工干预措施，宜从河流来水、来沙等情况分析河槽、河岸以及河床的稳定性，研究确定是否采取必要的工程措施，减少自然灾害，防止水土流失，增强重要保护区范围的保护能力。

（三）断面形式设计

对应于不同的河湖平面形态，在满足河湖水利、航运等行业规划断面的基础上，应充分考虑河湖的生态保护需求，根据河湖的水位、流量、流速、流态、泥沙等水文要素，结合河湖的堤防、护岸及防洪道路等工程建设方案，合理确定河湖的断面设计形式。河湖断面形式总体可分为横断面形式、纵断面形式两大类。

横断面形式根据河湖断面的几何形态，主要可分为矩形、梯形、复合形等。矩形断面主要受河湖两岸用地限制，一般布置于城（镇）市区段，水生态系统修复条件较差。梯形断面适用于河湖面宽较宽、用地相对充裕的河段，一般布置于城（镇）郊区段、农村村落段等，水生态系统修复条件一般。复合形断面比较贴合河湖的自然特征，适用于河湖自然形态保持较好的河段，往往可体现河湖浅滩、边滩、水槽、滩地串沟等河湖自然特征，河湖范围占地面积一般较大，生境条件较好，且易构建利于水生态修复的平面形态和断面条件。此外，对于水利、航运等整治工程为主的河湖，顺直河段一般以对称形、几何尺度规则化为主；而对于现状自然属性显著的河湖，可根据水流、泥沙及河床演变等特性，宜保留其自然的、不规则、不对称的河湖复合断面形态。

河湖纵断面布置应统筹协调好各项河湖整治任务和相应专业规划的关系，宜根据相关水力计算、河床演变分析等河湖整治工程研究结论，在不影响河湖整治效果的基础上，适度形成深浅交替的浅滩和深槽，构建急流、缓流和滩槽等丰富多样的水流条件及多样化的生境条件。有条件时，可结合河湖纵向的基底特征，进行局部水下微地形的改造，如构建局部砾石（抛石）河床、生态潜堤、人工鱼巢等，形成多样性的河床基底及流态，改善河湖纵断面生境条件。

三、河岸生态修复技术

恢复河道生态的基础是生态护岸，以往人们在建造河道护岸时经常只考虑护岸工程的安全性和耐久性，多选用干砌石、浆砌石以及浇注混凝土、预制块等方式，这种结构的硬质护岸隔断了水生生态系统与陆地生态系统之间的联系，破坏了河湖的完整性，以及廊道的生态功能，从而影响整个生态系统的稳定性，不利于生态环境保护和水土保持。硬质护岸不仅外观单调，在大多数情况下，与周围景观也不协调，违背了保护生态环境的发展趋势。河道不但需要航运、泄洪、灌溉和排水、供水等传统功能，而且还应具有生态、景观、旅游等功能。如果将河湖的生态功能作为生态城市建设的灵魂，那么护岸是城市印象形成的重要因素，其生态建设将促进城市形象的改变与提升。

随着国民经济的飞速发展以及人民生活水平的日渐提高，人们的生态环境保护意识已不断加强与提升，对水环境的要求也越来越高。生态护岸利用植物或者将植物与土木工程相结合，对河道坡面进行防护，有助于对河湖水质的改善。生态护岸的应用是现代河道治理建设的趋势，搞好生态护岸工程对于创建碧水蓝天、坡绿岸荫、鱼虾洄游的河道生态景观具有非常重要的现实意义，它是融现代水利工程学、生物科学、环境学、美学等学科于一体的水运工程。

（一）生态护岸的定义

生态护岸是河道生态系统中非常重要的组成部分。河岸广义上指陆地和河湖的交界处两边，直至河水影响消失的地带，包括河边的植物群落和土壤等。河岸是水陆交错带，是陆域生态系统和水域生态系统的过渡地带，是一个完整的生态系统，它不仅包括植物还包括动物及微生物，整个系统内部和与相邻系统之间发生着能量和物质交换，具有很强的动态性。河岸作为水陆交错带，既有环境资源价值，又有生态功能的地带，维系和支持着较高水平的物种多样性、种群密度和生物生产率。

生态护岸是利用植物或者植物与土木工程相结合，对河道坡面进行防护，既能防止河岸坍方，还能使河水与土壤之间相互渗透，增强河道自身净化能力，有一定的自然景观效果的河道护坡形式。生态护岸集防洪、生态、景观和自净等效应于一体，不仅是护岸工程建设的一大进步，也将成为未来护岸工程建设的主流。

生态护岸工程不仅包括传统护岸工程强调的结构稳定等水力学的内涵，还包括生态系统的健康、安全、景观协调等生态学内涵。在满足行洪要求和保证结构稳定的基础上，生态护岸是一个与周围环境相互协调、相互发展、保证社会经济可持续发展、维持生物动态平衡的开放性生态系统。

（二）生态护岸的功能

生态护岸作为一种新型的护岸，本身就具备抵御洪水的能力。生态护岸的植被可以调节地表和地下的水文状况，使水循环途径发生一定的变化。生态护岸除护堤抗洪的基本功能外，对河湖水文过程、生物过程还有以下促进功能。

1. 滞洪补枯、调节水位

生态护岸采用自然材料，形成一种“可渗性”的界面。丰水期，河水向堤岸外的地下水层渗透储存，缓解洪灾；枯水期，地下水通过堤岸反渗入河，起着滞洪补枯、调节水位的作用。另外，生态护岸上的大量植被也有涵蓄水分的作用。

2. 促进河湖生物过程

生态护岸把水区植被与堤内植被连成一体，构成一个完整的水生态系统。生态护岸的坡脚护底具有高孔隙率、多鱼类巢穴、多生物生长带、多流速变化的特点，为鱼类和其他水生动物及两栖动物提供了栖息地、繁衍地和避难所。生态河堤繁茂的绿树草丛不仅为陆上昆虫、鸟类等提供了觅食、繁衍的场所，而且浸入水中的柳枝、根系还为鱼类及其他野生动物产卵、避难、觅食提供了理想的场所，叶子、嫩牙、昆虫等掉入水中，为水中的动物提供食物，形成一个水陆复合型生物共生的生态系统。另外，植被还可以增加河道两岸的美感。

3. 增强水体的自净作用

生态护岸可以增强水体自身净化功能，改善河湖的水质。当污染物排入河湖后，首先作为营养物被细菌和真菌摄取，其中有机物被分解为无机物，而氮、磷等无机物将作为营养盐类被浮游植物所吸收利用，浮游植物又被水中的浮游动物鱼、虾等所食，细菌、真菌被原生动物吞食，这种水体的自净作用，以食物链的方式降低污染物的浓度。生态护岸上种植在水中的柳树、芦苇等水生植物，能从水中吸取无机盐营养物，其庞大的根系是广大微生物吸附的介质，有利于净化水质，减少岸坡上的营养物质流入河湖。

生态护岸营造出的浅滩、放置的石块、修建的丁坝、鱼道形成的水的紊流，有利于空气中的氧溶入水中，增加水体的含氧量；有利于水生生物的生长，促进水体的自身净化，从而改善水质，使河水变得更加清澈。

4. 增强城市的生态景观

生态护岸不仅可以和周围环境构成协调的河道景观，而且可以建立一个丰富的生态系统，形成河水清澈见底、鱼虾洄游、水草茂盛的自然生态景观。

近些年来，国外大量采用生态护岸技术，改变了过去那种“整齐划一的河道断面和笔直的河道走向”的静态美。由多种材料构造的、或陡峭或平缓的堤岸与河道的浅滩、深潭、水路自然衔接，浑然一体，营造出丰富多样的空间，顺应了现代人类回归自然的潮流，成为人们休闲、娱乐的场所，有助于城市形象的改变和提升，强化地区和城市的识别性。此外，因地制宜地设置一些亲水设施，使人与水的关系由护岸载体的灵活变化而进一步升华，从而促进人与自然的和谐发展。

四、缓冲带生态修复

（一）河湖缓冲带修复原则

河湖缓冲带的构建与布置宜遵循下列原则：

（1）河湖缓冲带的不同区段应根据地质、水文、土壤、植被及土地利用状况的差别，实行分类治理。

（2）河湖缓冲带生态环境功能应考虑土地利用、经济投入等因素，因地、因类地优化组合，合理有效地确定其功能及其适用的修复措施。

（3）河湖缓冲带宜充分考虑河湖的主要环境功能和使用功能，突出解决主要问题。如平原河岸带及工农业用水、旅游、渔业为主的河湖，应重点考虑生态功能的修复；山区河湖则宜重点考虑水土保持功能的修复。

（4）河湖缓冲带功能区的确定宜充分考虑缓冲带修复工程的可实施性、实用性和技术、经济的合理性，以及是否有利于当地经济、环境的可持续发展。

（5）河湖缓冲带各功能区边界分类和确定时，应综合考虑土地的行政隶属关系和流域界线，便于地方管理。

（6）河湖缓冲带布置应满足河湖蓝线及陆域建筑物边界线规划的相关要求。当没有相关规划要求时，应充分结合地方相关用地规划，从土地综合利用、减少征地拆迁和耕地及农用地侵占、满足环境要求、经济可行和便于实施等方面综合考虑，进行缓冲带总体布置。

（二）缓冲带构建技术

除河道河湖岸坡外，相关缓冲带构建技术应充分考虑缓冲带位置、植物种类、结构和布局及宽度等因素、以充分发挥其功能，并满足下列要求：

（1）缓冲带位置确定应调查河湖所属区域的水文特征、洪水泛滥影响等基础资料，宜选择在泛洪区边缘。

(2) 从地形的角度来看，缓冲带一般设置在下坡位置，与地表径流的方向垂直。对于长坡，可以沿等高线多设置几道缓冲带以消减水流的能量；溪流和沟谷边缘宜全部设置缓冲带。

(3) 河湖缓冲带种植结构设置应考虑系统的稳定性，设置规模宜综合考虑水土保持功效和生产效益。

(4) 缓冲带宽度设置由以下多个因素决定：缓冲带建设所能投入的资金；缓冲带的几何物理特性，如坡度、土壤类型、渗透性和稳定性等；流域上、下游水文情况和周边土地利用情况；缓冲带所要实现的功能；土地所有部门或是业主提出的要求和限制。上述各种情况下所构建的缓冲带宽度是不一样的，一般情况下，缓冲带的宽度由缓冲带所要发挥的功能决定，不同的功能所需要的宽度也是不一样的，从几米到几百米不等。根据相关调查显示，缓冲带宽度大于 30m 时，能够有效降低温度、增加河湖生物食物供应、有效过滤污染物。当宽度大于 80m 时，能较好地控制沉积物及土壤流失。

第三节　推动河湖生态综合治理，建设贵州美丽河湖

为深入贯彻落实习近平总书记视察贵州重要讲话精神，为落实党中央国务院科学谋划和切实推动贵州省河湖长制工作指示，为进一步推动河湖长制高质量发展，贵州省河湖长制办公室组织制订了《贵州省河湖长制“十四五”高质量发展工作方案》。方案中指出，总结贵州省全面推行河湖长制以来的工作经验与做法，准确把握新时期新发展阶段，持续深化河湖生态综合治理，不断拓展新时代生态文明。

一、加强生态综合治理

石漠化与水土流失是贵州省生态建设的难题，要注重自然恢复、突出综合治理，加强封禁保护与林草植被建设，科学推进石漠化、水土流失综合治理，提升“两江”上游水源涵养能力，实现水土资源可持续利用，改善人居环境，促进区域协调可持续发展。

加强江河源头区保护与修复。按照“大预防、小治理”的原则，以封育保护为主，辅以综合治理，控制水土流失，加强重点地区水源涵养能力建设，构筑两江上游生态屏障。

加强石漠化与水土流失综合治理。以坡耕地、石漠化等水土流失严重地区为重点，通过封育保护、种植经果林和水土保持林、实施坡改梯、调整农作物种植结构和耕作方式等措施，系统治理水土流失，实现水土流失面积强度双下降；统筹农村发展和生态保护，通过加强林草植被保护和建设、发展农村可再生能源、推进生态移民、积极探索石漠化治理新模式和新技术等举措，分区分类推进石漠化防治，推动生态建设与农民致富有机结合，让石山荒岭披绿生金；以石漠化与水土流失治理分区为基础，统筹天然林保护、退耕还林工程，积极发展特色农牧业和生态旅游业，因地制宜、分区分类实施石漠化与水土流失综合治理。

二、建设美丽河湖

从生态完整和流域系统性出发，正确处理河湖管理保护与开发利用关系，注重河湖生态修复与休养生息，保护良好生态，维护健康生命，提升河湖功能，努力打造人水和谐的美丽河湖，更好地造福贵州人民。

以流域为单元，在保障防洪安全的前提下，按照“水量充沛、水质良好、生态岸绿、干净整洁、自然优美”的要求，统筹推进河流生态保护与修复，营造安全、生态、秀美的河流生态廊道。

（一）保障河流生态流量

根据不同流域水资源条件，在分析水生生物状况及分布、明确维系重要水生生物生境的需水量（水位）及需水过程，同时结合流域水质保护、景观功能等生态用水需求的基础上，综合考虑生态需水量与可操作性，以流域重要水利枢纽、省界市州界、生态敏感区等控制断面为关键节点，综合确定重要河湖生态流量保障目标。

（二）推进河湖岸线生态保护修复

推进城镇河湖生态滨岸带建设。加强天然河滩地保护，严禁围垦占用河滩地，维持天然河道宽度和形态。加强自然河湖岸线生态保护修复。贵州省城郊河段以及各支流基本无堤防建设，河岸均为自然堤岸，河岸两侧以林地和农田为主。在严格河湖水域岸线空间管控界限的前提下，以保护恢复天然河段、农田段、乡村段为重点，实施退耕还河，保障河滩地和滨岸带空间，恢复和建设河岸缓冲带。

（三）保护与修复重要生境

加强受损生境的修复。以恢复生境连通性和鱼类洄游通道为目的，逐步改善和恢复河湖水系连通性。优化水库运行方式，泄放生态流量和营造人造洪峰过程，保护重要水生生物繁殖、生长所需的生态水文条。加强重要敏感河段保护。以流域为单元，保留一定范围的天然生境河段，并设置警示标识实施保护，禁止破坏生境的生产经营活动；加强从事涉及水产种质资源保护区的有关活动的管理，应当遵守《水产种质资源保护区管理暂行办法》，禁止损害水产种质资源及其生存环境的行为。

第七章 加强水环境治理

第一节 水环境概况与治理

一、水环境定义和概况

（一）水环境定义

水是环境中最活跃的自然要素之一，也是地表的主要组成物质。没有水就没有生命，水是一切文明之源。水携带着来自自然界和人类活动所产生的各种物质进行迁移和转化，影响着地形地貌、气候条件、自然景观等的形成与变化，从而影响人类环境的区域分异和动态变化，同时作为能源、生产原料和生活资源，也对社会经济的发展和人类生活质量具有重要影响。水是人类及一切生物赖以生存的必不可少的物质基础，据统计，在发展中国家，每人每天平均用水量为40～350L；在发达国家的一些现代化城市，每人每天用水量高达600～830L。

水环境在《环境科学大辞典》中的定义是：地球上分布的各种水体以及与其密切相连的诸环境要素如河床、海岸、植被、土壤等。水环境主要由地表水环境和地下水环境两部分组成。地表水环境包括河湖、湖泊、水库、海洋、池塘、沼泽、冰川等。地下水环境包括泉水、浅层地下水、深层地下水等。根据《水文基本术语和符号标准》（GB/T 50095—98）的规定，水环境（water environment）是指围绕人群空间可直接或间接影响人类生活和发展的水体，以及影响其正常功能的各种自然因素和有关的社会因素的总体。

水体一般具有多种复杂的现象，物理现象包括迁移、输送、沉积、渗透、扩散、蒸发、凝结、固化等；化学现象包括各种化学反应；生物现象包括光合作用、呼吸作用、吞食、分解、转化、迁移等。水环境科学所阐述的内容包括水环境科学的基本概念、基础理论和研究方法，水环境系统的特点、重要作用和影响因素，以及水环境保护、水资源利用和管理、水污染治理、水灾害防治等诸多问题。

（二）水环境质量现状

1. 地表水总体状况

根据《2020中国生态环境状况公报》显示，2020年1—12月，1940个国家地表水考核断面中，水质优良（Ⅰ～Ⅲ类）断面比例为83.4%，同比上升8.5个百分点；劣Ⅴ类断面比例为0.6%，同比下降2.8个百分点。主要污染指标为化学需氧量、总磷和高锰酸盐指数。

2020年1—12月，长江、黄河、珠江、松花江、淮河、海河、辽河等七大流域及西北诸河、西南诸河和浙闽片河流水质优良（Ⅰ～Ⅲ类）断面比例为85.7%，同比上升5.2个百分点；劣Ⅴ类断面比例为0.2%，同比下降2.3个百分点。主要污染指标为化学需氧量、高锰酸盐指数和五日生化需氧量。

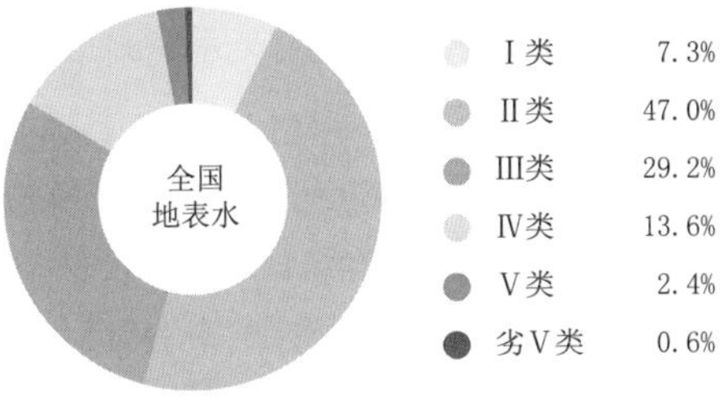

2020年全国地表水总体水质状况[1]

2. 湖泊（水库）总体状况

2020年，开展水质监测的112个重要湖泊（水库）中，类湖泊（水库）占76.8%，比2019年上升7.7个百分点；劣Ⅴ类占5.4%，比2019年下降1.9个百分点。主要污染指标为总磷、化学需氧量和高锰酸盐指数。

开展营养状态监测的110个重要湖泊（水库）中，贫营养状态湖泊（水库）占9.1%，中营养状态占61.8%，轻度富营养状态占23.6%，中度富营养状态占4.5%，重度富营养状态占0.9%。

3. 地下水总体状况

2020年，自然资源部门10171个地下水水质监测点（平原盆地、岩溶山区、丘陵山区基岩地下水监测点分别为7923个、910个、1338个）中，Ⅰ～Ⅲ类水质监测点占13.6%，Ⅳ类占68.8%，Ⅴ类占17.6%；水利部门10242个地下水水质监测点（以浅层地下水为主）中，Ⅰ～Ⅲ类水质监测点占22.7%，Ⅳ类占33.7%，Ⅴ类占43.6%，主要超标指标为锰、铁和氨氮。

二、水环境治理发展历程

（一）世界水环境治理发展历程

世界上许多发达国家和地区的河湖都曾出现过水污染问题，第一代水污染以泰晤士河黑臭、缺氧为代表，第二代水污染以导致日本水俣病的重金属、有毒化学品为代表，第三代水污染以美国和加拿大湖泊的氮、磷元素富营养化为代表。世界各国都经历过水环境问题的发生、发展、治理以及水生态系统退化和修复的过程。在国外水环境治理的过程中，水环境管理理念不断发展，水环境治理修复技术和体系也逐渐完善，在工业化时期，河湖功能主要是防洪、排水、渔业和运输等，随着工业化进程的加快，水环境污染问题频发，人们开始关注河湖的水质调节功能，这一时期水环境治理的侧重点是通过人工措施治理工业及生活污染。随着认识的进一步深化。人们对水环境治理的着眼点由简单的水文和物理系统转化为水文、生态环境、经济、社会和文化的综合，人们意识到了水环境的多种功能，治理目标也开始着眼于生态修复、河湖自然化并配以人文景观化。

---

[1] 摘自《2020中国生态环境状况公报》。

（二）我国水环境治理发展历程

我国水环境治理随着社会经济的发展以及人类对环境问题认知的逐步深化而不断变化，可分为依存开发阶段、水利开发阶段和综合治理阶段。

1. 依存开发阶段

依存开发阶段从原始社会一直持续到现代大工业化完成。此时以关注河道的自然功能为主，引水灌溉农田，开发水运，将城市河道视为“母亲河”，完成自然界输水、输沙等水文循环，为河道内和河道外生态系统提供适宜的生存环境和足够的水量，消解自然界形成的污染物等，在依存开发阶段，人类对河道影响较小，河道的自然功能占主导地位，社会服务功能逐渐形成，城市河道综合管理开始起源。

2. 水利开发阶段

水利开发阶段以牺牲自然功能为代价，以突出河道的社会服务功能为特点，包括提供生产生活用水、进行蓄水灌溉，提供航运服务，防洪排涝、涉河建筑物建设，满足休闲娱乐和景观需求等。水利开发强化了河道的行洪排涝功能，同时也造成了河道生态系统的毁灭性破坏，造成了河道淤积、水质恶化等问题，对水生态系统的自然特性造成了严重的破坏。

3. 综合治理阶段

到 20 世纪末，随着人民生活水平不断提高，国内认识到传统的防洪、水资源开发等活动会导致水生态系统的退化，开始广泛吸收国际上的先进理念，注重对城市水生态的保护和恢复。

在综合治理阶段，城市河道综合治理改变了以往重建设、轻管理的模式，为了避免“伪生态”等不可持续现象的发生，逐步建立了以水质考核为目标的长效管理模式。全面推广“河长制”，改善了以往河道管理职能分散在城市管理、公安、交通、水利、生态环境、绿化等部门的局面，将各部门工作职能统一到水质考核目标中，强化了城市河道的管理力量，为城市河道的长效治理提供了有力的制度保障。

（三）水环境治理发展趋势

2015 年 4 月，国务院发布了《水污染防治计划》（简称“水十条”），成为当前和今后一定时期内全国水污染防治工作的行动指南。该计划的目标包括：到 2030 年，力争全国水环境质量总体改善，水生态系统功能初步恢复。到 21 世纪中叶，生态环境质量全面改善，生态系统实现良性循环。主要指标为：到 2030 年，全国七大重点流域水质优良比例总体达到 75%以上，城市建成区黑臭水体总体得到消除，城市集中式饮用水水源水质达到或优于Ⅱ类比例总体为 95%左右。

国内外水环境治理的理念不断深化，治理技术不断发展，人们认识到河道治理除了水质的改善，还应该尊重河湖系统的自然规律，注重自然水环境的恢复和保护。我国未来的环境治理与管理实践，应吸纳国外水环境治理的理论和技术，并结合我国已有的成果和经验，根据各地区自身的经济状况和区域特点，进行适应区域经济社会发展的水环境综合治理。

第二节 水环境治理

一、水环境治理的理念

水环境治理是一个复杂的过程，需要从最基础的防洪排涝到生态建设进行综合考虑。在流域水环境综合治理过程中，应逐渐形成较为成熟的治理理念。

（一）防洪排涝与滞水蓄水相结合

水环境治理需要综合考虑河湖、雨水和土地三者的关系。首先要进行防洪排涝，预防外来洪水，并及时排出城市的涝水，在河道两岸建设生态堤防，生态堤防不仅能够防洪、护堤，满足城市河道行洪排涝的基本要求，还能够通过促进河湖水文过程和生物过程，保证河湖的自净作用，同时为生物提供栖息场所。其次要进行滞水蓄水，对河湖来水进行调蓄，增加雨水下渗率，减少城市不透水面积，通过建立雨水收集系统增加对雨水资源的储存，可通过建设湿地对洪水进行滞蓄。将排水和蓄水有效结合，从而全面协调河湖、湖泊的各项功能。

（二）加强防污治污，改善水环境质量

防污治污是改善水环境质量最根本的途径。首先，要对河道两岸污染物的排放进行全面的截留，通过对污水处理系统进行改造，提高污水处理率，实现污水达标排放和总量控制。其次，要逐渐实现雨污分流，通过将雨水和污水分别用不同的管道输送，进行排放或后续处理，从而便于雨水收集利用和集中排放，并降低污水处理厂的工作负荷，同时要强调初期雨水的处置和雨水的资源化利用。

（三）强调生态治理，加强水生态修复

随着我国社会经济发展和人民生活水平的不断提高，水环境治理已经从传统的水利治理逐渐转为生态建设、经济建设和文化建设。水生态治理是基于对河湖自然结构的维持和生态环境的需求，通过生态的、科学的治理方法、构建一个完整、健康而稳定的生态系统，从而满足自然环境以及人类社会可持续发展的需要。在水环境综合治理的过程中，需要考虑自然变化的基本规律、充分保护自然环境再生和自净能力，将人类对河湖的干扰保持在自然环境承载力范围之内。

（四）“五水合一”实现水环境综合治理

“五水合一”是指将水安全、水环境、水景观、水文化和水经济相结合。通过满足供水安全、泄洪能力、水功能区水质和生态保障来保障水安全；通过污染源控制、河湖水质修复、生物多样性恢复和河湖多样性恢复来改善水环境：通过加强水域景观、沿岸景观和河湖景观建设营造水环境；通过历史水文化的发扬、现代水文化的建设和地方特色的形成来彰显水文化：通过实现水资源、水景观、水回用价值以及其他价值的开发来发展水经济。

二、水环境治理的措施

水环境治理是一个复杂的过程，涉及水利、环境、生态等多个学科，修复过程也会

受到河湖的水文条件、污染物的种类和含量、自然环境条件等多种因素的影响，治理技术包括物理技术、化学技术、生物技术以及生态修复技术。常用的水环境治理措施可概括为以下几种。

（一）控源截污

污染治理的关键是控源截污，否则无法从根本上改善水质。针对工业废水直接入河，管网设施不够完善的问题，对工业废水进行截污纳管，进入市政管网进行统一处理；针对生活污水处理设施欠缺，污染源覆盖全流域的问题，对生活污水一部分进行就地处理并达标排放，另一部分进行截污纳管；针对畜禽散养户多，处理率低和污染负荷大的问题，进行废渣废水收集，对有利用价值的部分进行产沼、制肥等综合利用，其余部分处理达标后排放，从而对畜禽养殖污染进行控制；针对农业氮磷流失大，排水沟渠年久失修的问题，采用生态沟渠拦截等措施，对农业面源污染进行控制；针对生活垃圾收运体系和设施不完善的问题，通过构建垃圾收运体系，完善配套设施的建设，对固废污染进行控制；针对营养物质从底泥中释放出来重新进入水中这一问题，通过将河水抽干后清淤和挖泥船直接清除淤泥等措施，对河湖底泥进行内源清淤。

（二）引水释污

水动力是运输泥沙和营养物质的动力基础，也是水环境中污染物迁移的关键因素。采取引水释污等辅助措施，科学有效地增加流域水资源量，加快水体有序流动，利用水体自净功能，降低水体污染程度，提高水环境承载能力，使有限的水资源发挥最大效益（包括经济效益、社会效益和环境效益等），在国内外的水污染控制中得到了广泛应用，取得了良好的效果。

（三）水质净化

水质净化技术对水环境质量的改善具有重要的作用，在原有河床不变的基础上，通过物理、化学、生物或联合几种技术的组合方法，对污染水体进行原位修复净化。物理方法包括：①对水中的藻类、树叶、垃圾等进行人工打捞，从而清除内源污染；②通过对黑臭水体进行曝气增氧，加速水体复氧过程，使河水处于好氧状态，增强河湖水体的紊动，同时减缓底泥释放磷的速度；③采用底泥疏浚，底泥覆盖、底泥固化等方法对污染底泥进行原位处理。化学方法主要是向污染水体中加入药剂除藻、加入石灰进行脱氮、加入铁盐促进磷的沉淀等。生物方法通过人工构建生物膜来絮凝或吸附水中的有机物；通过调控水生植物、培养微生物来治理富营养化水体；通过构建人工浮岛吸收水体中的富营养物质，提高水体自净能力；利用微生物的代谢降解作用来降低污染物的浓度等。

三、水环境治理体系建设思路

为落实党的十八大以来提出的一系列水生态文明建设的新理念、新思路、新举措，满足新时期水环境治理的要求，应加强水环境治理体系的建设和完善，从而保障流域水环境质量和区域社会经济发展。

（一）坚持系统治理，形成水环境治理合力

水环境是一个复杂的生命共同体，应统筹自然界中各个要素，预防为主，自然恢复，切实维护水生态系统原有结构和功能，加强生态脆弱河湖水生态修复，并根据流域的系统性和完整性特征，统筹考虑上游、下游协同治理与保护，协调开发利用与环境保护的关系。

（二）坚持依法治理，提升水环境治理法治化水平

构建以《中华人民共和国宪法》为统领，以《中华人民共和国水法》《中华人民共和环境保护法》《中华人民共和国水污染防治法》等为基础，以行政法规、地方性法规机制为依托，以综合规划、专业规划、专项规划为支撑的水生态环境法律制度体系。同时，健全资源消耗、环境损害、生态效益等监督考核体系，建立责任追究制度，对那些不顾环境盲目决策、造成严重后果的人员必须追究其责任，而且应该终身追究。

（三）坚持综合治理，努力破解重点难点问题

注重资源节约、保护和高效利用，综合运用经济、法律及必要的行政手段，合理采取自然措施与人工措施相结合的治理路径，努力提高水资源质量和保障能力。坚持工程措施与管理措施并重，坚持治标与治本并举，统筹好经济社会发展与保护水资源、改善水环境、防治水污染、修复水生态之间的关系，管当前、顾长远，集中解决重点地区、重点部位、重点环节的突出问题。

（四）坚持源头治理，夯实水环境治理基础

根据水资源、水环境承载能力，以保持水系连通性、水体流动性、水质良好性、水生物多样性为目标，合理制订水量保障、水质保护、水生修复的空间格局，划定水环境保护责任红线。

保障篇

第八章 政 策 保 障

第一节 中共中央办公厅及国务院办公厅政策文件

中共中央办公厅、国务院办公厅印发《关于全面推行河长制的意见》的通知（厅字〔2016〕42号）

河湖管理保护是一项复杂的系统工程，涉及上下游、左右岸、不同行政区域和行业。近年来，一些地区积极探索河长制，由党政领导担任河长，依法依规落实地方主体责任，协调整合各方力量，有力促进了水资源保护、水域岸线管理、水污染防治、水环境治理等工作。全面推行河长制是落实绿色发展理念、推进生态文明建设的内在要求，是解决我国复杂水问题、维护河湖健康生命的有效举措，是完善水治理体系、保障国家水安全的制度创新。为进一步加强河湖管理保护工作，落实属地责任，健全长效机制，现就全面推行河长制提出以下意见。

一、总体要求

（一）指导思想。全面贯彻党的十八大和十八届三中、四中、五中、六中全会精神，深入学习贯彻习近平总书记系列重要讲话精神，紧紧围绕统筹推进“五位一体”总体布局和协调推进“四个全面”战略布局，牢固树立新发展理念，认真落实党中央、国务院决策部署，坚持节水优先、空间均衡、系统治理、两手发力，以保护水资源、防治水污染、改善水环境、修复水生态为主要任务，在全国江河湖泊全面推行河长制，构建责任明确、协调有序、监管严格、保护有力的河湖管理保护机制，为维护河湖健康生命、实现河湖功能永续利用提供制度保障。

（二）基本原则

——坚持生态优先、绿色发展。牢固树立尊重自然、顺应自然、保护自然的理念，处理好河湖管理保护与开发利用的关系，强化规划约束，促进河湖休养生息、维护河湖生态功能。

——坚持党政领导、部门联动。建立健全以党政领导负责制为核心的责任体系，明确各级河长职责，强化工作措施，协调各方力量，形成一级抓一级、层层抓落实的工作格局。

——坚持问题导向、因地制宜。立足不同地区不同河湖实际，统筹上下游、左右岸，实行一河一策、一湖一策，解决好河湖管理保护的突出问题。

——坚持强化监督、严格考核。依法治水管水，建立健全河湖管理保护监督考核和责任追究制度，拓展公众参与渠道，营造全社会共同关心和保护河湖的良好氛围。

（三）组织形式。全面建立省、市、县、乡四级河长体系。各省（自治区、直辖市）设立总河长，由党委或政府主要负责同志担任；各省（自治区、直辖市）行政区域内主要河湖设立河长，由省级负责同志担任；各河湖所在市、县、乡均分级分段设立河长，由同级负责同志担任。县级及以上河长设置相应的河长制办公室，具体组成由各地根据实际确定。

（四）工作职责。各级河长负责组织领导相应河湖的管理和保护工作，包括水资源保护、水域岸线管理、水污染防治、水环境治理等，牵头组织对侵占河道、围垦湖泊、超标排污、非法采砂、破坏航道、电毒炸鱼等突出问题依法进行清理整治，协调解决重大问题；对跨行政区域的河湖明晰管理责任，协调上下游、左右岸实行联防联控；对相关部门和下一级河长履职情况进行督导，对目标任务完成情况进行考核，强化激励问责。河长制办公室承担河长制组织实施具体工作，落实河长确定的事项。各有关部门和单位按照职责分工，协同推进各项工作。

二、主要任务

（五）加强水资源保护。落实最严格水资源管理制度，严守水资源开发利用控制、用水效率控制、水功能区限制纳污三条红线，强化地方各级政府责任，严格考核评估和监督。实行水资源消耗总量和强度双控行动，防止不合理新增取水，切实做到以水定需、量水而行、因水制宜。坚持节水优先，全面提高用水效率，水资源短缺地区、生态脆弱地区要严格限制发展高耗水项目，加快实施农业、工业和城乡节水技术改造，坚决遏制用水浪费。严格水功能区管理监督，根据水功能区划确定的河流水域纳污容量和限制排污总量，落实污染物达标排放要求，切实监管入河湖排污口，严格控制入河湖排污总量。

（六）加强河湖水域岸线管理保护。严格水域岸线等水生态空间管控，依法划定河湖管理范围。落实规划岸线分区管理要求，强化岸线保护和节约集约利用。严禁以各种名义侵占河道、围垦湖泊、非法采砂，对岸线乱占滥用、多占少用、占而不用等突出问题开展清理整治，恢复河湖水域岸线生态功能。

（七）加强水污染防治。落实《水污染防治行动计划》，明确河湖水污染防治目标和任务，统筹水上、岸上污染治理，完善入河湖排污管控机制和考核体系。排查入河湖污染源，加强综合防治，严格治理工矿企业污染、城镇生活污染、畜禽养殖污染、水产养殖污染、农业面源污染、船舶港口污染，改善水环境质量。优化入河湖排污口布局，实施入河湖排污口整治。

（八）加强水环境治理。强化水环境质量目标管理，按照水功能区确定各类水体的水质保护目标。切实保障饮用水水源安全，开展饮用水水源规范化建设，依法清理饮用水水源保护区内违法建筑和排污口。加强河湖水环境综合整治，推进水环境治理网格化和信息化建设，建立健全水环境风险评估排查、预警预报与响应机制。结合城市总体规划，因地制宜建设亲水生态岸线，加大黑臭水体治理力度，实现河湖环境整洁优美、水清岸绿。以生活污水处理、生活垃圾处理为重点，综合整治农村水环境，推进美丽乡村建设。

（九）加强水生态修复。推进河湖生态修复和保护，禁止侵占自然河湖、湿地等水源涵养空间。在规划的基础上稳步实施退田还湖还湿、退渔还湖，恢复河湖水系的自然连通，加强水生生物资源养护，提高水生生物多样性。开展河湖健康评估。强化山水林田湖系统治理，加大江河源头区、水源涵养区、生态敏感区保护力度，对三江源区、南水北调水源区等重要生态保护区实行更严格的保护。积极推进建立生态保护补偿机制，加强水土流失预防监督和综合整治，建设生态清洁型小流域，维护河湖生态环境。

（十）加强执法监管。建立健全法规制度，加大河湖管理保护监管力度，建立健全部门联合执法机制，完善行政执法与刑事司法衔接机制。建立河湖日常监管巡查制度，实行河湖动态监管。落实河湖管理保护执法监管责任主体、人员、设备和经费。严厉打击涉河湖违法行为，坚决清理整治非法排污、设障、捕捞、养殖、采砂、采矿、围垦、侵占水域岸线等活动。

三、保障措施

（十一）加强组织领导。地方各级党委和政府要把推行河长制作为推进生态文明建设的重要举措，切实加强组织领导，狠抓责任落实，抓紧制定出台工作方案，明确工作进度安排，到 2018 年年底前全面建立河长制。

（十二）健全工作机制。建立河长会议制度、信息共享制度、工作督察制度，协调解决河湖管理保护的重点难点问题，定期通报河湖管理保护情况，对河长制实施情况和河长履职情况进行督察。各级河长制办公室要加强组织协调，督促相关部门单位按照职责分工，落实责任，密切配合，协调联动，共同推进河湖管理保护工作。

（十三）强化考核问责。根据不同河湖存在的主要问题，实行差异化绩效评价考核，将领导干部自然资源资产离任审计结果及整改情况作为考核的重要参考。县级及以上河长负责组织对相应河湖下一级河长进行考核，考核结果作为地方党政领导干部综合考核评价的重要依据。实行生态环境损害责任终身追究制，对造成生态环境损害的，严格按照有关规定追究责任。

（十四）加强社会监督。建立河湖管理保护信息发布平台，通过主要媒体向社会公告河长名单，在河湖岸边显著位置竖立河长公示牌，标明河长职责、河湖概况、管护目标、监督电话等内容，接受社会监督。聘请社会监督员对河湖管理保护效果进行监督和评价。进一步做好宣传舆论引导，提高全社会对河湖保护工作的责任意识和参与意识。

各省（自治区、直辖市）党委和政府要在每年 1 月底前将上年度贯彻落实情况报党中央、国务院。

《关于在湖泊实施湖长制的指导意见》（厅字〔2017〕51 号）

为深入贯彻党的十九大精神，全面落实《中共中央办公厅、国务院办公厅印发〈关于全面推行河长制的意见〉的通知》要求，进一步加强湖泊管理保护工作，现就在湖泊实施湖长制提出如下意见。

一、充分认识在湖泊实施湖长制的重要意义及特殊性

党的十九大强调，生态文明建设功在当代、利在千秋，要推动形成人与自然和谐发展现代化建设新格局。湖泊是江河水系的重要组成部分，是蓄洪储水的重要空间，在防洪、供水、航运、生态等方面具有不可替代的作用。长期以来，一些地方围垦湖泊、侵占水域、超标排污、违法养殖、非法采砂，造成湖泊面积萎缩、水域空间减少、水质恶化、生物栖息地破坏等问题突出，湖泊功能严重退化。在湖泊实施湖长制是贯彻党的十九大精神、加强生态文明建设的具体举措，是关于全面推行河长制的意见提出的明确要求，是加强湖泊管理保护、改善湖泊生态环境、维护湖泊健康生命、实现湖泊功能永续利用的重要制度保障。

同时，在湖泊实施湖长制具有特殊性：一是湖泊一般有多条河流汇入，河湖关系复杂，湖泊管理保护需要与入湖河流通盘考虑、统筹推进；二是湖泊水体连通，边界监测断面不易确定，准确界定沿湖行政区域管理保护责任较为困难；三是湖泊水域岸线及周边普遍存在种植养殖、旅游开发等活动，管理保护不当极易导致无序开发；四是湖泊水体流动相对缓慢，水体交换更新周期长，营养物质及污染物易富集，遭受污染后治理修复难度大；五是湖泊在维护区域生态平衡、调节气候、维护生物多样性等方面功能明显，遭受破坏对生态环境影响较大，管理保护必须更加严格。在湖泊实施湖长制，必须坚持问题导向，明确各方责任，细化实化措施，严格考核问责，确保取得实效。

二、建立健全湖长体系

各省（自治区、直辖市）要将本行政区域内所有湖泊纳入全面推行湖长制工作范围，到2018年年底前在湖泊全面建立湖长制，建立健全以党政领导负责制为核心的责任体系，落实属地管理责任。

全面建立省、市、县、乡四级湖长体系。各省（自治区、直辖市）行政区域内主要湖泊，跨省级行政区域且在本辖区地位和作用重要的湖泊，由省级负责同志担任湖长；跨市地级行政区域的湖泊，原则上由省级负责同志担任湖长；跨县级行政区域的湖泊，原则上由市地级负责同志担任湖长。同时，湖泊所在市、县、乡要按照行政区域分级分区设立湖长，实行网格化管理，确保湖区所有水域都有明确的责任主体。

三、明确界定湖长职责

湖泊最高层级的湖长是第一责任人，对湖泊的管理保护负总责，要统筹协调湖泊与入湖河流的管理保护工作，确定湖泊管理保护目标任务，组织制定“一湖一策”方案，明确各级湖长职责，协调解决湖泊管理保护中的重大问题，依法组织整治围垦湖泊、侵占水域、超标排污、违法养殖、非法采砂等突出问题。其他各级湖长对湖泊在本辖区内的管理保护负直接责任，按职责分工组织实施湖泊管理保护工作。

流域管理机构要充分发挥协调、指导和监督等作用。对跨省级行政区域的湖泊，流域管理机构要按照水功能区监督管理要求，组织划定入河排污口禁止设置和限制设置区域，督促各省（自治区、直辖市）落实入湖排污总量管控责任。要与各省（自治区、直辖市）建立沟通协商机制，强化流域规划约束，切实加强对湖长制工作的综合协调、监督检查和监测评估。

四、全面落实主要任务

（一）严格湖泊水域空间管控。各地区各有关部门要依法划定湖泊管理范围，严格控制开发利用行为，将湖泊及其生态缓冲带划为优先保护区，依法落实相关管控措施。严禁以任何形式围垦湖泊、违法占用湖泊水域。严格控制跨湖、穿湖、临湖建筑物和设施建设，确需建设的重大项目和民生工程，要优化工程建设方案，采取科学合理的恢复和补救措施，最大限度减少对湖泊的不利影响。严格管控湖区围网养殖、采砂等活动。流域、区域涉及湖泊开发利用的相关规划应依法开展规划环评，湖泊管理范围内的建设项目和活动，必须符合相关规划并科学论证，严格执行工程建设方案审查、环境影响评价等制度。

（二）强化湖泊岸线管理保护。实行湖泊岸线分区管理，依据土地利用总体规划等，合理划分保护区、保留区、控制利用区、可开发利用区，明确分区管理保护要求，强化岸线用途管制和节约集约利用，严格控制开发利用强度，最大程度保持湖泊岸线自然形态。沿湖土地开发利用和产业布局，应与岸线分区要求相衔接，并为经济社会可持续发展预留空间。

（三）加强湖泊水资源保护和水污染防治。落实最严格水资源管理制度，强化湖泊水资源保护。坚持节水优先，建立健全集约节约用水机制。严格湖泊取水、用水和排水全过程管理，控制取水总量，维持湖泊生态用水和合理水位。落实污染物达标排放要求，严格按照限制排污总量控制入湖污染物总量、设置并监管入湖排污口。入湖污染物总量超过水功能区限制排污总量的湖泊，应排查入湖污染源，制订实施限期整治方案，明确年度入湖污染物削减量，逐步改善湖泊水质；水质达标的湖泊，应采取措施确保水质不退化。严格落实排污许可证制度，将治理任务落实到湖泊汇水范围内各排污单位，加强对湖区周边及入湖河流工矿企业污染、城镇生活污染、畜禽养殖污染、农业面源污染、内源污染等综合防治。加大湖泊汇水范围内城市管网建设和初期雨水收集处理设施建设，提高污水收集处理能力。依法取缔非法设置的入湖排污口，严厉打击废污水直接入湖和垃圾倾倒等违法行为。

（四）加大湖泊水环境综合整治力度。按照水功能区区划确定各类水体水质保护目标，强化湖泊水环境整治，限期完成存在黑臭水体的湖泊和入湖河流整治。在作为饮用水水源地的湖泊，开展饮用水水源地安全保障达标和规范化建设，确保饮用水安全。加强湖区周边污染治理，开展清洁小流域建设。加大湖区综合整治力度，有条件的地区，在采取生物净化、生态清淤等措施的同时，可结合防洪、供用水保障等需要，因地制宜加大湖泊引水排水能力，增强湖泊水体的流动性，改善湖泊水环境。

（五）开展湖泊生态治理与修复。实施湖泊健康评估。加大对生态环境良好湖泊的严格保护，加强湖泊水资源调控，进一步提升湖泊生态功能和健康水平。积极有序推进生态恶化湖泊的治理与修复，加快实施退田还湖还湿、退渔还湖，逐步恢复河湖水系的自然连通。加强湖泊水生生物保护，科学开展增殖放流，提高水生生物多样性。因地制宜推进湖泊生态岸线建设、滨湖绿化带建设、沿湖湿地公园和水生生物保护区建设。

（六）健全湖泊执法监管机制。建立健全湖泊、入湖河流所在行政区域的多部门联合执法机制，完善行政执法与刑事司法衔接机制，严厉打击涉湖违法违规行为。坚决清理整治围垦湖泊、侵占水域以及非法排污、养殖、采砂、设障、捕捞、取用水等活动。集中整治湖泊岸线乱占滥用、多占少用、占而不用等突出问题。建立日常监管巡查制度，实行湖泊动态监管。

五、切实强化保障措施

（一）加强组织领导。各级党委和政府要以习近平新时代中国特色社会主义思想为指导，把在湖泊实施湖长制作为全面贯彻党的十九大精神、推进生态文明建设的重要举措，切实加强组织领导，明确工作进展安排，确保各项要求落到实处。要逐个湖泊明确各级湖长，进一步细化实化湖长职责，层层建立责任制。要落实湖泊管理单位，强化部门联动，确保湖泊管理保护工作取得实效。水利部要会同全面推行河长制工作部际联席会议各成员单位加强督促检查，指导各地区推动在湖泊实施湖长制工作。

（二）夯实工作基础。各地区各有关部门要抓紧摸清湖泊基本情况，组织制定湖泊名录，建立“一湖一档”。抓紧划定湖泊管理范围，实行严格管控。对堤防由流域管理机构直接管理的湖泊，有关地方要积极开展管理范围划定工作。

（三）强化分类指导。各地区各有关部门要针对高原湖泊、内陆湖泊、平原湖泊、城市湖泊等不同类型湖泊的自然特性、功能属性和存在的突出问题，因湖施策，科学制定“一湖一策”方案，进一步强化对湖泊管理保护的分类指导。

（四）完善监测监控。各地区要科学布设入湖河流以及湖泊水质、水量、水生态等监测站点，建设信息和数据共享平台，不断完善监测体系和分析评估体系。要积极利用卫星遥感、无人机、视频监控等技术，加强对湖泊变化情况的动态监测。跨行政区域的湖泊，上一级有关部门要加强监测。

（五）严格考核问责。各地区要建立健全考核问责机制，县级及以上湖长负责组织对相应湖泊下一级湖长进行考核，考核结果作为地方党政领导干部综合考核评价的重要依据。实行湖泊生态环境损害责任终身追究制，对造成湖泊面积萎缩、水体恶化、生态功能退化等生态环境损害的，严格按照有关规定追究相关单位和人员的责任。要通过湖长公告、湖长公示牌、湖长 App、微信公众号、社会监督员等多种方式加强社会监督。

第二节　水利部及生态环境部政策文件

水利部、生态环境部贯彻落实《关于全面推行河长制的意见》实施方案（水建管函〔2016〕449 号）

我国江河湖泊众多，水系发达，保护江河湖泊，事关人民群众福祉，事关中华民族长远发展。习近平总书记作出重要指示，强调生态文明建设是“五位一体”总体布局和“四个全面”战略布局的重要内容，要求各地区各部门切实贯彻新发展理念，树立“绿水青山就是金山银山”的强烈意识，努力走向社会主义生态文明新时代。李克强总理批示指出，生态文明建设事关经济社会发展全局和人民群众切身利益，是实现可持续发展的重要基石。全面推行河长制，是党中央、国务院为加强河湖管理保护作出的重大决策部署，是落实绿色发展理念、推进生态文明建设的内在要求，是解决我国复杂水问题、维护河湖健康生命的有效举措，是完善水治理体系、保障国家水安全的制度创新。为贯彻落实《中共中央办公厅国务院办公厅印发〈关于全面推行河长制的意见〉的通知》（厅字〔2016〕42 号，以下简称《意见》），确保《意见》提出的各项目标任务落地生根，取得实效，制订本实施方案。

一、总体要求

《意见》是加强河湖管理保护的纲领性文件，各地要深刻认识全面推行河长制的重要性和紧迫性，切实增强使命感和责任感，扎实做好全面推行河长制工作，做到工作方案到位、组织体系和责任落实到位、相关制度和政策措施到位、监督检查和考核评估到位，确保到2018年底前，全面建立省、市、县、乡四级河长体系，为维护河湖健康生命、实现河湖功能永续利用提供制度保障。

二、制订工作方案

各地要抓紧编制工作方案，细化工作目标、主要任务、组织形式、监督考核、保障措施，明确时间表、路线图和阶段性目标。重点做好以下工作：

（一）确定河湖分级名录。根据河湖的自然属性、跨行政区域情况，以及对经济社会发展、生态环境影响的重要性等，各省（自治区、直辖市）要抓紧提出需由省级负责同志担任河长的主要河湖名录，督促指导各市、县尽快提出需由市、县、乡级领导分级担任河长的河湖名录。大江大河、中央直管河道流经各省（自治区、直辖市）的河段，也要分级分段设立河长。

（二）明确河长制办公室。抓紧提出河长制办公室设置方案，明确牵头单位和组成部门，搭建工作平台，建立工作机制。

（三）细化实化主要任务。围绕《意见》提出的水资源保护、水域岸线管理保护、水污染防治、水环境治理、水生态修复、执法监管等任务，结合当地实际，统筹经济社会发展和生态环境保护要求，处理好河湖管理保护与开发利用的关系，细化实化工作任务，提高方案的针对性、可操作性。

（四）强化分类指导。坚持问题导向，因地制宜，着力解决河湖管理保护突出问题。对江河湖泊，要强化水功能区管理，突出保护措施，特别要加大江河源头区、水源涵养区、生态敏感区和饮用水水源地保护力度，对水污染严重、水生态恶化的河湖要加强水污染治理、节水减排、生态保护与修复等。对城市河湖，要处理好开发利用与保护的关系，维护水系完整性和生态良好，加大黑臭水体治理；对农村河道，要加强清淤疏浚、环境整治和水系连通。要划定河湖管理范围，加强水域岸线管理和保护，严格涉河建设项目和活动监管，严禁侵占水域空间，整治乱占滥用、非法养殖、非法采砂等违法违规活动。

（五）明确工作进度。各省（自治区、直辖市）要抓紧制定出台工作方案，并指导、督促所辖市、县出台工作方案。其中，北京、天津、江苏、浙江、安徽、福建、江西、海南等已在全省（直辖市）范围内实施河长制的地区，要尽快按《意见》要求修（制）订工作方案，2017年6月底前出台省级工作方案，力争2017年年底前制定出台相关制度及考核办法，全面建立河长制。其他省（自治区、直辖市）要在2017年年底前出台省级工作方案，力争2018年6月底前制定出台相关制度及考核办法，全面建立河长制。

三、落实工作要求

要建立健全河长制工作机制，落实各项工作措施，确保《意见》顺利实施。

（一）完善工作机制。各地要建立河长会议制度，协调解决河湖管理保护中的重点难点问题。建立信息共享制度，定期通报河湖管理保护情况，及时跟踪河长制实施进展。建立工作督察制度，对河长制实施情况和河长履职情况进行督察。建立考核问责与激励机制，对成绩突出的河长及责任单位进行表彰奖励，对失职失责的要严肃问责。建立验收制度，按照工作方案确定的时间节点，及时对建立河长制进行验收。

（二）明确工作人员。明确河长制办公室相关工作人员，落实河湖管理保护、执法监督责任主体、人员、设备和经费，满足日常工作需要。以市场化、专业化、社会化为方向，加快培育环境治理、维修养护、河道保洁等市场主体。

（三）强化监督检查。各地要对照《意见》以及工作方案，检查督促工作进展情况、任务落实情况，自觉接受社会和群众监督。水利部、环境保护部将定期对各地河长制实施情况开展专项督导检查。

（四）严格考核问责。各地要加强对全面推行河长制工作的监督考核，严格责任追究，确保各项目标任务有效落实。水利部将把全面推行河长制工作纳入最严格水资源管理制度考核，环境保护部将把全面推行河长制工作纳入水污染防治行动计划实施情况考核。水利部、环境保护部将在2017年年底组织对建立河长制工作进展情况进行中期评估，2018年年底组织对全面推行河长制情况进行总结评估。

（五）加强经验总结推广。鼓励基层大胆探索，勇于创新。积极开展推行河长制情况的跟踪调研，不断提炼和推广好做法、好经验、好举措、好政策，逐步完善河长制的体制机制。水利部、环境保护部将组织开展多种形式的经验交流，促进各地相互学习借鉴。

（六）加强信息公开和信息报送。各地要通过主要媒体向社会公告河长名单，在河湖岸边显著位置竖立河长公示牌，标明河长职责、管护目标、监督电话等内容。各地要建立全面推行河长制的信息报送制度，动态跟踪进展情况。自2017年1月起，各省（自治区、直辖市）河长制办公室（或党委、政府确定的牵头部门）每两月将贯彻落实进展情况报送水利部及环境保护部，第一次报送时间为1月10日前；每年1月10日前将年度总结报送水利部及环境保护部。

四、强化保障措施

（一）加强组织领导。各地要加强组织领导，明确责任分工，抓好工作落实。建立水利部会同环境保护部等相关部委参加的全面推行河长制工作部际协调机制，强化组织指导和监督检查，研究解决重大问题。水利部、环境保护部将与相关部门加强沟通协调，指导各地全面推行河长制工作。

（二）强化部门联动。地方水利、环保部门要加强沟通，密切配合，共同推进河湖管理保护工作。要充分发挥水利、环保、发改、财政、国土、住建、交通、农业、卫生、林业等部门优势，协调联动，各司其职，加强对河长制实施的业务指导和技术指导。要加强部门联合执法，加大对涉河湖违法行为打击力度。

（三）统筹流域协调。各地河湖管理保护工作要与流域规划相协调，强化规划约束。对跨行政区域的河湖要明晰管理责任，统筹上下游、左右岸，加强系统治理，实行联防联控。流域管理机构、区域环境保护督查机构要充分发挥协调、指导、监督、监测等作用。

（四）落实经费保障。各地要积极落实河湖管理保护经费，引导社会资本参与，建立长效、稳定的河湖管理保护投入机制。

（五）加强宣传引导。各地要做好全面推行河长制工作的宣传教育和舆论引导。根据工作节点要求，精心策划组织，充分利用报刊、广播、电视、网络、微信、微博、客户端等各种媒体和传播手段，特别是要注重运用群众喜闻乐见、易于接受的方式，深入释疑解惑，广泛宣传引导，不断增强公众对河湖保护的责任意识和参与意识，营造全社会关注河湖、保护河湖的良好氛围。

《水利部贯彻落实〈关于在湖泊实施湖长制的指导意见〉的通知》（水建管〔2018〕23号）

在湖泊实施湖长制，是以习近平同志为核心的党中央坚持人与自然和谐共生、加快生态文明体制改革作出的重大战略部署，是贯彻落实党的十九大精神、统筹山水林田湖草系统治理的重大政策举措，是加强湖泊管理保护、维护湖泊健康生命的重大制度创新。为贯彻落实中共中央办公厅、国务院办公厅《关于在湖泊实施湖长制的指导意见》（以下简称《指导意见》），确保在湖泊实施湖长制目标任务如期实现、取得实效，现将有关要求明确如下。

1. *认真学习贯彻*。《指导意见》是加强湖泊管理保护的纲领性文件，各地要通过多种形式认真组织学习，狠抓贯彻落实。要结合本地实际，细化目标任务，落实责任分工，明确进度安排，强化保障措施，确保湖长制各项目标任务落到实处。将实施湖长制纳入全面推行河长制工作体系，统筹做好部署、推进、督察、考核等工作，确保中央决策部署落地生根。加强新闻宣传和舆论引导，形成全社会共同关爱河湖、保护河湖的浓厚氛围。

2. *落实目标任务*。各地要根据《指导意见》要求，加强调查研究，摸清本地湖泊管理保护现状，按照组织体系到位、制度体系到位、责任落实到位、监督检查和考核评估到位的要求，在2018年底前全面建立湖长制。要结合实际，围绕湖泊水域空间管控、岸线管理保护、水资源保护和水污染防治、水环境综合整治、生态治理与修复、执法监管等主要任务，进一步细化实化，落实到各级湖长，逐项分解到相关部门。

3. *健全组织体系*。各地要抓紧建立完善湖长体系，逐个湖泊明确湖长，按网格化落实属地管理责任。各地总河长对辖区内江河湖泊管理保护负总责，湖泊最高层级湖长是湖泊管理保护的第一责任人，其他各级湖长对湖泊的管理保护负直接责任。已经设立河长的湖泊，按要求抓紧完善湖长体系，名称统一为湖长；尚未设立河长的湖泊，尽快建立湖长体系。各地河长制办公室统一负责河长制湖长制组织实施具体工作。

4. *建立一湖一档*。各地要在第一次全国水利普查的基础上，调查摸清全部湖泊（含常年水面面积1平方公里以下湖泊）的分布、数量、位置、面积、水量等基本情况，编制湖泊名录。收集湖泊水资源、水域岸线、水生态、水环境等本底数据信息，建立一湖一档。

5. *制定一湖一策*。各地要围绕湖长制主要任务，坚持问题导向，因湖施策，科学制定一湖一策方案，提出问题清单、目标清单、任务清单、措施清单和责任清单。一湖一策方案要与入湖河流一河一策方案通盘考虑、相互衔接，切实解决湖泊管理保护中存在的突出问题。

一湖一策方案应以整个湖泊为单元编制。在一省范围内的湖泊，由最高层级湖长相应的河长制办公室负责组织编制，按程序报批后实施。对于跨省级行政区的湖泊，由湖泊水域面积相对较大的省份牵头，商相关省份组织编制，经有关流域管理机构审核后，由各相关省份联合审批或分别审批。流域管理机构要主动协调，配合做好一湖一策方案编制工作。

6. 开展专项整治行动。各地要针对湖泊管理保护中的突出问题，组织开展专项整治行动，重点整治人民群众反映强烈的围垦湖泊、侵占水域、乱占岸线、超标排污、非法采砂、违法养殖等问题。整治一片、巩固一片，防止问题反弹，确保湖泊功能逐步恢复，水生态环境持续改善。水利部组织开展入河湖排污口摸底调查与规范整治、河湖非法采砂专项整治等行动，各地要精心组织实施，确保取得实效。

7. 强化协调联动。要加强湖泊水污染防治，做到水域与周边水陆共治，强化源头管控，实行联防联控。坚持河湖共治，统筹湖泊与入湖河流的管理保护和治理，落实入湖排污总量管控责任。各级河长制办公室要在河长湖长领导下，主动协调有关部门，加强部门联动，建立协作机制，各司其职，密切配合，齐抓共管，共同推进各项任务落实。

8. 注重流域统筹。流域管理机构要充分发挥协调、指导、监督、监测作用，强化流域规划约束，严格水功能区监管，做好跨省级行政区湖泊保护目标、治理标准、行动措施的统筹协调工作。

9. 加强监测监控。各地要加强湖泊监测监控，跨省级行政区重要湖泊由流域管理机构负责组织监测，其他湖泊由最高层级湖长相应的水行政主管部门和有关部门负责组织监测。要统筹湖泊与入湖河流关系，科学布设监测站点，完善监测体系，积极利用卫星遥感、无人机、视频监控等技术，加强对湖泊变化情况的动态监测，及时掌握湖泊和主要入湖河流水量、水质、水生态和水域面积变化情况、岸线开发利用状况。积极推进监测信息和监测数据共享平台建设，完善分析评估体系，强化流域与区域、区域与区域间的信息共享。

10. 推进信息化建设。各地要按照水利部印发的《河长制湖长制管理信息系统建设指导意见》《河长制湖长制管理信息系统建设技术指南》，加快河长制湖长制管理信息系统建设，做好与全国水资源信息管理系统等相关业务系统的信息共享和业务协同，提升管理信息化智能化水平，为各级河长湖长决策、公众参与、社会监督提供重要支撑。

11. 做好技术指导。各省级河长制办公室、水行政主管部门要加强对县乡基层、偏远地区、技术力量薄弱地区的培训，组织规划设计、河湖管理等方面的专家进行技术帮扶，指导、帮助基层准确领会《指导意见》精神，落实湖长制任务要求。

12. 严格督查考核。各地要建立健全信息报送、督导检查和考核问责机制，加强对湖长制实施情况和湖长履职情况的监督检查，强化问题整改，严格责任追究。水利部将湖长制实施情况纳入河长制信息报送、督导检查、月推进会、总结评估等制度体系，作为最严格水资源管理制度考核的重要内容。

第三节 中共贵州省委办公厅及省人民政府办公厅政策文件

《贵州省全面推行河（湖）长制总体工作方案》（黔委厅字〔2018〕50号）

为贯彻落实《中共中央办公厅、国务院办公厅印发〈关于全面推行河长制的意见〉

的通知》和《中共中央办公厅、国务院办公厅印发〈关于在湖泊实施湖长制的指导意见〉的通知》精神，按照水利部、环境保护部《贯彻落实〈关于全面推行河长制的意见〉实施方案》和水利部《贯彻落实〈关于在湖泊实施湖长制的指导意见〉的通知》有关要求，建立健全河湖管理保护体制机制，结合我省实际，制定本工作方案。

一、总体要求

深入贯彻落实习近平总书记系列重要讲话精神，紧紧围绕统筹推进“五位一体”总体布局和协调推进“四个全面”战略布局，牢固树立新发展理念，全面建立省、市、县、乡、村五级河长和湖长（以下简称河（湖）长）体系，构建责任明确、协调有序、监管严格、保护有力的河湖管理保护机制，为维护河湖健康生命、实现河湖功能永续利用提供制度保障。

二、基本原则

（一）坚持生态优先、绿色发展。牢固树立尊重自然、顺应自然、保护自然的理念，坚持人与自然和谐发展，强化规划约束，科学开发，合理利用，有效保护河湖资源，促进河湖休养生息，维护河湖生态功能。

（二）坚持党政主导、公众参与。建立健全以党政领导负责制为核心的责任体系，明确各级河（湖）长及相关部门职责，引导和整合各方力量，协调推进河湖管理保护工作。

（三）坚持问题导向、因水施策。立足不同河湖实际，综合考虑区域经济社会发展要求，因河施策，就库定措，解决好河湖管理保护的突出问题，保障治理长效。

（四）坚持统筹兼顾、系统治理。统筹城乡发展，推进河流上下游、左右岸、干支流、地表地下相协调，对山水林田湖进行整体保护、系统修复、综合治理，充分发挥河湖综合功能。

（五）坚持依法监管、严格考核。用法治思维、法治方式、法制手段推进河湖管理保护各项工作，建立健全河湖管理保护的监督考核和责任追究制度，科学规划，严格执法，切实发挥河（湖）长制作用。

三、工作目标

总结近年来我省实施河流环境保护河（湖）长制成功经验与做法，进一步明确和细化各项工作任务，扩展河湖生态建设工作内涵。在2017年底已全面建立河长制的基础上，确保到2020年，全省用水总量控制在134.39亿立方米以内，万元GDP和万元工业增加值用水量较2015年分别下降29%、30%，农田灌溉水利用系数提高到0.48以上；八大水系主要河流水质优良率达到92%，重要江河湖泊水功能区水质达标率达到86%，出境断面水质优良比例超过90%，县城以上集中式饮用水源水质优良比例保持100%；县城以上城镇污水处理率、生活垃圾无害化处理率分别达93%和90%以上，城市建成区黑臭水体基本消除；全省地下水质量考核点位水质级别保持稳定。到2020年，草海高锰酸盐指数、氨氮、总磷达到Ⅲ类，富营养化程度明显改善；到2030年，草海高锰酸盐指数、氨氮、总磷达到Ⅱ类。各项指标自上而下逐级分解到各地各流域水系，自下而上确保全省工作目标实现。

四、工作组织

（一）构建河（湖）长组织体系，明确河（湖）长工作职责。在全省范围内全面推行省、市、县、乡、村五级河（湖）长制。省、市（州）、县（市、区）、乡（镇）设立“双总河（湖）长”，由各级党委和政府主要负责同志担任。省级设副总河（湖）长，由分管水利和环境保护工作的副省长共同担任。各级总河（湖）长负责领导本行政区域内河（湖）长制工作，承担总督导、总调度职责。

省委、省人大常委会、省政府、省政协的省级领导同志各担任一条重点河流（湖泊、水库）的省级河（湖）长，明确一家省级责任单位对应协助开展工作；市（州）、县（市、区）、乡（镇）、村对本行政区域内的每一条河流（河段、湖泊、水库）都要明确一位相应级别的领导担任河（湖）长，界河（湖泊、水库）公共水域由涉及的行政区域分别设置相应河（湖）长，构建省、市、县、乡、村五级河（湖）长体系，实现河道、湖泊、水库等各类水域河（湖）长制全覆盖。各级河（湖）长是所辖河流（河段、湖泊、水库）管理保护的第一责任人。省级河（湖）长负责指导、协调所辖河流（河段、湖泊、水库）管理保护工作，督导下级河（湖）长和省直有关责任部门履行职责。市（州）、县（市、区）河（湖）长负责组织实施河流（河段、湖泊、水库）管理保护具体工作，整治突出问题，重点解决河湖水资源保护、水域岸线管理保护、水污染防治、水环境治理、水生态修复和执法监管等实际问题，检查督导下级河（湖）长和相关部门履行职责。乡（镇）、村河（湖）长的职责由所在县（市、区）根据其辖区内河流（河段、湖泊、水库）管理保护的实际予以细化明确。

在乌江、赤水河等八大水系干流及主要一二级支流、县级以上168个集中式饮用水水源地以及重点湖库另聘请水利专家、环保专家、环保组织负责人或招募一名志愿者义务担任民间河湖监督员。

各级河（湖）长名录在当地政府网站公布。

（二）设立河（湖）长制办公室。省、市（州）、县（市、区）设立河（湖）长长制办公室。省级河（湖）长制办公室设在省水利厅，办公室主任由省水利厅厅长兼任；省水利厅、省环境保护厅各明确一名副厅长担任办公室副主任，承担河（湖）长制日常事务工作，组织推进河（湖）长制各项工作任务落实。

市（州）、县（市、区）参照省级设立河（湖）长制办公室，配强工作力量，专门承担本行政区域的河（湖）长制日常事务工作。

（三）建立河（湖）长制相关制度。在省、市、县、乡四级均建立河（湖）长会议制度和河（湖）长制部门联席会议制度，研究、协调解决河湖管理保护中的重点难点问题，组织推进河（湖）长制相关工作落实；建立信息报送及通报制度，定期通报河湖管理保护情况，及时跟踪河（湖）长制实施进展；建立工作督查督办制度，对河（湖）长制实施情况和河（湖）长履职情况进行督查，对重要事项进行督办；建立绩效考核问责制度，对成绩突出的河（湖）长及责任单位进行表彰奖励，对失职失责的要严肃问责；建立与完善水治理体系、保障水生态环境安全相适应的其他工作制度，用严密的工作制度确保河（湖）长制工作效果。

各级河（湖）长、河（湖）长制办公室不代替各职能部门工作，各职能部门按照职责分工，做好河（湖）长制相关工作任务落实。

五、工作任务

（一）统筹河湖管理保护规划。遵循河湖自然规律和经济社会发展规律，坚持严格保护与合理利用，根据河湖功能定位，将生态理念融入城乡建设、河湖整治、旅游休闲、环境治理、产业发展等项目的规划、设计、建设、管理全过程，科学编制经济社会发展规划和各领域、各部门、各行业专项规划。各部门与河湖环境有关的规划应互相衔接、统筹谋划。河湖管理保护规划要统筹上下游、左右岸、干支流，综合考虑地区水资源条件、环境承载能力、防洪要求和生态安全，针对河湖具体特点，实行一河一策，一湖一策，一库一策，注重生态环境保护和可持续发展。

（二）落实最严格水资源管理制度。坚持以水定城、以水定地、以水定人、以水定产，全面落实“用水总量控制、用水效率控制、水功能区限制纳污和水资源管理责任与考核”四项制度，全面实行水资源消耗总量和强度双控行动，严格水资源用途管控；建立水功能区水质达标评价体系，健全控制指标体系，着力加强监督考核。严格落实环境影响评价、水资源论证、取水许可和水资源有偿使用制度，积极推进水权制度改革、水权交易试点。加快水资源监控能力建设，探索建立区域水资源、水环境承载能力预警工作机制。开展入河湖排污口全面核查和整治，加强水功能区监督管理。核定水功能区的纳污能力，明确功能区的允许纳污总量。实施全民节水计划，全面推进节水型社会建设，加强工业、城镇、农业节水。

（三）加强江河源头、水源涵养区和饮用水源地保护。加强主要江河源头、重要水源涵养地的水环境保护，划定禁止开发红线范围，实现江河源头保护区污染物“零排放”。依法划定饮用水水源保护区，禁止在水源保护区内开展一切与水源保护无关的活动。强化饮用水水源应急管理，建立完善饮用水水源地突发事件应急预案。

（四）加强水体污染综合防治。全面贯彻国务院《水污染防治行动计划》，持续实施《贵州省水污染防治行动计划工作方案》，加强工矿企业污染、城镇生活污染、畜禽及水产养殖污染、农业面源污染及船舶港口污染防治，落实部门职责，分头推进防治措施。严格入河湖排污口监管，统筹环境保护、水利等部门现有监测断面，加强河湖跨界断面、重点水域的水量、水质监测工作。建立水质恶化倒查机制，追溯污染来源，严格落实整治责任和限期整改措施。进一步加大力度，对全省八大水系实施分区域、分阶段科学治理，彻底治理乌江流域开磷集团 34 号泉眼和清水江流域瓮福集团发财洞等污染，实施仁怀白酒业连片治理，大力实施五马河、盐津河、洋水河、瓮安河、湘江、三岔河（威宁县与钟山区跨界河段）、清水江重安江上游河段、鱼洞河、马岭河、清水河水污染综合整治及都柳江重金属污染整治。提升环草海入湖河流水质，严格控制入湖排污量，削减入湖面源污染负荷，逐步改善草海水质。

（五）强化水环境综合治理。按照水功能区确定各类水体的水质保护目标，加强河湖水环境综合整治，以县级行政区域为单元实施农村综合整治。大力推进生态乡镇、生态村寨和绿色小康村创建活动，积极推进城镇污水、垃圾处理设施建设和服务向农村延伸，探索多元化农村污水、垃圾处理等环境基础设施建设与运营机制，积极推动农村环境污染第三方治理。加快推进水环境治理网格化和信息化建设，结合城市总体规划，因地制宜建设亲水生态岸线，加大黑臭水体治理力度，实现河湖环境整洁优美、水清岸绿。加强科学研究，摸清草海内源污染现状，编制科学合理的内源治理方案和工作计划，探索开展内源污染物治理和控制。

（六）推进河湖生态保护与修复。禁止侵占自然河湖、湿地等水源涵养空间。稳步实施退田还湖还湿、退渔还湖还库，提高水生生物多样性和水体净化调节功能，构建自然生态河湖。加强河湖湿地修复与保护，维护湿地生态系统完整，开展河湖沿岸及库区绿化造林，改善河湖生态环境；制定湿地保护修复方案，实施草海高原喀斯特湖泊生态保护和综合治理规划。及时开展河湖健康评估。严格落实生产建设项目水土保持“三同时”制度，严格控制人为的水土流失，加大水土流失综合治理，推进坡耕地治理、水土保持重点工程、生态清洁型小流域建设；加快水源涵养林建设，全面保护天然林，提高森林覆盖率；因地制宜连通河湖水系，科学制定河湖水系的调度方案，保证河流基本生态流量。

（七）加强水域岸线及采砂管理。加快推进岸线管理与利用规划编制工作，严格分区管理和用途管制，划定岸线保护区、保留区、限制开发区、开发利用区；依法划定河湖及水利工程管理范围和保护范围；加强涉河建设项目管理，严格履行报批程序和行政许可。强化河道采砂管理，完善日常执法巡查制度，禁止超时超量超范围采砂，经批准的采砂作业完成后及时恢复河道原貌。采砂规划不到位、采砂日常监管不到位、堆砂场整治不到位的，不得新批河湖采砂许可。建立网格化、全方位河湖水域岸线巡查检查制度和违法行为监督举报制度。对草海现有水域岸线范围的违章建筑进行限期拆除。

（八）完善河湖管理保护法规及制度。建立完善河湖管理保护法规体系，加快《贵州省河湖管理条例》《环境影响评价条例》《贵州省节约用水条例》等的立法进程，适时修订《贵州省生态文明建设促进条例》《贵州省环境保护条例》。加快推行自然资源资产负债表管理，建立自然资源资产离任审计制度。加大《贵州省湿地保护条例》执法力度，落实《党政领导干部生态环境损害责任追究办法（试行）》。探索建立与生态文明建设相适应的河湖健康评价体系。制定流域生态保护补偿办法，逐步在省域范围内推广覆盖八大水系、统一规范的流域生态保护补偿制度。完善河湖、水库及堤防管理养护制度。

（九）加强行政监管与执法。落实最严格的水环境监管制度，强化行政监管与执法。省级要强化河湖执法联合监管，市、县两级落实河湖执法监管机构，落实执法监管人员、设备和经费，增强河湖执法监管职能职责，切实履行河湖执法监管工作。大力开展河湖“乱占乱建、乱围乱堵、乱采乱挖、乱倒乱排”突出问题专项整治，依法清理饮用水水源保护区内违法建筑和排污口，加大河湖管理和保护范围内违章建筑排查和整治力度，及时发现并采取有效措施制止河湖水事违法行为，杜绝危害工程安全和破坏水生态环境的活动。健全行政执法与刑事司法衔接配合机制，严厉打击非法侵占水域岸线、擅自取水排污、非法采砂、非法采矿洗矿、倾倒废弃物等破坏河湖生态环境的违法犯罪行为。提高各级河（湖）长对草海的巡查监管力度，建立健全涉湖多部门联合执法机制。

（十）加强河湖日常巡查和保洁。组织开展“百千万”清河行动，并纳入河（湖）长制考核评估。按照分级负责的原则，组织对100条［省管14条＋每个县（市、区）各选一条］主要河流开展重点执法检查，启动“清畅整治行动”；对全省流域面积50平方公里以上的1059条河流开展“清岸清水活动”；各县（市、区）根据辖区内河流实际需要，按照属地负责的原则，聘请巡查保洁员负责河湖日常巡查和保洁工作，全省共聘请万名巡查保洁员。

（十一）加强信息平台建设。建立全省河湖大数据管理信息系统，逐步实现信息上传、任务派遣、督办考核数字化管理。利用遥感、GPS等技术，对重点河湖、水域岸线、区域水土流失等进行动态监测，实现基础数据、涉河工程、水域岸线管理、水质监测等信息化、系统化。建立河（湖）长即时通信平台，将日常巡查、问题督办、情况通报、责任落实等纳入信息化、一体化管理，及时发布河湖管理保护信息，接受社会监督。

六、保障措施

（一）加强组织领导。各级党委、政府要按照党政同责的要求，牢固树立四个意识，把实施河（湖）长制、维护水库安全运行和充分发挥效益、确保河湖健康生命、实现河湖功能永续利用，作为践行新发展理念，推动生态文明建设的重要工作抓好落实。结合各地实际，抓紧制定本区域实施河（湖）长制具体工作方案，进一步细化工作任务，落实各项措施，确保如期实现河（湖）长制各项工作目标。

（二）提供经费保障。相关部门统筹相关资金落实河（湖）长制专项经费，重点保障水质水量监测、规划编制、信息平台建设、江河湖库划界确权、突出问题整治、执法监管和技术服务等工作经费。统筹相关资金用于河湖巡查保洁、堤防工程和公益性水库工程日常维修养护等。多渠道筹集资金加大对城乡水环境整治、水污染治理、水生态修复等项目建设投入，积极探索引导社会资金参与河湖环境治理与保护。建立健全各部门涉及河湖日常管理的专业机构及水库管理单位，落实管理保护责任、管理人员和管理经费。

（三）严格考核问责。以水质监测、水域岸线管理、河湖生态环境保护、水体安全及效益发挥等为主要考核指标，建立江河湖库管理保护河（湖）长制绩效考核评价体系，将全面推行河（湖）长制工作纳入省对各市（州）和县域经济综合测评考核及最严格水资源管理制度考核和水污染防治行动计划实施情况考核，考核结果作为地方党政领导干部综合考核评价的重要依据。实行生态环境损害责任终身追究制，对因失职、渎职导致河湖环境遭到严重破坏和发生重大安全事故的，依法依规追究责任单位和责任人的责任。

（四）强化宣传引导。各地各部门要广泛宣传江河湖库管理保护的法律法规。要在江河湖库的显要位置设立河（湖）长公示牌，公布河流或河段、水库范围、姓名职务、职责和联系方式，接受群众监督和举报。加强生态文明教育，组织中小学生开展江河湖库管理保护教育，增强中小学生的环境保护意识。有效发挥媒体舆论的引导和监督作用，着力引导企业履行社会责任，自觉防污治污，大力发展绿色循环经济。进一步增强城市乡村、企事业单位以及社会各界的江河湖库管理保护责任意识，积极营造社会各界和人民群众共同关心、支持、参与和监督江河湖库管理保护的良好氛围。

《贵州省河湖长制“十四五”高质量发展工作方案》

为贯彻落实《中共中央关于制定国民经济和社会发展第十四个五年规划和二〇三五年远景目标的建议》《贵州省国民经济和社会发展第十四个五年规划和二〇三五年远景目标的建议》《贵州省国民经济和社会发展第十四个五年规划和二〇三五年远景目标纲要》关于强化河湖长制的有关要求，在全面总结“十三五”河湖长制工作成效的基础上，进一步建立健全河湖管理保护体制机制，努力打造美丽河湖、健康河湖、幸福河湖，结合我省实际，制定本工作方案。

一、总体要求

坚持以习近平新时代中国特色社会主义思想为指导，深入贯彻党的十九大和十九届二中、三中、四中、五中全会精神，积极践行“十六字”治水思路，全面贯彻落实习近平总书记关于治水工作的重要讲话、重要指示批示精神和视察贵州重要讲话精神，按照省委十二届八次全会工作部署，围绕“十四五”贵州经济社会发展的基本思路和主要目标，强化河湖长制，不断推进河湖治理体系和治理能力现代化，构建责任更加明确、协调更加有序、监管更加严格、保护更加有力、成效更加明显、人民更加满意的河湖管理保护长效机制和格局，在推进生态文明建设出新绩上做实水文章。

二、基本原则

（一）坚持生态优先、绿色发展。牢固树立绿水青山就是金山银山的理念，守好发展和生态两条底线，完整准确全面贯彻新发展理念，贯彻“共抓大保护、不搞大开发”，持续推进生态系统良性循环和永续利用，有效保护河湖资源，促进河湖休养生息，维护河湖生态功能。

（二）坚持党政主导、公众参与。建立健全以党政领导负责制为核心的责任体系，明确各级河湖长及相关部门职责，引导和凝聚各方力量，协调推进河湖管理保护工作。

（三）坚持问题导向、因地制宜。立足不同河湖实际，综合考虑区域经济社会发展要求，因河施策，就库定措，解决好河湖管理保护的突出问题，保障治理长效。

（四）坚持统筹协调、系统治理。统筹城乡发展，推进河流上下游、左右岸、干支流、地表地下相协调，对山水林田湖草进行整体保护、科学规划、系统修复、综合治理，充分发挥河湖综合功能。

（五）坚持依法监管、严格考核。用法治思维、法治方式、法治手段推进河湖管理保护各项工作，建立健全河湖管理保护的监督考核和责任追究等制度，强化监管，严格执法，严格考核，切实发挥河湖长制作用。

三、工作目标

总结我省全面推行河湖长制以来的经验与做法，准确把握新发展阶段，深入贯彻新发展理念，加快构建新发展格局，持续深化河湖长制创新发展，不断拓展新时代生态文明内涵。确保到2025年实现各项工作目标。

用水总量控制方面：全省用水总量控制在138.86亿立方米以内，万元GDP用水量和万元工业增加值用水量较2020年均下降16%；

在城乡环境整治方面：县城以上城市生活污水处理率达到95%，农村生活污水治理率达到25%，农村黑臭水体治理率达到国家考核要求；

统筹山水林田湖草治理方面：石漠化综合治理面积35.5万公顷，新增水土流失综合治理面积149万公顷，水土保持率达到75.05%，森林蓄积量达到6亿立方米，历史遗留矿山恢复治理1000公顷，湿地保护率达到51.5%；

水环境质量方面：主要河流出境断面水质优良率和县城以上集中式饮用水水源地水质达标率保持在100%，地表水达到或好于Ⅲ类水体比例保持在90%以上。

涉水空间管控制度基本建立，重点区域水土流失得到有效治理和修复，江河湖库水源涵养与保护能力得到明显提升，重要河湖生态流量基本得到保障，水环境状况明显改善，河畅、水清、岸绿、景美河湖建设格局基本形成，建成一批“美丽河湖”“健康河湖”“幸福河湖”。

四、工作任务

（一）强化规划引领，高标准统筹河湖管理保护。组织编制实施《贵州省“十四五”水利发展规划》《贵州省重点流域水生态环境保护“十四五”规划》《贵州省“十四五”节约用水规划》等重要规划。针对河湖具体特点，及时修编实施“一河（湖）一策”，完善“一河（湖）一档”，注重生态环境保护和可持续发展。编制河湖生态环境有关的规划应符合流域综合规划和国土空间规划，与经济社会发展规划和各领域、各部门、各行业专项规划相衔接。要统筹上下游、左右岸、干支流，综合考虑地区水资源条件、环境承载能力、防洪要求和生态安全。（省水利厅、省生态环境厅、省发展改革委、省自然资源厅、省住房城乡建设厅、省交通运输厅、省工业和信息化厅、省林业局、省农业农村厅等单位和各市（州）人民政府）

（二）强化刚性约束，高质量推进水资源取用水管理与保护。把水资源作为最大刚性约束，坚持以水定需、量水而行。实行最严格水资源管理制度，全面落实国家节水行动。强化用水总量管控，优化水资源配置，推进江河流域水量分配和地下水水量指标制定，建立水资源刚性约束指标体系。对重点取水口和重点监控用水单位实施在线监测。完善水库、水电站、重要取水工程生态流量监测设施，加强重点河湖生态流量管控，保障河湖基本生态用水。到2025年，完成43条重点河湖生态流量保障实施方案编制，重点河湖生态流量保障率达到85%。加大取用水监管力度，构建合理规范的用水秩序。（省水利厅、省生态环境厅等单位和各市（州）人民政府）

（三）强化整违治乱，高效率推进水空间管控。深入推进河湖“清四乱”常态化规范化，认真落实3号总河长令，压实责任，全面排查，边查边改，动态清零。夯实水域岸线空间管控基础，对已完成河湖管理范围划定成果进行复核，编制流域面积50～1000平方公里河流岸线保护与利用规划，结合实际，基本完成流域面积50平方公里以下河湖管理范围划定工作。在重要河流和重点湖库周边划定生态缓冲带。强化河道采砂管理，落实河道采砂管理责任制和《贵州省河道采砂管理重点河段、敏感水域采砂管理规划（2021—2025）》，加强日常监管，严厉打击非法采砂。加强涉河建设项目审批管理，严格履行报批程序和行政许可，严禁超项目类别审批。（省水利厅、省自然资源厅、省生态环境厅等单位和各市（州）人民政府）

（四）强化源头治理，高强度推进水污染综合防治。健全水污染物排放治理体系。建立水质目标、受纳水体、入河排污口、排污管线、污染源排放口、污染源企业全链条管理的水污染物排放治理体系，着力推进不达标水体汇水范围内的有关排污单位污染物排放实行总量控制，持续推进磷化工企业总磷特别排放限值。规范入河排污口管理。有序推进入河排污口排查整治工作。

加强地下水污染防治。对沿河湖化工企业聚集区等地下水重点污染源及周边地下水环境风险隐患开展调查评估，并根据情况采取相应风险防范和整治措施，完成全省48个地下水环境质量国家考核点位的维护和监测。

持续抓好工业污染防治。深入推进“双十工程”。持续开展涉水行业企业和开发区水污染深度治理，推进工业污水处理设施分类管理、分期改造，实现工业污染源全面达标排放。强化重金属行业污染防控与整治，严格执行重点重金属污染物排放总量控制，加快推进重点敏感环境区域周边涉重企业污染治理。在锑、汞、锰等矿产资源开采利用集中区域，推动执行重点污染物特别排放限值。推进铜仁市锰污染治理、黔东南州铅、锑污染治理和黔南州锑污染治理等项目建设。推进船舶污染综合治理。深入推进固体废物污染防治专项行动，推进“无废城市”建设。持续推进渣场尾矿库污染整治，严禁在长江重要支流1公里范围内新（改、扩）建渣场尾矿库，坚决打击固体废物非法转移、倾倒、填埋等违法问题。深入实施磷化工企业“以渣定产”，推动磷石膏等大宗工业固体废物综合利用。

提升城镇污染治理水平。加快完善城市（县城）生活垃圾收集处置体系，配套建设生活垃圾焚烧飞灰处置设施，完善污水收集处理设施和雨污分流设施建设。

加强农业面源污染综合防治。推进化肥农药减量增效和受污染耕地安全利用，推进农作物病虫害绿色防治工作，推进绿色防控示范区建设。推进畜禽规模养殖污染防治，科学划定畜禽养殖禁养区域，对畜禽规模养殖场和禁养区开展专项排查整治；推进水产绿色健康养殖，鼓励发展不投饵生态养殖。（省生态环境厅、省工业和信息化厅、省住房城乡建设厅、省农业农村厅、省交通运输厅等单位和各市（州）人民政府）

（五）强化综合整治，高水平推进水环境治理。建立全省水环境流域空间管控体系。实施以水质控制断面和水功能区相结合为基础的地表水环境质量目标管理，实现主要河流、湖库、水质控制单元、水功能区和水质管理目标全覆盖，建立包括流域、河流、水功能区、水质控制单元、相关行政辖区的全省水环境流域空间管控体系。开展重要江河湖库水生态环境评价，增加生态用水保障，促进水生态恢复。

保障饮用水水质安全。分级分类深入推进集中式饮用水水源地保护区环境整治，深入开展“千吨万人”农村饮用水水源保护区环境风险排查整治，梯次推进农村集中式饮用水水源保护区划定，强化农村水源地日常监管。加大对国家控制断面、全国重要水功能区、集中式饮用水水源地水质监测及农村千人以下水源地水质监测。进一步强化监测机构能力建设，提升监测技术水平，认真做好全省饮用水水质监测工作。到2025年，完成全省“千吨万人”和乡镇集中式饮用水水源地整治。

持续推进黑臭水体治理。全面开展县级市建成区黑臭水体排查整治。

深入开展农村环境综合整治。实施农村生活污水治理三年行动计划，因地制宜推进农村生活污水治理。加快农村生活垃圾收运处置，逐步向30户以上自然村寨延伸。继续推进农村“厕所革命”，基本普及农村卫生厕所。开展农村黑臭水体治理。持续开展村庄清洁和绿化行动，建设农村“美丽家园”。以县域为单元，开展水系连通及水美乡村试点建设。（省生态环境厅、省住房城乡建设厅、省卫生健康委、省农业农村厅、省林业局、省水利厅等单位和各市（州）人民政府）

（六）强化系统治理，高要求推进水生态保护与修复。构建山水林田湖草生命共同体。加快建设苗岭、大娄山、乌蒙山、武陵山四大山脉生态廊道和乌江、赤水河、牛栏江——横江、清水江——㵲阳河、南北盘江——红水河、都柳江等重点河流生态保护带，实施乌江流域山水林田湖草生态保护修复工程、赤水河流域生态保护样板示范工程。加强水源涵养区生态保护与修复，采取封育保护、抚育补植、建设水源涵养林和生态保护林等，加强生态修复和涵养水源。深入开展国土绿化行动，巩固退耕还林成果，对公益林和商品林实行分类经营管理，强化森林抚育，推进低质低效林改造和退化林修复。推进重点区域历史遗留矿山生态修复。加快推进湿地保护修复，完善湿地保护管理制度体系，强化湿地资源动态监测。加强草海生态保护和综合治理，开展生态保护支撑体系建设，实施完成威宁县草海下游河湖连通等工程，改善入湖河流河口湿地恢复。加强水生物多样性保护，强化珍稀特有鱼类的科研保护工作。全面落实长江流域重点水域十年禁渔，严厉打击非法捕捞。

加强河道拦蓄、水系连通、库河调度。实施红枫湖至花溪水库、麻杆寨至西郊水厂、清水江至㵲阳河等连通工程，改善水体流动性，提高水体自净能力。因地制宜开展清水江、㵲阳河等主要支流重点河段和中小河流生态化治理，实施中小河流治理2281公里。

科学推进水土流失和石漠化治理。坚持系统观念，进一步完善水土流失综合防治体系，统筹各级各有关部门推进国家水土保持重点工程、石漠化综合治理工程、土地整治重大工程等生态建设项目实施、巩固退耕还林成果，践行山水林田湖草系统治理，推进美丽贵州建设。

建立健全河湖休养生息长效机制。对生态超载的河湖实施治理与修复，保障河湖生态用水，退还河湖生态空间，保护和合理利用河湖水生生物资源。

持续开展重点流域生态保护补偿。认真贯彻落实《贵州省赤水河等流域生态保护补偿办法》要求，全面推进全省重点流域水污染生态补偿工作。持续推进赤水河流域跨省横向生态补偿机制。（省自然资源厅、省林业局、省发展改革委、省生态环境厅、省公安厅、省市场监管局、省交通运输厅、省水利厅、省农业农村厅、省财政厅等单位和各市（州）人民政府）

（七）强化重点保护，高质量推进重点流域生态修复。以设省级河湖长的河湖为重点，因地制宜划定缓冲带区域，明确生态保护红线，加强重点河湖生态保护和综合治理。稳步推进乌江、赤水河以及其他重点流域水污染治理和生态修复。

推进乌江流域生态保护修复。持续推进“三磷”排查整治，强化涉磷行业升级改造和结构调整，深化乌江34号泉眼等重点污染源关键控制性污染治理工程，实施交椅山源头治理工程。强化城镇污水治理，补齐流域内城镇污水收集和治理设施短板，完善配套截污管网建设，进一步提升流域内各城区排水与污水处理能力和水平。加强乌江干流水库联合调度，强化水库水电站生态流量监管。开展重点河段水生生物本底调查与评估，加强水生生物生境及资源恢复研究，逐步增加和恢复珍稀鱼类种群和数量。推进乌江干流及六冲河流域水生生物栖息地保护与修复，筛选部分良好水生生物栖息地进行保护，对水生态系统严重受损的区域，实施植被种植、退渔还湖、湖滨湿地和湖岸线清理复绿等综合整治工程任务，开展重点区域人工湿地建设。开展六冲河流域矿山、冶炼厂、采选厂（配套尾矿库）排查，确保生产废水处理后达标排放。

重点实施武陵山区、乌江中游、黔中两湖水源地等区域675座矿山修复、1万公顷土地综合整治、重点流域水生态修复、重金属污染治理、重点治理区地质灾害防治等，实现区域综合植被盖度达到88%，水土保持率达到71%，乌江源水功能区水质达标率达到80%。结合有关重点任务制定《贵州省乌江流域生态保护修复攻坚行动方案》。

推进赤水河流域生态保护修复。加快推进赤水河流域治理跨省协同长效机制，加强对流域内赤水市、中枢镇、茅台镇等重点江段或水域污染源监测，提升重点工业行业废水治理水平和清洁生产水平，实行排放污染物总量控制。持续推进流域内城镇污水、白酒行业深度治理，定期开展流域水生态本底调查及水生态完整性评估，推进赤水河流域河滨缓冲带生态修复、特有鱼类典型栖息地修复试点。紧紧围绕赤水河流域开发利用等方面存在的突出问题，统筹实施流域生态环境源头治理和系统保护修复，全面提升生态环境质量和流域生态系统功能，夯实高质量绿色发展基础，实现流域县级以上城市生活污水处理率达到96%，规模化畜禽养殖废弃物资源化利用率达到80%，水土保持率达到76%，湿地保护率达到55%。结合有关重点任务，制定实施《赤水河流域保护修复攻坚战行动计划》。

推进其他重点流域生态保护与修复。推进其他流域农业面源污染治理，实施农药化肥减量化行动，提高有机肥使用范围；深入开展农村环境综合整治，完善农村垃圾、污水收集处理系统，试点建设农村垃圾、污水收集运维体系，有效降低农村面源污染。完善流域内城镇污水管网配置，实施雨污分流，加快推进乡镇污水处理厂建设，切实提高污水收集率、处理率。加强工业污染源防治，加大流域内开发区污染防治设施建设，实施清污分流改造工程，有效控制开发区污水对外环境污染；进一步加大清水江流域工业磷污染治理设施建设和监管力度。试点流域及主要支流原生态修复，保障主要支流生态流量，结合实际情况试点实施生态调查及修复工程，开展增殖放流，维持土著鱼类种群稳定。（省自然资源厅、省发展改革委、省林业局、省生态环境厅、省工业和信息化厅、省住房城乡建设厅、省水利厅、省农业农村厅等单位和各市（州）人民政府）

（八）强化生态优先，高效能推进流域绿色发展。完善重点流域产业准入负面清单，调整产业结构，优化产业布局。推动煤炭、化工、有色金属等产业升级改造，提升技术装备水平；推动造纸、印染等企业实施清洁化改造，通过技术创新减少资源消耗和污染物排放。

发展生态健康渔业。因地制宜发展湖库生态渔业，打造一批大水面生态渔业示范基地和中小型库区生态养殖基地。大力推广“稻＋N”模式，打造一批稻渔综合种养示范基地。

开展区域再生水循环利用试点，推动建设污染治理、循环利用、生态保护有机结合的综合治理体系。

积极推进小水电绿色创建。优化水电站调度方案，保障电站下泄生态流量，加强小水电生态流量监管。

建设幸福河湖。大力探索“水美＋休闲＋旅游＋体育＋健身＋康养”等经济发展新模式，开展“美丽河湖”“健康河湖”“幸福河湖”“美丽水库”建设，助力乡村振兴。保护传承弘扬水文化，推进江河文化及地域水文化挖掘与利用，重点推进赤水河文化、乌江文化等的传承与弘扬，让美丽河湖、健康河湖成为具有深厚文化底蕴的幸福河湖。全面开展河湖健康评价，逐步建立河湖健康档案。（省工业和信息化厅、省农业农村厅、省水利厅、省发展改革委、省生态环境厅、省体育局等单位和各市（州）人民政府）

（九）强化执法监管，高态势推进河湖管理保护。落实最严格的水环境监管制度，强化行政监管与执法。省级强化河湖执法联合监管，市、县两级进行分类研究，扎实开展河湖执法监管。强化水生态环境检察工作力度，深化“河湖长＋检察长”机制，发挥公益诉讼检察职能，加强对生态环境系统保护修复。充分利用水行政执法与刑事司法衔接配合机制，加强各职能部门监测和执法数据的共享，严厉打击破坏河湖生态环境的违法犯罪行为。常态化开展“贵州生态日”河长巡河活动。强化督导检查、暗访督查和执法检查，着力解决侵占河道、围垦湖泊、非法采砂、小水电生态流量下放不足、污染水体、电鱼毒鱼等破坏河湖保护的突出问题。（省水利厅、省公安厅、省交通运输厅、省检察院、省生态环境厅、省林业局、省自然资源厅、省住房城乡建设厅、省农业农村厅等单位和各市（州）人民政府）

（十）强化部门合力，高标准推进专项行动。推动自然资源、生态环境、住房城乡建设、交通运输、农业农村、水利、林业、文化和旅游等多部门协同联动，结合乡村清洁行动、农村黑臭水体整治等开展以农村河流、沟渠、山塘、水池等小微水体为主体的“清水”行动，结合中小河流生态化治理、水土保持治理、国土绿化行动等开展岸线整治修复、美化绿化的“绿岸”行动。（省水利厅、省发展改革委、省生态环境厅、省自然资源厅、省林业局、省农业农村厅、省住房城乡建设厅、省交通运输厅等单位和各市（州）人民政府）

（十一）强化技术创新，高质量推进贵州“智慧河湖”建设。围绕“数字化、网络化、可视化、智能化”的目标，进一步完善贵州省河湖大数据管理信息系统，加强与水利部和各地河湖长制信息系统的互联互通，充实完善河湖管理范围划定和岸线保护利用规划成果等内容，逐步实现数字化、智慧化、精细化。充分运用卫星遥感、无人机、APP 等，提高河湖管理信息化水平。（省水利厅、省大数据局等单位和各市（州）人民政府）

五、完善河湖长制工作体制机制

（一）完善河长组织体系。设置流域河长，由干流河长担任流域河长，通过流域＋区域设立河湖长，进一步补齐流域统筹短板，提升流域统筹协调能力和效率。在省内八大水系干流及主要一二级支流、县级以上 168 个集中式饮用水水源地以及重点湖库继续聘请水利专家、环保专家、环保组织负责人或招募一名志愿者义务担任民间河湖监督员。巩固拓展脱贫攻坚成果同乡村振兴有效衔接，推动设立巡河员、护河员、河道保洁员等公益岗位，健全基层河湖保护队伍，努力构建全方位、一体化、多层次的河湖保护格局。（省河湖长制办公室、省级河湖长制部门联席会议成员单位、团省委和各市（州）人民政府）

（二）完善河湖长制统筹协调机制。参照其他省、市好的经验做法，探索完善各级河长制办公室设立，配齐配强工作力量，进一步发挥各级河长制办公室组织、协调、分办、督办的作用。（省河湖长制办公室和各市（州）人民政府）

（三）完善流域统筹区域协调部门联动机制。建立完善流域河湖长协作机制，明确河湖上下游、左右岸、干支流的管理责任，推动形成流域统筹、区域协同、部门联动的河湖管理保护格局，消除河湖治理保护真空带。不断完善总河湖长牵头抓总、各级基层河湖长积极响应的上下联动机制，突出重点难点问题交办督办；不断完善河长制办公室与有关职能部门之间、各职能部门之间的横向联动机制，理顺工作关系，提高工作成效；不断完善政府机关、群团组织、媒体力量、社会公众共同治理管护河湖的整体联动机制，形成全社会参与的河湖管理格局；不断完善跨流域、跨行政区域河湖管理保护的协调联动机制，实现共商共治共享。（省河湖长制办公室、省级河湖长制部门联席会议成员单位和各市（州）人民政府）

（四）完善河湖长履职机制。全面落实河湖长治河护河政治责任，推动河湖长依法履职。按照河长湖长履职规范，分级分类细化河湖长任务，进一步细化实化各级河湖长的具体职责、任务内容和履职方式，推动任务清单化、台账化，压紧压实各级河湖长职责。强化农村河塘沟渠管护工作，落细落实小微水体管护责任，打通河湖管护“最后一公里”。（省河湖长制办公室和各市（州）人民政府）

（五）完善河湖管理保护法规及制度。研究起草《贵州省生物多样性保护条例》《贵州省生态环境监测条例》《贵州省环评与排污许可条例》等涉及河湖管理保护的有关法规。建立河湖问题排查整改销号制度，分级建立问题台账并督促整改销号；制定河湖长制述职制度，督促各级河湖长履职尽责；完善河湖长制考核问责制度，压紧压实各级河湖长和有关责任单位的职责；完善河湖长＋检察长巡河制度，强化司法保障。（省农业农村厅、省生态环境厅、省河湖长制办公室和各市（州）人民政府）

六、保障措施

（一）加强组织领导。各级党委、政府要按照党政同责的要求，增强“四个意识”、坚定“四个自信”、做到“两个维护”，把实施河湖长制、维护水库安全运行和充分发挥效益、维护河湖健康生命、实现河湖功能永续利用，作为践行新发展理念，推动生态文明建设的重要工作抓好落实。各级河湖长要知责明责、担责负责、履职尽责，认真落实河长湖长履职规范。各级河长制办公室要做好河长湖长的参谋助手，加强统筹协调，充分发挥组织、协调、分办、督办作用。各有关部门要在河湖长的统一指挥下，牢固树立“一盘棋”思想，各司其职，各负其责，切实形成河湖监管和保护合力。各地结合实际，进一步细化工作任务，落实各项措施，确保如期实现河湖长制各项工作目标。（省河湖长制办公室、省级河湖长制部门联席会议成员单位和各市（州）人民政府）

（二）加强经费保障。县级及以上人民政府应将河湖管理保护工作经费和治理项目经费纳入同级财政预算，探索多元化投入机制，鼓励社会资本参与涉河湖工程建设管理，拓宽投融资渠道，进一步健全长效、稳定的河湖管理保护投入机制，为实行河湖长制提供资金保障。各部门积极参与，统筹相关资金，根据部门职能职责形成治理合力，在水域岸线、水环境、水生态等方面进行综合治理。完善河湖管护队伍，解决河湖管护“最后一公里”问题。（省财政厅、省水利厅、省生态环境厅、省自然资源厅、省发展改革委、省住房城乡建设厅、省农业农村厅、省林业局等单位和各市（州）人民政府）

（三）加强技术支撑。围绕河湖长制开展河流生态基流、河湖健康评价、河湖管理范围划定、黑臭水体治理、河湖污染防治、河湖生态保护治理恢复等方面的技术研究。建立贵州省河湖长制专家库，探索形成政学研治水优势资源整合的新路径。（省水利厅、省

生态环境厅、省自然资源厅、省发展改革委、省住房城乡建设厅、省农业农村厅等单位和各市（州）人民政府）

（四）加强激励问责。开展贵州省河湖长制考核课题研究，优化考核的指标、方式等，发挥考核指挥棒作用。加强正向激励和反向约束，对河湖长制工作推进力度大、成效明显的市县，提请纳入省政府督查激励。对河湖长制工作突出的单位和个人进行激励表彰，对失职失责的严肃问责。强化考核结果应用，将考核结果作为地方领导干部综合考核评价和自然资源资产离任审计的重要依据。实行生态环境损害责任终身追究制，对于责任单位和责任人履职不力，存在不作为、慢作为、乱作为的，发现一起、查处一起，严肃问责。（省河湖长制办公室、省级河湖长制部门联席会议成员单位和各市（州）人民政府）

（五）加强宣传培训。充分利用3.22“世界水日　中国水周”平台，加强对《中华人民共和国长江保护法》《贵州省河道条例》《贵州省水污染防治条例》等法律法规的广泛宣传。鼓励、引导、培育更多民间组织有序参与河湖保护，进一步打造贵州省“青清河”保护河湖志愿服务行动品牌，扩大品牌影响力。利用报刊、广播、电视、网络、新媒体等多种载体，做好河湖长制正面宣传。开展河湖长制“六进”（进党校、进机关、进企业、进农村、进社区、进校园）活动，营造全社会关爱河湖、珍惜河湖、保护河湖的浓厚氛围。科学制定年度培训计划，落实培训经费，科学编写培训教材，有计划、有重点、分批次、分年度开展各级河湖长、河长制办公室人员和河长制工作人员的培训，进一步普及河湖管理保护政策规定和专业知识，进一步提升履责能力，为强化河湖长制提供支撑和保障。（省河湖长制办公室、省委组织部、省委宣传部、省教育厅、省生态环境厅、团省委等单位和各市（州）人民政府）

《贵州省实施乡村振兴战略加强农村河湖管理工作推进方案》

乡村振兴，生态宜居是关键。全面推行河长制湖长制以来，我省认真贯彻党中央、国务院的决策部署，牢固树立和践行绿水青山就是金山银山的理念，统筹山水林田湖草系统治理，全省水环境质量有了明显改善。但是，一些农村地区的小河塘，尤其是房前屋后的小沟渠，仍然存在治理盲区，“脏、乱、差”的现象较为普遍。为加强农村水环境治理，建设美丽宜居乡村，推动实施乡村振兴战略，进一步落实落实《水利部办公厅关于实施乡村振兴战略加强农村河湖管理通知》（水河湖〔2018〕274号），结合我省实际，特制定本工作推进方案。

一、总体要求

（一）指导思想。以习近平新时代中国特色社会主义思想为指导，按照“产业兴旺、生态宜居、乡风文明、治理有效、生活富裕”的总要求，加强农村水环境治理，将农村水环境治理纳入河（湖）长制管理，切实解决农村河湖管理主体“缺位”问题，构建责任明确、协调有序、监管严格、保护有力的农村河湖管理保护机制。

（二）实施范围。农村地区全部中小河流，水面面积1平方公里以下湖泊，农村沟渠、山塘、季节性河流等。优先治理人口聚居度高的地区，聚焦饮用水水源地、重点流域等。

（三）工作目标。通过集中开展河湖“清四乱”专项行动、农村环境整治、畜禽养殖整治等，到2019年年底前，明显改善农村河湖“脏、乱、差”的面貌。推进美丽宜居乡村建设，提高群众自觉保护水环境意识，到2020年，有效实现水环境污染源头减量，农村水环境质量明显改善。到2022年，农村河湖管理、垃圾处理、污水治理、面源污染治理等长效机制基本建立，基本建立河畅、水清、岸绿、景美的宜居乡村。在此基础上，巩固治理成果，推动农村水环境质量持续改善，为实施乡村振兴战略目标创造条件。

二、主要任务及措施

（一）建立健全农村河湖管护体系。各地要在全面建立省、市、县、乡、村五级河（湖）长体系的基础上将尚未纳入河（湖）长制的其他农村河湖、季节性河流全部纳入并明确村级河长。结合我省小型水利工程产权制度改革成果明确各类山塘、沟渠、水池、水窖等各类水体的管护责任主体和责任人。各级河（湖）长和管护责任主体、责任人有变动的要按要求及时更新相关信息，并在本级行政区域内进行公示。

（二）以保洁清洁为重点加快推进农村河湖“清四乱”。在前期开展全省所有纳入河（湖）长制的河湖开展“清四乱”行动的基础上，全面摸排查清包括山塘、沟渠等农村河湖“四乱”问题，对河岸垃圾清理、水面保洁、河道清障等能够立竿见影的工作，集中力量打好歼灭战。对于水资源保护、水污染治理、水生态修复等长期工作，要明确治理措施和责任部门，制定整改计划，持续打好攻坚战。前期按照省级1、2号总河长令安排排查分级建立台账的887处“四乱”问题，严格按照各级问题台账整改时限要求完成清理整治工作；新排查出的农村河湖“四乱”问题，发现一处、清理一处、销号一处。

（三）科学编制农村河湖“一河一档”“一河一策”。

1、各地继续深入排查全省已纳入河（湖）长制的河湖是否建立“一河一档”，编制“一河一策”，未完成的要限时间完成。

2、全面摸清未纳入河（湖）长制的农村河湖、山塘、沟渠、季节性河流的情况，全面梳理农村河湖基础信息，建立“一河一档”。

3、管理保护问题较为突出、任务较重的农村河湖可结合水利部下发的“一河（湖）一策”方案编制指南采取打捆、片区组合等方式编制“一河一策”，提出管理方案，针对存在的问题列出时间表、路线图，1—2年为周期滚动编制。管理保护问题较少、任务较轻的农村河湖可根据实际情况以“村规民约”等方式明确河湖管理保护的问题、目标、任务、措施、责任。

（四）全面划定农村河湖管理范围。按照《贵州省河湖管理范围划定三年行动方案》要求，明确责任主体、明确划定标准、公布划定成果、加强信息化管理，扎实开展河湖管理范围划定工作，按照《方案》进度要求推进，2020年年底前，基本完成全省河湖管理范围划定工作，管理任务较轻的农村河湖，可在2021年年底前基本完成。

（五）落实农村河湖巡河护河人员。各地要将农村河湖保洁作为乡村保洁的重要任务，或纳入乡村保洁员职责、或单独聘用农村河湖保洁员，负责河湖日常巡查、水面和堤岸保洁等工作。结合脱贫攻坚优先聘用建档立卡贫困户人员为巡河保洁员。小型水利工程产权制度改革中明确的山塘、沟渠等管护责任人要切实履行巡查保洁及日常管护责任。

（六）认真组织制定加强农村河湖管理工作方案。2019年6月底前，各市（州）要督促指导辖区内各县（市、区）县级水行政主管部门在当地人民政府以及河长、湖长领导下，牵头组织制定可操作性强的工作方案并报市（州）备案，贵安新区由区本级制定本区域工作方案。县级工作方案要细化农村河湖管理目标任务、责任分工和进度要求，加强组织协同和监督实施。

三、组织保障

（一）强化组织领导。河长、湖长是农村河湖治理保护的“第一责任人”，要切实担负起主体责任，加强组织领导，统筹把握工作进展，主动落实各项任务，及时解决治理难题，督促农村河湖管护责任人认真履行管护职责。要以农村河湖水环境问题为导向，构建市级河长总体谋划、县级河长协调推进、乡级河长监督落实、村级河长组织实施的责任体系，推动农村河湖治理工作落地落实。

（二）加强部门协作。结合农村人居环境整治三年行动工作安排，统筹规划，科学安排，分河流、分片区、分阶段开展农村河湖的集中整治。充分利用各部门资源，发挥各部门优势，共同发力，形成合力，推动农村水环境持续改善。依据《贵州省水污染防治行动计划工作方案》，以县级行政区域为单元实施农村综合整治，大力实施农村生活污水治理，完善“村收集、镇转运、县处理”的农村生活垃圾处理模式，积极推进城镇污水、垃圾处理设施建设和服务向农村延伸。深化“以奖促治”政策，实施农村清洁工程，开展河道清淤疏浚，推进农村环境连片整治。

（三）强化督查问责。各级河长、水行政主管部门、河长办要以务实管用高效为目标，秉承明察暗访相结合、定期与不定期督查相结合、部门督查与群众监督举报相结合的方式，要着力避免“上热下冷”，加强监督检查。暗访要采取不发通知、不打招呼、不听汇报、不用陪同，直奔基层、直插现场的方式，及时准确掌握各级河长履职和农村河湖管理保护的真实情况。各县工作方案制定及工作完成情况纳入2019年度河长制工作考核。

（四）健全保障机制。健全多元资金投入机制，探索农村环保设施建设运营市场化机制，健全财政补贴和农户付费合理分担机制，形成财政优先保障、社会积极参与的多元投入格局，推动农村地区水环境常态化治理。

（五）发动群众参与。将农村地区生态文明建设与水环境治理相结合，充分发挥乡规民约、村规民约作用，强化环保意识，约束不文明行为；通过形式多样的宣传方式，发动群众广泛参与，并通过不断的行动，养成自觉保护环境的习惯。

《贵州省深入推进河湖“清四乱”常态化规范化工作方案》（省总河（湖）长令第3号）

自2017年全面推行河（湖）长制以来，在省委、省政府的坚强领导下，在全省各地各级各部门的共同努力下，河（湖）长制工作取得重大进展，如期实现全面建立河（湖）长制的目标。随着河（湖）长制工作的不断深入，现已进入了从“有名”到“有实”、从全面建立到全面见效的新阶段。河湖“清四乱”作为推动河（湖）长制尽快从“有名”向“有实”转变的第一抓手，是水利行业强监管的重要内容。为贯彻2020年全国水利工作会议精神，结合水利部相关工作要求，在我省按照1、2号总河（湖）长令部署扎实开展工作并取得重要阶段性成效的基础上，为推动我省河湖“清四乱”常态化、规范化、制度化，持续坚决清理整治河湖“乱占、乱采、乱堆、乱建”等突出问题，制定本方案。

一、工作目标

持续开展河湖“四乱”清理整治，坚决遏增量、清存量。清理整治要全覆盖，既包含大江大河，也包含中小河流、农村河湖，要盯住“大块头”“硬骨头”，重点整治非法建设、非法围湖围河、非法采砂以及农村河湖脏乱差、非法种植养殖等问题。针对“四乱”中的难点问题、共性问题，进一步完善和细化政策标准，规范“查、认、改、罚”各个环节，不断规范清理整治工作。进一步加强河道管理范围内建设项目管理，明确和完善河道管理范围内建设项目工程建设方案审查、许可、监管、日常巡查等重点工作。建立“四乱”问题定期报告制度，切实加强日常巡查，做到“四乱”问题早发现、早制止、早报告。推动河湖面貌持续好转，构建美丽河湖、健康河湖，让每条河流都成为造福人民的幸福河。

二、工作内容

（一）深入开展自查自纠

自查自纠范围由大江大河大湖向中小河流、农村河湖延伸，实现河湖全覆盖。对于大江大河大湖，要突出整治涉河违建、非法围湖围河、非法堆弃和填埋固体废物等重大违法违规问题，农村河湖要围绕乡村振兴战略，着力解决污水乱排、垃圾乱堆乱放、违法私搭乱建房屋、违法种植养殖问题，推进农村人居环境改善。

综合运用实地核查、日常巡查、遥感监测、群众举报等多种手段，全覆盖、拉网式全面排查“四乱”问题，不留空白、不留死角，不得发现问题隐瞒不报。要落实河湖管理单位和人员，完善巡河员队伍，加强河湖日常巡查，建立巡查日志定期报告。要积极组织河道管理处（所）、水库管理处（所）、堤防管理处（所）等水利工程建设管理单位结合工程管护开展河湖管护巡查，发现“四乱”问题要立即制止，并及时上报水行政主管部门、河（湖）长办、河（湖）长。要建立问题台账跟踪督办，其中，涉河违建、非法围河围湖等重大违法违规问题要逐项制定清单，并注明问题发生的时间。

（二）河湖“四乱”认定标准

1.“乱占”问题

（1）围垦湖泊；未依法经省级以上人民政府批准围垦河道或超批准范围围垦河道。

（2）非法侵占水域、滩地围网养殖；种植阻碍行洪的林木及高秆作物（堤防防护林、河道防浪林除外）。

（3）擅自填堵、占用或者拆毁江河的故道、旧堤、原有工程设施；擅自填堵、缩减原有河道沟汊、贮水湖塘洼淀和废除原有防洪围堤；擅自以截弯取直等方式调整河湖水系、减少河湖水域面积或者覆盖河湖开展项目建设等将河湖改为暗河；擅自开发利用沙洲。

2.“乱采”问题

未经许可在河湖水域滩地内从事爆破、钻探、挖筑鱼塘或者开采地下资源及进行考古发掘；未经许可在河湖管理范围内挖取沙土；未经许可在河道管理范围内采砂，不按许可要求采砂，在禁采区、禁采期采砂。

3.“乱堆”问题

河湖管理范围内倾倒（堆放、贮存、掩埋）危险废物、医疗废物、工业固体废物、生活垃圾、砂石泥土及其他阻碍行洪的物料。

4.“乱建”问题

（1）违法违规开发建设别墅、房地产、工矿企业、高尔夫球场。

（2）违法违规布设妨碍行洪、影响水环境的光能风能发电、餐饮娱乐、旅游、捕捞等设施。

（3）未申请取得有关水行政主管部门或流域管理机构签署的规划同意书，擅自开工建设的水利工程。

（4）工程建设方案未报经有关水行政主管部门或流域管理机构审查同意，擅自在河道管理范围内新建、扩建、改建跨河、穿河、穿堤、临河的大中型建设项目或未按照审查批准的位置和界限建设等。

（5）未经有关水行政主管部门或流域管理机构批准擅自建设的取水工程（设施）。

（6）在河湖管理范围内建设、弃置的其他妨碍行洪的建筑物、构筑物。

5.其它问题

（1）在堤防护提地安装设施（河道和水工程管护设施除外）、放牧、耕种、葬坟、晒粮、存放物料（防汛物料除外）、建房、打井、挖窖、开采地下资源、考古发掘及开展集市贸易活动。

（2）在堤防保护范围内打井、钻探、爆破、挖筑鱼塘、采石、生产或者存放易燃易爆物品等危害堤防安全的活动。

（3）水库、水电站等水利工程大坝坝前、坝后存在大量垃圾或其它漂浮物长期堆积的。

（4）未经批准同意，在河湖管理保护范围内建设排水（污）口的。

（三）清理整治标准

1.清理整治“乱占”

（1）对于围湖（库）造地、围湖（库）造田的，要按照国家规定的防洪标准、规划设计的防洪标准或水库淹没区退赔线有计划的退地还湖（库）、退田还湖（库），将违法建设的土堤、矮围等清除至原高程，拆除地面建筑物、构筑物，取缔相关非法经济活动。

（2）对于河湖管理保护范围内违法挖筑的鱼塘、设置的拦河湖渔具、水产养殖、修筑围堪、种植的碍洪林木及高杆作物等，应及时清除，恢复河道行洪能力。

（3）对于非法围垦、填堵河道的，限期拆除违法占用河道及滩地建设的围堤、护岸、阻水道路、拦河坝等，铲平抬高的滩地，恢复河道原貌。

（4）对于河湖管理保护范围内束窄河道、影响行洪安全和水生态、水环境的各类经济活动的，应清理整治并恢复河道原貌。

2.清理整治“乱采”

未经批准在河湖水域滩地内从事爆破、钻探、挖筑鱼塘或者开采地下资源及进行考古发掘；在河湖管理范围内取土；未经许可在河湖管理范围内采砂，不按许可采砂，在禁采区、禁采期采砂的，应立即停止违法行为，并责令相关责任人恢复河道原貌。

3. 清理整治“乱堆”

（1）对100吨以下的一般工业固体废物、体积10立方米以下的生活垃圾、砂石泥土等废弃物，要立行立改，清理整治到位；对100吨以上的一般工业固体废物、体积10立方米以上的生活垃圾、砂石泥土等废弃物要制定整改措施，限时清理。

（2）涉及危险固废、医疗固废等有害废物需要鉴别的，要及时向当地人民政府、有关河（湖）长汇报，主动协调，及时提交相关部门鉴别，并严格按照有关规定分类处理。

（3）对违法在堤防、护堤、水库溢洪道晒粮、存放物料、在河道滩地存放物料的，限时完成清理。

4. 清理整治“乱建”

（1）桥梁、码头、道路、渡口、管道、缆线、取水、排水等类基础设施建设项目及其他民生类建设项目，未经审批和批建不符的违法违规建设项目要进行科学论证，评判是否影响行洪、是否符合岸线管控要求、是否符合相关水利规划要求等，明确是否拆除或采取其它整改措施、是否需采取补救措施消除不利影响等。严重影响行洪安全且不能采取补救措施的，要立即拆除；不严重影响行洪安全，可采取补救措施消除不利影响的，应立即采取补救措施并按照有关规定完善各项审批手续。

（2）河湖管理范围内的工矿企业、厂房、养殖场及其他带有经营性质的违法违规涉河建设项目要坚决依法依规予以拆除或部分拆除，恢复河湖自然状态。

（3）对占用河（湖）管理范围未履行审批手续的自建民房类建设项目，1988年《河道管理条例》出台前的建设项目要结合相关城市规划对影响行洪安全的区域开展有序退出，确保水生态安全和人民生命财产安全；1988年《河道管理条例》出台后的建设项目要由县级以上水行政主管部门组织人员进行充分的行洪论证，按照《防洪法》等相关法规和相关防洪规划要求等，对影响行洪安全的部分予以拆除或采取补救措施，并由水行政主管部门备案，采取台账化管理；2019年以后开工建设的要立即停工并坚决予以拆除。

（4）位于自然保护区、饮用水水源地保护区、风景名胜区内的违法建设项目，要严格按照有关法律法规要求进行清理整治。

5. 清理整治其它问题

（1）对堤防护堤地和堤防保护范围内的各类违法违规行为，能立即整改的要立行立改，难以立即整改的需提出整改方案，明确责任人和整改时限，限期整改到位。

（2）对水库、水电站、水闸等坝前存在大量漂浮物要进行限期清理。

（3）在河湖管理保护范围内，非法设置取水口、排水（污）口的，要依照有关规定限期整治。

三、工作措施

（一）立行立改动态清零

扎实推进以往年度延期整改问题清理整治，加快完成以往暗访督查发现问题清理整治。对新发现问题、媒体曝光问题和群众举报问题，发现一处、整治一处，切实做到应改尽改、能改速改、立行立改，做到“四乱”问题动态清零。对于确实难以在规定时限内完成清理整治的历史遗留问题、重大问题，经省级河（湖）长或省级人民政府同意后，可延期整改，但要明确整改措施、进度要求和责任单位、责任人。

严格管控新出现河湖“四乱”问题，坚决管住新增涉河违建、非法围河围湖等重大违法违规问题，防止已整治问题反弹、同类问题在同一河段（湖片）反复出现。对于乱堆乱扔垃圾、偷采盗采河砂等问题，做到及时发现、及时制止、及时处置。

（二）加快划定河湖管理范围

2020年年底前全面完成第一次全国水利普查流域面积50平方公里以上和其他设县级及以上河（湖）长的河湖管理范围划定工作，划界成果由县级以上人民政府对社会公布，同步推进流域面积50平方公里以下的河流管理范围划定工作。按照《水利部办公厅关于印发河湖岸线保护与利用规划编制指南（试行）的通知》（办河湖函〔2019〕394号）要求，加快编制河湖岸线保护与利用规划，2020年年底前全面编制完成流域面积1000平方公里以上河流及其他省级领导担任河（湖）长的重要河湖岸线保护与利用规划并按程序审批，2021年年底前基本编制完成其他重要河湖岸线保护与利用规划。

（三）加强河道采砂管理

落实河湖采砂属地管理责任，明确政府责任人，主管部门责任人，现场监管责任人，行政执法责任人，层层建立责任制和责任追究制。按照有关法律法规规划禁采区，规定禁采期，并向社会公告。许可采区实行现场监管和砂石运输监管，加强河道采砂许可证、采运砂船只（机具）的监管，严禁超范围、超采量、超功率、超时间及采用违规作业方式开采砂石。始终保持对各类违法采砂的高压严打，加强日常监管巡查，开展必要的夜间巡查，做到采砂秩序总体可控，大型采砂船大规模偷采绝迹，小型船只零星偷采露头就打。紧盯、管好采砂业主、采砂船只和堆砂厂。对非法采砂业主，依法依规处罚到位，情节严重、触犯刑律的，坚决移交司法机关追究刑事责任；对非法堆砂场，按照河湖岸线保护要求进行清理整治。

（四）加大河湖岸线动态管控

建立垃圾和固体废物堆放、贮存、倾倒、填埋点位清单，对照点位清单，逐个落实责任，限期完成清理，恢复河湖自然状态。严禁在河湖管理保护范围内设置垃圾、固体废物固定堆放点和中转站，发现一处取缔一处，由当地政府重新规划设置固定堆放点和中转站。

（五）推进智慧河湖监管

各级河（湖）长制办公室、水行政主管部门要将河湖监管信息化建设作为重要任务、纳入重要日程，充分利用卫星遥感、视频监控、无人机、APP等技术手段加强河湖管护，提高河湖监管的信息化、现代化水平。省级水行政主管部门要利用全国“水利一张图”及河湖遥感本底数据库，组织及时将河湖管理范围划定成果、岸线规划分区成果、涉河建设项目位置信息上图，实现动态监管。

（六）加强明察暗访

各级河（湖）长制办公室、水行政主管部门负责组织对本行政区域内河湖进行明察暗访，结合河（湖）长制督导检查及河湖联合执法监督（检查）、河（湖）长制考核，组建暗访组或者采取购买社会服务方式全面开展暗访督查工作，建立上下联动的河湖暗访督查体系。省级加强对市县的抽查复核，抽查比例不低于每年台账内问题总数的30%，并覆盖全部市县。其中，对涉河违建、非法围河围湖等重大违法违规问题清理整治要逐项复核销号。对抽查发现的整改不到位、虚假整改等问题，要紧盯及时整改到位。同时，各地要畅通信息渠道，通过12314监督举报服务平台、APP、随手拍、电视问政等方式广泛接受社会监督。

（七）加强执法监督

各级河（湖）长制办公室、水行政主管部门要充分利用好河（湖）长制平台，将河湖“清四乱”纳入河（湖）长制督导检查及河湖联合执法监督（检查），对于重大违法项目要按照《贵州省水行政执法与刑事司法衔接工作机制》要求主动对接检察、公安部门，形成联合执法常态化。

对于各类“四乱”问题，除了要按时限和标准整治到位外，各级水行政主管部门要按照水法律法规规定的范围和幅度以及行政处罚法规定的种类和程序，依法实施行政处罚。属于各级水行政主管部门职权范围的案件，要全面客观认定违法事实，依法采取行政处理措施、实施行政处罚或者行政强制；有关河湖执法职权由综合执法机构行使的，由综合执法机构负责查处；属于其他部门职权范围的案件，及时移交有关部门处理；违反治安管理处罚法或者涉嫌犯罪的，保存证据，依法移送有关司法机关，禁止有案不移、以罚代刑。

（八）加大激励问责力度

各级河（湖）长制办公室、水行政主管部门要加强“清四乱”工作的激励问责，对于真抓实干、敢于动真碰硬、“清四乱”成效突出的有关单位和人员，要积极予以表扬或奖励。对于“四乱”问题长期得不到解决、重大问题隐瞒不报、清理整治弄虚作假的，要对有关责任单位和责任人严肃追责问责。对已完成自查自纠河湖，省级以上暗访督查、媒体曝光、群众举报仍发现有台账外重大“四乱”问题的，要对问题隐瞒不报、整改不力、弄虚作假的责任单位和责任人进行追责问责。

四、工作要求

（一）切实提高思想认识

贵州山川河流水系发育，历史以来人民群众依山傍水而居，随着城镇化进程加快，若监管不到位，易出现随意挤占河湖空间、乱堆乱建等问题。同时河湖“四乱”具有动态易反复的特征，通过一次专项行动不能一劳永逸。今后一段时期，是河（湖）长制实现“有名”“有实”的关键期，也是建设美丽河湖、打造幸福河的攻坚期。各级河（湖）长制办公室、水行政主管部门要坚持以习近平新时代中国特色社会主义思想为指导，全面贯彻党的十九大和十九届二中、三中、四中全会精神，深入落实“节水优先、空间均衡、系统治理、两手发力”的治水思路以及习近平总书记关于长江大保护、黄河流域生态保护和高质量发展的重要讲话精神，坚定不移践行水利改革发展总基调，以持之以恒、久久为功的战略定力，以造福人民、舍我其谁的责任担当，按照务实、高效、管用的原则，深入推进“清四乱”常态化、规范化，努力让每条河流都成为造福人民的幸福河。

（二）严格落实责任

各级河（湖）长制办公室、水行政主管部门要将“清四乱”作为河（湖）长制的重要任务和河湖管理的日常工作，加强对“清四乱”工作的组织领导和安排部署，将“清四乱”任务压实到每一位河（湖）长、落实到每一级河（湖）长制办公室和水行政主管部门，形成层层抓落实的责任体系。各级河（湖）长制办公室、水行政主管部门要在当地人民政府领导下，在河（湖）长组织下，切实履职尽责，加强组织协调、强化跟踪督查、严格考核问责，积极协调有关部门共同推进，以更坚决的态度、更大的工作力度，确保“清四乱”取得实效。

各级责任单位要协助对应河（湖）长开展好河湖“清四乱”常态化工作，督促指导下级河（湖）长和相关部门尽职履责；充分发挥河湖民间义务监督员日常巡查和监督作用，对“四乱”问题及时发现及时反映。

（三）做好典型宣传和信息报送

全面梳理“清四乱”工作中的难点问题、共性问题、深层次问题，积极收集需要拿捏和研究的政策问题，密切关注社会和群众反映强烈的突出问题，认真研究，提出治标治本、管长远的对策措施，深入推进“清四乱”常态化规范化。同时，要注重收集清理整治的好经验好做法和典型案例，对于重大政策问题、典型案例，积极宣传推广并及时报送。

第九章 法律法规制度保障

第一节 中华人民共和国长江保护法

为了加强长江流域生态环境保护和修复，促进资源合理高效利用，保障生态安全，实现人与自然和谐共生、中华民族永续发展，2020 年 12 月 26 日，中华人民共和国第十三届全国人民代表大会常务委员会第二十四次会议通过《中华人民共和国长江保护法》，该法自 2021 年 3 月 1 日起施行。该条例共有九章九十六条。

第一章 总 则

第一条 为了加强长江流域生态环境保护和修复，促进资源合理高效利用，保障生态安全，实现人与自然和谐共生、中华民族永续发展，制定本法。

第二条 在长江流域开展生态环境保护和修复以及长江流域各类生产生活、开发建设活动，应当遵守本法。

本法所称长江流域，是指由长江干流、支流和湖泊形成的集水区域所涉及的青海省、四川省、西藏自治区、云南省、重庆市、湖北省、湖南省、江西省、安徽省、江苏省、上海市，以及甘肃省、陕西省、河南省、贵州省、广西壮族自治区、广东省、浙江省、福建省的相关县级行政区域。

第三条 长江流域经济社会发展，应当坚持生态优先、绿色发展，共抓大保护、不搞大开发；长江保护应当坚持统筹协调、科学规划、创新驱动、系统治理。

第四条 国家建立长江流域协调机制，统一指导、统筹协调长江保护工作，审议长江保护重大政策、重大规划，协调跨地区跨部门重大事项，督促检查长江保护重要工作的落实情况。

第五条 国务院有关部门和长江流域省级人民政府负责落实国家长江流域协调机制的决策，按照职责分工负责长江保护相关工作。

长江流域地方各级人民政府应当落实本行政区域的生态环境保护和修复、促进资源合理高效利用、优化产业结构和布局、维护长江流域生态安全的责任。

长江流域各级河湖长负责长江保护相关工作。

第六条 长江流域相关地方根据需要在地方性法规和政府规章制定、规划编制、监督执法等方面建立协作机制，协同推进长江流域生态环境保护和修复。

第七条 国务院生态环境、自然资源、水行政、农业农村和标准化等有关主管部门按照职责分工，建立健全长江流域水环境质量和污染物排放、生态环境修复、水资源节约集约利用、生态流量、生物多样性保护、水产养殖、防灾减灾等标准体系。

第八条 国务院自然资源主管部门会同国务院有关部门定期组织长江流域土地、矿产、水流、森林、草原、湿地等自然资源状况调查，建立资源基础数据库，开展资源环境承载能力评价，并向社会公布长江流域自然资源状况。

国务院野生动物保护主管部门应当每十年组织一次野生动物及其栖息地状况普查，或者根据需要组织开展专项调查，建立野生动物资源档案，并向社会公布长江流域野生动物资源状况。

长江流域县级以上地方人民政府农业农村主管部门会同本级人民政府有关部门对水生生物产卵场、索饵场、越冬场和洄游通道等重要栖息地开展生物多样性调查。

第九条 国家长江流域协调机制应当统筹协调国务院有关部门在已经建立的台站和监测项目基础上，健全长江流域生态环境、资源、水文、气象、航运、自然灾害等监测网络体系和监测信息共享机制。

国务院有关部门和长江流域县级以上地方人民政府及其有关部门按照职责分工，组织完善生态环境风险报告和预警机制。

第十条 国务院生态环境主管部门会同国务院有关部门和长江流域省级人民政府建立健全长江流域突发生态环境事件应急联动工作机制，与国家突发事件应急体系相衔接，加强对长江流域船舶、港口、矿山、化工厂、尾矿库等发生的突发生态环境事件的应急管理。

第十一条 国家加强长江流域洪涝干旱、森林草原火灾、地质灾害、地震等灾害的监测预报预警、防御、应急处置与恢复重建体系建设，提高防灾、减灾、抗灾、救灾能力。

第十二条 国家长江流域协调机制设立专家咨询委员会，组织专业机构和人员对长江流域重大发展战略、政策、规划等开展科学技术等专业咨询。

国务院有关部门和长江流域省级人民政府及其有关部门按照职责分工，组织开展长江流域建设项目、重要基础设施和产业布局相关规划等对长江流域生态系统影响的第三方评估、分析、论证等工作。

第十三条 国家长江流域协调机制统筹协调国务院有关部门和长江流域省级人民政府建立健全长江流域信息共享系统。国务院有关部门和长江流域省级人民政府及其有关部门应当按照规定，共享长江流域生态环境、自然资源以及管理执法等信息。

第十四条 国务院有关部门和长江流域县级以上地方人民政府及其有关部门应当加强长江流域生态环境保护和绿色发展的宣传教育。

新闻媒体应当采取多种形式开展长江流域生态环境保护和绿色发展的宣传教育，并依法对违法行为进行舆论监督。

第十五条 国务院有关部门和长江流域县级以上地方人民政府及其有关部门应当采取措施，保护长江流域历史文化名城名镇名村，加强长江流域文化遗产保护工作，继承和弘扬长江流域优秀特色文化。

第十六条 国家鼓励、支持单位和个人参与长江流域生态环境保护和修复、资源合理利用、促进绿色发展的活动。

对在长江保护工作中做出突出贡献的单位和个人，县级以上人民政府及其有关部门应当按照国家有关规定予以表彰和奖励。

第二章 规划与管控

第十七条 国家建立以国家发展规划为统领，以空间规划为基础，以专项规划、区域规划为支撑的长江流域规划体系，充分发挥规划对推进长江流域生态环境保护和绿色发展的引领、指导和约束作用。

第十八条 国务院和长江流域县级以上地方人民政府应当将长江保护工作纳入国民经济和社会发展规划。

国务院发展改革部门会同国务院有关部门编制长江流域发展规划，科学统筹长江流域上下游、左右岸、干支流生态环境保护和绿色发展，报国务院批准后实施。

长江流域水资源规划、生态环境保护规划等依照有关法律、行政法规的规定编制。

第十九条 国务院自然资源主管部门会同国务院有关部门组织编制长江流域国土空间规划，科学有序统筹安排长江流域生态、农业、城镇等功能空间，划定生态保护红线、永久基本农田、城镇开发边界，优化国土空间结构和布局，统领长江流域国土空间利用任务，报国务院批准后实施。涉及长江流域国土空间利用的专项规划应当与长江流域国土空间规划相衔接。

长江流域县级以上地方人民政府组织编制本行政区域的国土空间规划，按照规定的程序报经批准后实施。

第二十条 国家对长江流域国土空间实施用途管制。长江流域县级以上地方人民政府自然资源主管部门依照国土空间规划，对所辖长江流域国土空间实施分区、分类用途管制。

长江流域国土空间开发利用活动应当符合国土空间用途管制要求，并依法取得规划许可。对不符合国土空间用途管制要求的，县级以上人民政府自然资源主管部门不得办理规划许可。

第二十一条 国务院水行政主管部门统筹长江流域水资源合理配置、统一调度和高效利用，组织实施取用水总量控制和消耗强度控制管理制度。

国务院生态环境主管部门根据水环境质量改善目标和水污染防治要求，确定长江流域各省级行政区域重点污染物排放总量控制指标。长江流域水质超标的水功能区，应当实施更严格的污染物排放总量削减要求。企业事业单位应当按照要求，采取污染物排放总量控制措施。

国务院自然资源主管部门负责统筹长江流域新增建设用地总量控制和计划安排。

第二十二条 长江流域省级人民政府根据本行政区域的生态环境和资源利用状况，制定生态环境分区管控方案和生态环境准入清单，报国务院生态环境主管部门备案后实施。生态环境分区管控方案和生态环境准入清单应当与国土空间规划相衔接。

长江流域产业结构和布局应当与长江流域生态系统和资源环境承载能力相适应。禁止在长江流域重点生态功能区布局对生态系统有严重影响的产业。禁止重污染企业和项目向长江中上游转移。

第二十三条 国家加强对长江流域水能资源开发利用的管理。因国家发展战略和国计民生需要，在长江流域新建大中型水电工程，应当经科学论证，并报国务院或者国务院授权的部门批准。

对长江流域已建小水电工程，不符合生态保护要求的，县级以上地方人民政府应当组织分类整改或者采取措施逐步退出。

第二十四条 国家对长江干流和重要支流源头实行严格保护，设立国家公园等自然保护地，保护国家生态安全屏障。

第二十五条 国务院水行政主管部门加强长江流域河道、湖泊保护工作。长江流域县级以上地方人民政府负责划定河道、湖泊管理范围，并向社会公告，实行严格的河湖保护，禁止非法侵占河湖水域。

第二十六条 国家对长江流域河湖岸线实施特殊管制。国家长江流域协调机制统筹协调国务院自然资源、水行政、生态环境、住房和城乡建设、农业农村、交通运输、林业和草原等部门和长江流域省级人民政府划定河湖岸线保护范围，制定河湖岸线保护规划，严格控制岸线开发建设，促进岸线合理高效利用。

禁止在长江干支流岸线一公里范围内新建、扩建化工园区和化工项目。

禁止在长江干流岸线三公里范围内和重要支流岸线一公里范围内新建、改建、扩建尾矿库；但是以提升安全、生态环境保护水平为目的的改建除外。

第二十七条 国务院交通运输主管部门会同国务院自然资源、水行政、生态环境、农业农村、林业和草原主管部门在长江流域水生生物重要栖息地科学划定禁止航行区域和限制航行区域。

禁止船舶在划定的禁止航行区域内航行。因国家发展战略和国计民生需要，在水生生物重要栖息地禁止航行区域内航行的，应当由国务院交通运输主管部门商国务院农业农村主管部门同意，并应当采取必要措施，减少对重要水生生物的干扰。

严格限制在长江流域生态保护红线、自然保护地、水生生物重要栖息地水域实施航道整治工程；确需整治的，应当经科学论证，并依法办理相关手续。

第二十八条 国家建立长江流域河道采砂规划和许可制度。长江流域河道采砂应当依法取得国务院水行政主管部门有关流域管理机构或者县级以上地方人民政府水行政主管部门的许可。

国务院水行政主管部门有关流域管理机构和长江流域县级以上地方人民政府依法划定禁止采砂区和禁止采砂期，严格控制采砂区域、采砂总量和采砂区域内的采砂船舶数量。禁止在长江流域禁止采砂区和禁止采砂期从事采砂活动。

国务院水行政主管部门会同国务院有关部门组织长江流域有关地方人民政府及其有关部门开展长江流域河道非法采砂联合执法工作。

第三章 资 源 保 护

第二十九条 长江流域水资源保护与利用，应当根据流域综合规划，优先满足城乡居民生活用水，保障基本生态用水，并统筹农业、工业用水以及航运等需要。

第三十条 国务院水行政主管部门有关流域管理机构商长江流域省级人民政府依法制定跨省河流水量分配方案，报国务院或者国务院授权的部门批准后实施。制定长江流域跨省河流水量分配方案应当征求国务院有关部门的意见。长江流域省级人民政府水行政主管部门制定本行政区域的长江流域水量分配方案，报本级人民政府批准后实施。

国务院水行政主管部门有关流域管理机构或者长江流域县级以上地方人民政府水行政主管部门依据批准的水量分配方案，编制年度水量分配方案和调度计划，明确相关河段和控制断面流量水量、水位管控要求。

第三十一条　国家加强长江流域生态用水保障。国务院水行政主管部门会同国务院有关部门提出长江干流、重要支流和重要湖泊控制断面的生态流量管控指标。其他河湖生态流量管控指标由长江流域县级以上地方人民政府水行政主管部门会同本级人民政府有关部门确定。

国务院水行政主管部门有关流域管理机构应当将生态水量纳入年度水量调度计划，保证河湖基本生态用水需求，保障枯水期和鱼类产卵期生态流量、重要湖泊的水量和水位，保障长江河口咸淡水平衡。

长江干流、重要支流和重要湖泊上游的水利水电、航运枢纽等工程应当将生态用水调度纳入日常运行调度规程，建立常规生态调度机制，保证河湖生态流量；其下泄流量不符合生态流量泄放要求的，由县级以上人民政府水行政主管部门提出整改措施并监督实施。

第三十二条　国务院有关部门和长江流域地方各级人民政府应当采取措施，加快病险水库除险加固，推进堤防和蓄滞洪区建设，提升洪涝灾害防御工程标准，加强水工程联合调度，开展河道泥沙观测和河势调查，建立与经济社会发展相适应的防洪减灾工程和非工程体系，提高防御水旱灾害的整体能力。

第三十三条　国家对跨长江流域调水实行科学论证，加强控制和管理。实施跨长江流域调水应当优先保障调出区域及其下游区域的用水安全和生态安全，统筹调出区域和调入区域用水需求。

第三十四条　国家加强长江流域饮用水水源地保护。国务院水行政主管部门会同国务院有关部门制定长江流域饮用水水源地名录。长江流域省级人民政府水行政主管部门会同本级人民政府有关部门制定本行政区域的其他饮用水水源地名录。

长江流域省级人民政府组织划定饮用水水源保护区，加强饮用水水源保护，保障饮用水安全。

第三十五条　长江流域县级以上地方人民政府及其有关部门应当合理布局饮用水水源取水口，制定饮用水安全突发事件应急预案，加强饮用水备用应急水源建设，对饮用水水源的水环境质量进行实时监测。

第三十六条　丹江口库区及其上游所在地县级以上地方人民政府应当按照饮用水水源地安全保障区、水质影响控制区、水源涵养生态建设区管理要求，加强山水林田湖草整体保护，增强水源涵养能力，保障水质稳定达标。

第三十七条　国家加强长江流域地下水资源保护。长江流域县级以上地方人民政府及其有关部门应当定期调查评估地下水资源状况，监测地下水水量、水位、水环境质量，并采取相应风险防范措施，保障地下水资源安全。

第三十八条　国务院水行政主管部门会同国务院有关部门确定长江流域农业、工业用水效率目标，加强用水计量和监测设施建设；完善规划和建设项目水资源论证制度；加强对高耗水行业、重点用水单位的用水定额管理，严格控制高耗水项目建设。

第三十九条　国家统筹长江流域自然保护地体系建设。国务院和长江流域省级人民政府在长江流域重要典型生态系统的完整分布区、生态环境敏感区以及珍贵野生动植物天然集中分布区和重要栖息地、重要自然遗迹分布区等区域，依法设立国家公园、自然保护区、自然公园等自然保护地。

第四十条　国务院和长江流域省级人民政府应当依法在长江流域重要生态区、生态状况脆弱区划定公益林，实施严格管理。国家对长江流域天然林实施严格保护，科学划定天然林保护重点区域。

长江流域县级以上地方人民政府应当加强对长江流域草原资源的保护，对具有调节气候、涵养水源、保持水土、防风固沙等特殊作用的基本草原实施严格管理。

国务院林业和草原主管部门和长江流域省级人民政府林业和草原主管部门会同本级人民政府有关部门，根据不同生态区位、生态系统功能和生物多样性保护的需要，发布长江流域国家重要湿地、地方重要湿地名录及保护范围，加强对长江流域湿地的保护和管理，维护湿地生态功能和生物多样性。

第四十一条　国务院农业农村主管部门会同国务院有关部门和长江流域省级人民政府建立长江流域水生生物完整性指数评价体系，组织开展长江流域水生生物完整性评价，并将结果作为评估长江流域生态系统总体状况的重要依据。长江流域水生生物完整性指数应当与长江流域水环境质量标准相衔接。

第四十二条　国务院农业农村主管部门和长江流域县级以上地方人民政府应当制定长江流域珍贵、濒危水生野生动植物保护计划，对长江流域珍贵、濒危水生野生动植物实行重点保护。

国家鼓励有条件的单位开展对长江流域江豚、白鱀豚、白鲟、中华鲟、长江鲟、鯮、鲥、四川白甲鱼、川陕哲罗鲑、胭脂鱼、鳤、圆口铜鱼、多鳞白甲鱼、华鲮、鲈鲤和葛仙米、弧形藻、眼子菜、水菜花等水生野生动植物生境特征和种群动态的研究，建设人工繁育和科普教育基地，组织开展水生生物救护。

禁止在长江流域开放水域养殖、投放外来物种或者其他非本地物种种质资源。

第四章　水污染防治

第四十三条　国务院生态环境主管部门和长江流域地方各级人民政府应当采取有效措施，加大对长江流域的水污染防治、监管力度，预防、控制和减少水环境污染。

第四十四条　国务院生态环境主管部门负责制定长江流域水环境质量标准，对国家水环境质量标准中未作规定的项目可以补充规定；对国家水环境质量标准中已经规定的项目，可以作出更加严格的规定。制定长江流域水环境质量标准应当征求国务院有关部门和有关省级人民政府的意见。长江流域省级人民政府可以制定严于长江流域水环境质量标准的地方水环境质量标准，报国务院生态环境主管部门备案。

第四十五条　长江流域省级人民政府应当对没有国家水污染物排放标准的特色产业、特有污染物，或者国家有明确要求的特定水污染源或者水污染物，补充制定地方水污染物排放标准，报国务院生态环境主管部门备案。

有下列情形之一的，长江流域省级人民政府应当制定严于国家水污染物排放标准的地方水污染物排放标准，报国务院生态环境主管部门备案：

（一）产业密集、水环境问题突出的；

（二）现有水污染物排放标准不能满足所辖长江流域水环境质量要求的；

（三）流域或者区域水环境形势复杂，无法适用统一的水污染物排放标准的。

第四十六条　长江流域省级人民政府制定本行政区域的总磷污染控制方案，并组织实施。对磷矿、磷肥生产集中的长江干支流，有关省级人民政府应当制定更加严格的总磷排放管控要求，有效控制总磷排放总量。

磷矿开采加工、磷肥和含磷农药制造等企业，应当按照排污许可要求，采取有效措施控制总磷排放浓度和排放总量；对排污口和周边环境进行总磷监测，依法公开监测信息。

第四十七条　长江流域县级以上地方人民政府应当统筹长江流域城乡污水集中处理设施及配套管网建设，并保障其正常运行，提高城乡污水收集处理能力。

长江流域县级以上地方人民政府应当组织对本行政区域的江河、湖泊排污口开展排查整治，明确责任主体，实施分类管理。

在长江流域江河、湖泊新设、改设或者扩大排污口，应当按照国家有关规定报经有管辖权的生态环境主管部门或者长江流域生态环境监督管理机构同意。对未达到水质目标的水功能区，除污水集中处理设施排污口外，应当严格控制新设、改设或者扩大排污口。

第四十八条　国家加强长江流域农业面源污染防治。长江流域农业生产应当科学使用农业投入品，减少化肥、农药施用，推广有机肥使用，科学处置农用薄膜、农作物秸秆等农业废弃物。

第四十九条　禁止在长江流域河湖管理范围内倾倒、填埋、堆放、弃置、处理固体废物。长江流域县级以上地方人民政府应当加强对固体废物非法转移和倾倒的联防联控。

第五十条　长江流域县级以上地方人民政府应当组织对沿河湖垃圾填埋场、加油站、矿山、尾矿库、危险废物处置场、化工园区和化工项目等地下水重点污染源及周边地下水环境风险隐患开展调查评估，并采取相应风险防范和整治措施。

第五十一条　国家建立长江流域危险货物运输船舶污染责任保险与财务担保相结合机制。具体办法由国务院交通运输主管部门会同国务院有关部门制定。

禁止在长江流域水上运输剧毒化学品和国家规定禁止通过内河运输的其他危险化学品。长江流域县级以上地方人民政府交通运输主管部门会同本级人民政府有关部门加强对长江流域危险化学品运输的管控。

第五章　生态环境修复

第五十二条　国家对长江流域生态系统实行自然恢复为主、自然恢复与人工修复相结合的系统治理。国务院自然资源主管部门会同国务院有关部门编制长江流域生态环境修复规划，组织实施重大生态环境修复工程，统筹推进长江流域各项生态环境修复工作。

第五十三条　国家对长江流域重点水域实行严格捕捞管理。在长江流域水生生物保护区全面禁止生产性捕捞；在国家规定的期限内，长江干流和重要支流、大型通江湖泊、长江河口规定区域等重点水域全面禁止天然渔业资源的生产性捕捞。具体办法由国务院农业农村主管部门会同国务院有关部门制定。

国务院农业农村主管部门会同国务院有关部门和长江流域省级人民政府加强长江流域禁捕执法工作，严厉查处电鱼、毒鱼、炸鱼等破坏渔业资源和生态环境的捕捞行为。

长江流域县级以上地方人民政府应当按照国家有关规定做好长江流域重点水域退捕渔民的补偿、转产和社会保障工作。

长江流域其他水域禁捕、限捕管理办法由县级以上地方人民政府制定。

第五十四条　国务院水行政主管部门会同国务院有关部门制定并组织实施长江干流和重要支流的河湖水系连通修复方案，长江流域省级人民政府制定并组织实施本行政区域的长江流域河湖水系连通修复方案，逐步改善长江流域河湖连通状况，恢复河湖生态流量，维护河湖水系生态功能。

第五十五条　国家长江流域协调机制统筹协调国务院自然资源、水行政、生态环境、住房和城乡建设、农业农村、交通运输、林业和草原等部门和长江流域省级人民政府制定长江流域河湖岸线修复规范，确定岸线修复指标。

长江流域县级以上地方人民政府按照长江流域河湖岸线保护规划、修复规范和指标要求，制定并组织实施河湖岸线修复计划，保障自然岸线比例，恢复河湖岸线生态功能。

禁止违法利用、占用长江流域河湖岸线。

第五十六条　国务院有关部门会同长江流域有关省级人民政府加强对三峡库区、丹江口库区等重点库区消落区的生态环境保护和修复，因地制宜实施退耕还林还草还湿，禁止施用化肥、农药，科学调控水库水位，加强库区水土保持和地质灾害防治工作，保障消落区良好生态功能。

第五十七条　长江流域县级以上地方人民政府林业和草原主管部门负责组织实施长江流域森林、草原、湿地修复计划，科学推进森林、草原、湿地修复工作，加大退化天然林、草原和受损湿地修复力度。

第五十八条　国家加大对太湖、鄱阳湖、洞庭湖、巢湖、滇池等重点湖泊实施生态环境修复的支持力度。

长江流域县级以上地方人民政府应当组织开展富营养化湖泊的生态环境修复，采取调整产业布局规模、实施控制性水工程统一调度、生态补水、河湖连通等综合措施，改善和恢复湖泊生态系统的质量和功能；对氮磷浓度严重超标的湖泊，应当在影响湖泊水质的汇水区，采取措施削减化肥用量，禁止使用含磷洗涤剂，全面清理投饵、投肥养殖。

第五十九条　国务院林业和草原、农业农村主管部门应当对长江流域数量急剧下降或者极度濒危的野生动植物和受到严重破坏的栖息地、天然集中分布区、破碎化的典型生态系统制定修复方案和行动计划，修建迁地保护设施，建立野生动植物遗传资源基因库，进行抢救性修复。

在长江流域水生生物产卵场、索饵场、越冬场和洄游通道等重要栖息地应当实施生态环境修复和其他保护措施。对鱼类等水生生物洄游产生阻隔的涉水工程应当结合实际采取建设过鱼设施、河湖连通、生态调度、灌江纳苗、基因保存、增殖放流、人工繁育等多种措施，充分满足水生生物的生态需求。

第六十条　国务院水行政主管部门会同国务院有关部门和长江河口所在地人民政府按照陆海统筹、河海联动的要求，制定实施长江河口生态环境修复和其他保护措施方案，加强对水、沙、盐、潮滩、生物种群的综合监测，采取有效措施防止海水入侵和倒灌，维护长江河口良好生态功能。

第六十一条　长江流域水土流失重点预防区和重点治理区的县级以上地方人民政府应当采取措施，防治水土流失。生态保护红线范围内的水土流失地块，以自然恢复为主，按照规定有计划地实施退耕还林还草还湿；划入自然保护地核心保护区的永久基本农田，依法有序退出并予以补划。

禁止在长江流域水土流失严重、生态脆弱的区域开展可能造成水土流失的生产建设活动。确因国家发展战略和国计民生需要建设的，应当经科学论证，并依法办理审批手续。

长江流域县级以上地方人民政府应当对石漠化的土地因地制宜采取综合治理措施，修复生态系统，防止土地石漠化蔓延。

第六十二条　长江流域县级以上地方人民政府应当因地制宜采取消除地质灾害隐患、土地复垦、恢复植被、防治污染等措施，加快历史遗留矿山生态环境修复工作，并加强对在建和运行中矿山的监督管理，督促采矿权人切实履行矿山污染防治和生态环境修复责任。

第六十三条　长江流域中下游地区县级以上地方人民政府应当因地制宜在项目、资金、人才、管理等方面，对长江流域江河源头和上游地区实施生态环境修复和其他保护措施给予支持，提升长江流域生态脆弱区实施生态环境修复和其他保护措施的能力。

国家按照政策支持、企业和社会参与、市场化运作的原则，鼓励社会资本投入长江流域生态环境修复。

第六章　绿　色　发　展

第六十四条　国务院有关部门和长江流域地方各级人民政府应当按照长江流域发展规划、国土空间规划的要求，调整产业结构，优化产业布局，推进长江流域绿色发展。

第六十五条　国务院和长江流域地方各级人民政府及其有关部门应当协同推进乡村振兴战略和新型城镇化战略的实施，统筹城乡基础设施建设和产业发展，建立健全全民覆盖、普惠共享、城乡一体的基本公共服务体系，促进长江流域城乡融合发展。

第六十六条　长江流域县级以上地方人民政府应当推动钢铁、石油、化工、有色金属、建材、船舶等产业升级改造，提升技术装备水平；推动造纸、制革、电镀、印染、有色金属、农药、氮肥、焦化、原料药制造等企业实施清洁化改造。企业应当通过技术创新减少资源消耗和污染物排放。

长江流域县级以上地方人民政府应当采取措施加快重点地区危险化学品生产企业搬迁改造。

第六十七条　国务院有关部门会同长江流域省级人民政府建立开发区绿色发展评估机制，并组织对各类开发区的资源能源节约集约利用、生态环境保护等情况开展定期评估。

长江流域县级以上地方人民政府应当根据评估结果对开发区产业产品、节能减排等措施进行优化调整。

第六十八条 国家鼓励和支持在长江流域实施重点行业和重点用水单位节水技术改造，提高水资源利用效率。

长江流域县级以上地方人民政府应当加强节水型城市和节水型园区建设，促进节水型行业产业和企业发展，并加快建设雨水自然积存、自然渗透、自然净化的海绵城市。

第六十九条 长江流域县级以上地方人民政府应当按照绿色发展的要求，统筹规划、建设与管理，提升城乡人居环境质量，建设美丽城镇和美丽乡村。

长江流域县级以上地方人民政府应当按照生态、环保、经济、实用的原则因地制宜组织实施厕所改造。

国务院有关部门和长江流域县级以上地方人民政府及其有关部门应当加强对城市新区、各类开发区等使用建筑材料的管理，鼓励使用节能环保、性能高的建筑材料，建设地下综合管廊和管网。

长江流域县级以上地方人民政府应当建设废弃土石渣综合利用信息平台，加强对生产建设活动废弃土石渣收集、清运、集中堆放的管理，鼓励开展综合利用。

第七十条 长江流域县级以上地方人民政府应当编制并组织实施养殖水域滩涂规划，合理划定禁养区、限养区、养殖区，科学确定养殖规模和养殖密度；强化水产养殖投入品管理，指导和规范水产养殖、增殖活动。

第七十一条 国家加强长江流域综合立体交通体系建设，完善港口、航道等水运基础设施，推动交通设施互联互通，实现水陆有机衔接、江海直达联运，提升长江黄金水道功能。

第七十二条 长江流域县级以上地方人民政府应当统筹建设船舶污染物接收转运处置设施、船舶液化天然气加注站，制定港口岸电设施、船舶受电设施建设和改造计划，并组织实施。具备岸电使用条件的船舶靠港应当按照国家有关规定使用岸电，但使用清洁能源的除外。

第七十三条 国务院和长江流域县级以上地方人民政府对长江流域港口、航道和船舶升级改造，液化天然气动力船舶等清洁能源或者新能源动力船舶建造，港口绿色设计等按照规定给予资金支持或者政策扶持。

国务院和长江流域县级以上地方人民政府对长江流域港口岸电设施、船舶受电设施的改造和使用按照规定给予资金补贴、电价优惠等政策扶持。

第七十四条 长江流域地方各级人民政府加强对城乡居民绿色消费的宣传教育，并采取有效措施，支持、引导居民绿色消费。

长江流域地方各级人民政府按照系统推进、广泛参与、突出重点、分类施策的原则，采取回收押金、限制使用易污染不易降解塑料用品、绿色设计、发展公共交通等措施，提倡简约适度、绿色低碳的生活方式。

第七章 保障与监督

第七十五条 国务院和长江流域县级以上地方人民政府应当加大长江流域生态环境保护和修复的财政投入。

国务院和长江流域省级人民政府按照中央与地方财政事权和支出责任划分原则，专项安排长江流域生态环境保护资金，用于长江流域生态环境保护和修复。国务院自然资源主管部门会同国务院财政、生态环境等有关部门制定合理利用社会资金促进长江流域生态环境修复的政策措施。

国家鼓励和支持长江流域生态环境保护和修复等方面的科学技术研究开发和推广应用。

国家鼓励金融机构发展绿色信贷、绿色债券、绿色保险等金融产品，为长江流域生态环境保护和绿色发展提供金融支持。

第七十六条　国家建立长江流域生态保护补偿制度。

国家加大财政转移支付力度，对长江干流及重要支流源头和上游的水源涵养地等生态功能重要区域予以补偿。具体办法由国务院财政部门会同国务院有关部门制定。

国家鼓励长江流域上下游、左右岸、干支流地方人民政府之间开展横向生态保护补偿。

国家鼓励社会资金建立市场化运作的长江流域生态保护补偿基金；鼓励相关主体之间采取自愿协商等方式开展生态保护补偿。

第七十七条　国家加强长江流域司法保障建设，鼓励有关单位为长江流域生态环境保护提供法律服务。

长江流域各级行政执法机关、人民法院、人民检察院在依法查处长江保护违法行为或者办理相关案件过程中，发现存在涉嫌犯罪行为的，应当将犯罪线索移送具有侦查、调查职权的机关。

第七十八条　国家实行长江流域生态环境保护责任制和考核评价制度。上级人民政府应当对下级人民政府生态环境保护和修复目标完成情况等进行考核。

第七十九条　国务院有关部门和长江流域县级以上地方人民政府有关部门应当依照本法规定和职责分工，对长江流域各类保护、开发、建设活动进行监督检查，依法查处破坏长江流域自然资源、污染长江流域环境、损害长江流域生态系统等违法行为。

公民、法人和非法人组织有权依法获取长江流域生态环境保护相关信息，举报和控告破坏长江流域自然资源、污染长江流域环境、损害长江流域生态系统等违法行为。

国务院有关部门和长江流域地方各级人民政府及其有关部门应当依法公开长江流域生态环境保护相关信息，完善公众参与程序，为公民、法人和非法人组织参与和监督长江流域生态环境保护提供便利。

第八十条　国务院有关部门和长江流域地方各级人民政府及其有关部门对长江流域跨行政区域、生态敏感区域和生态环境违法案件高发区域以及重大违法案件，依法开展联合执法。

第八十一条　国务院有关部门和长江流域省级人民政府对长江保护工作不力、问题突出、群众反映集中的地区，可以约谈所在地区县级以上地方人民政府及其有关部门主要负责人，要求其采取措施及时整改。

第八十二条　国务院应当定期向全国人民代表大会常务委员会报告长江流域生态环境状况及保护和修复工作等情况。

长江流域县级以上地方人民政府应当定期向本级人民代表大会或者其常务委员会报

告本级人民政府长江流域生态环境保护和修复工作等情况。

第八章　法　律　责　任

第八十三条　国务院有关部门和长江流域地方各级人民政府及其有关部门违反本法规定，有下列行为之一的，对直接负责的主管人员和其他直接责任人员依法给予警告、记过、记大过或者降级处分；造成严重后果的，给予撤职或者开除处分，其主要负责人应当引咎辞职：

（一）不符合行政许可条件准予行政许可的；

（二）依法应当作出责令停业、关闭等决定而未作出的；

（三）发现违法行为或者接到举报不依法查处的；

（四）有其他玩忽职守、滥用职权、徇私舞弊行为的。

第八十四条　违反本法规定，有下列行为之一的，由有关主管部门按照职责分工，责令停止违法行为，给予警告，并处一万元以上十万元以下罚款；情节严重的，并处十万元以上五十万元以下罚款：

（一）船舶在禁止航行区域内航行的；

（二）经同意在水生生物重要栖息地禁止航行区域内航行，未采取必要措施减少对重要水生生物干扰的；

（三）水利水电、航运枢纽等工程未将生态用水调度纳入日常运行调度规程的；

（四）具备岸电使用条件的船舶未按照国家有关规定使用岸电的。

第八十五条　违反本法规定，在长江流域开放水域养殖、投放外来物种或者其他非本地物种种质资源的，由县级以上人民政府农业农村主管部门责令限期捕回，处十万元以下罚款；造成严重后果的，处十万元以上一百万元以下罚款；逾期不捕回的，由有关人民政府农业农村主管部门代为捕回或者采取降低负面影响的措施，所需费用由违法者承担。

第八十六条　违反本法规定，在长江流域水生生物保护区内从事生产性捕捞，或者在长江干流和重要支流、大型通江湖泊、长江河口规定区域等重点水域禁捕期间从事天然渔业资源的生产性捕捞的，由县级以上人民政府农业农村主管部门没收渔获物、违法所得以及用于违法活动的渔船、渔具和其他工具，并处一万元以上五万元以下罚款；采取电鱼、毒鱼、炸鱼等方式捕捞，或者有其他严重情节的，并处五万元以上五十万元以下罚款。

收购、加工、销售前款规定的渔获物的，由县级以上人民政府农业农村、市场监督管理等部门按照职责分工，没收渔获物及其制品和违法所得，并处货值金额十倍以上二十倍以下罚款；情节严重的，吊销相关生产经营许可证或者责令关闭。

第八十七条　违反本法规定，非法侵占长江流域河湖水域，或者违法利用、占用河湖岸线的，由县级以上人民政府水行政、自然资源等主管部门按照职责分工，责令停止违法行为，限期拆除并恢复原状，所需费用由违法者承担，没收违法所得，并处五万元以上五十万元以下罚款。

第八十八条　违反本法规定，有下列行为之一的，由县级以上人民政府生态环境、自然资源等主管部门按照职责分工，责令停止违法行为，限期拆除并恢复原状，所需费用由违法者承担，没收违法所得，并处五十万元以上五百万元以下罚款，对直接负责的主管人员和其他直接责任人员处五万元以上十万元以下罚款；情节严重的，报经有批准权的人民政府批准，责令关闭：

（一）在长江干支流岸线一公里范围内新建、扩建化工园区和化工项目的；

（二）在长江干流岸线三公里范围内和重要支流岸线一公里范围内新建、改建、扩建尾矿库的；

（三）违反生态环境准入清单的规定进行生产建设活动的。

第八十九条　长江流域磷矿开采加工、磷肥和含磷农药制造等企业违反本法规定，超过排放标准或者总量控制指标排放含磷水污染物的，由县级以上人民政府生态环境主管部门责令停止违法行为，并处二十万元以上二百万元以下罚款，对直接负责的主管人员和其他直接责任人员处五万元以上十万元以下罚款；情节严重的，责令停产整顿，或者报经有批准权的人民政府批准，责令关闭。

第九十条　违反本法规定，在长江流域水上运输剧毒化学品和国家规定禁止通过内河运输的其他危险化学品的，由县级以上人民政府交通运输主管部门或者海事管理机构责令改正，没收违法所得，并处二十万元以上二百万元以下罚款，对直接负责的主管人员和其他直接责任人员处五万元以上十万元以下罚款；情节严重的，责令停业整顿，或者吊销相关许可证。

第九十一条　违反本法规定，在长江流域未依法取得许可从事采砂活动，或者在禁止采砂区和禁止采砂期从事采砂活动的，由国务院水行政主管部门有关流域管理机构或者县级以上地方人民政府水行政主管部门责令停止违法行为，没收违法所得以及用于违法活动的船舶、设备、工具，并处货值金额二倍以上二十倍以下罚款；货值金额不足十万元的，并处二十万元以上二百万元以下罚款；已经取得河道采砂许可证的，吊销河道采砂许可证。

第九十二条　对破坏长江流域自然资源、污染长江流域环境、损害长江流域生态系统等违法行为，本法未作行政处罚规定的，适用有关法律、行政法规的规定。

第九十三条　因污染长江流域环境、破坏长江流域生态造成他人损害的，侵权人应当承担侵权责任。

违反国家规定造成长江流域生态环境损害的，国家规定的机关或者法律规定的组织有权请求侵权人承担修复责任、赔偿损失和有关费用。

第九十四条　违反本法规定，构成犯罪的，依法追究刑事责任。

第九章　附　　则

第九十五条　本法下列用语的含义：

（一）本法所称长江干流，是指长江源头至长江河口，流经青海省、四川省、西藏自治区、云南省、重庆市、湖北省、湖南省、江西省、安徽省、江苏省、上海市的长江主河段；

（二）本法所称长江支流，是指直接或者间接流入长江干流的河流，支流可以分为一级支流、二级支流等；

（三）本法所称长江重要支流，是指流域面积一万平方公里以上的支流，其中流域面积八万平方公里以上的一级支流包括雅砻江、岷江、嘉陵江、乌江、湘江、沅江、汉江和赣江等。

第九十六条　本法自2021年3月1日起施行。

第二节　贵州省河道条例

国家全面推行河湖长制后，河湖长制工作体制机制需要通过立法加以规范，我省经济社会加快发展，大量新建人工湖泊、水库库区、水电站相继建成投入使用。《贵州省河道条例》的实施，对我省河道管理，对河湖长制工作予以法制化，规定各级河湖长是落实河湖长制的第一责任人。该条例共有六章五十二条。

第一章　总　　则

第一条　为了加强河道保护与管理，保障防洪安全，防止水质污染，促进生态文明建设，根据《中华人民共和国水法》《中华人民共和国河道管理条例》和有关法律、法规的规定，结合本省实际，制定本条例。

第二条　本条例适用于本省行政区域内河道（包括河流、湖泊、岩溶暗河、水库库区、人工水道）的保护、管理等相关活动。

第三条　河道管理坚持生态优先、绿色发展、强化规划、注重保护、合理利用的原则，有效保护河道资源与环境，维护生态功能。

第四条　县级以上人民政府应当加强对河道保护与管理工作的领导，将河道保护与管理纳入国民经济和社会发展规划，河道保护与管理有关公共事项所需经费列入同级财政预算。

省人民政府应当建立河道生态保护补偿机制。

第五条　县级以上人民政府应当建立河（湖）长制工作机制，落实河道保护与管理主体责任，建立健全综合治理长效机制，推进水资源和水域岸线保护、水污染防治、水环境治理、水生态修复，维护河道自然生态，提升河道综合功能。

第六条　县级以上人民政府水行政主管部门负责本行政区域内河道的保护与管理工作。河道管理单位承担所管理河道的保护与管理的日常工作。

县级以上人民政府发展改革、公安、财政、自然资源、生态环境、住房城乡建设、交通运输、农业农村、应急、林业、综合执法等有关部门按照各自职责做好河道保护与管理工作。

第七条　对在河道保护和管理方面成绩显著的单位和个人，按照国家和省有关规定给予表彰奖励。

第二章　规划和整治

第八条　县级以上人民政府水行政主管部门应当会同有关部门根据需要编制河道相关专业规划，报本级人民政府批准后实施。

河道相关专业规划包括岸线管理与利用、水域保护、河道整治、清淤疏浚等规划。

经批准的河道相关专业规划需要修改时，应当按照规划编制程序报原批准机关批准。

第九条　河道相关专业规划应当服从流域综合规划、区域综合规划，并与航道、渔业、湿地等规划相衔接，应当统筹上下游、左右岸、干支流，综合考虑地区水资源条件、环境承载能力、防洪要求和生态环境保护及修复。

第十条　河道的整治应当符合河道相关专业规划，维护堤防安全，保持河势稳定和行洪、航运的通畅。

县级以上人民政府应当对非法排污、设障、捕捞、养殖、采砂、采矿、围垦、侵占水域岸线等活动进行清理整治。

县级以上人民政府交通运输行政主管部门进行航道整治，应当符合防洪安全要求，并事先征求同级人民政府水行政主管部门对有关设计和计划的意见。

县级以上人民政府水行政主管部门进行河道整治，涉及航道的，应当兼顾航运的需要，并事先征求同级人民政府交通运输行政主管部门对有关设计和计划的意见。

在重要的渔业水域进行河道、航道整治，建设单位应当兼顾渔业发展的需要，并事先征求同级渔业主管部门对有关设计和计划的意见。

第十一条　城乡建设和发展不得占用河道滩地。城乡规划的临河界限，由县级人民政府水行政主管部门会同城乡规划等有关部门确定。城乡规划主管部门在编制和审查沿河城乡规划时应当按照河道管理权限事先征求县级人民政府水行政主管部门的意见。

第十二条　县级以上人民政府水行政主管部门应当对河道淤积情况进行监测，并根据监测情况制定整治疏浚计划，报经本级人民政府批准后实施。

整治疏浚计划应当明确整治的范围和方式、责任主体、资金来源、淤积物处理等事项。

第十三条　修建桥梁、码头、道路和取水、排水等设施，应当按照河道专业规划及国家规定的防洪标准和技术要求进行，不得缩窄行洪通道。

桥梁和栈桥等建筑物的梁底应当高于防洪规划确定的设计洪水位，并按照防洪和航运的要求留有一定的安全高度。

跨越河道的管道、线路的净空高度应当符合防洪和航运的要求。

第十四条　修建开发水利、防治水害、整治河道的各类工程和跨河、穿河、穿堤、临河的桥梁、码头、道路、渡口、管道、缆线等建筑物及设施，建设单位应当按照河道管理权限，将工程建设方案报送县级以上人民政府水行政主管部门审查同意。未经审查同意的，建设单位不得开工建设。

涉河建设项目施工时，应当按照批准的洪水影响评价报告确定的位置和界限实施。县级人民政府水行政主管部门应当对项目实施进行监督检查。

涉河建设项目竣工验收应当有项目所在地县级人民政府水行政主管部门参加。

第十五条　从事经批准的涉河项目建设，应当按照工程建设方案进行，不得妨碍河道防洪度汛安全，禁止擅自修筑临时围堰、开挖堤坝、管道穿越堤坝、修建阻水便道便桥等。

涉河项目建设单位应当编制施工度汛方案，承担施工范围内河道的防汛安全责任。因施工需要建设的相关临时设施，建设单位应当在施工结束或者使用期限届满前予以拆除，恢复河道原状。

因工程建设对河道工程及配套设施造成损害的，建设单位应当及时组织修复。造成河道淤积的，应当及时组织清淤。

第十六条　未经有关各方达成协议或者其共同的上级水行政主管部门批准，禁止单方面在界河及跨行政区域的河道修建排水、阻水、引水、蓄水等水工程以及河道整治工程。

第三章　保护与管理

第十七条　河道保护与管理实行统一管理与分级负责、流域管理与行政区域管理相结合的原则。

第十八条　县级以上人民政府应当建立河道保护管理执法联动机制，建立日常监管巡查制度，实行动态监管。

第十九条　河道的监督管理实行分级负责制：

（一）省人民政府水行政主管部门负责长江流域的乌江、三岔河、六冲河、清水河、芙蓉江、赤水河、清水江、㵲阳河的干流，珠江流域的黄泥河、南盘江、北盘江、红水河、蒙江、都柳江的干流；

（二）市、州人民政府水行政主管部门负责本行政区域内本条第一项规定以外跨县、市、区、特区河道的干流，贵安新区负责本行政区域内的河道；

（三）县级人民政府水行政主管部门负责本条第一项、第二项规定以外的本行政区域内河道。

跨行政区域的河道监督管理由其共同的上一级人民政府水行政主管部门负责，也可以委托下级人民政府水行政主管部门负责。

第二十条　河道日常保护与管理实行属地负责制，由河道所在地县级人民政府水行政主管部门或者河道管理单位负责。

乡镇人民政府、街道办事处（社区服务管理机构）应当加强日常巡查，制止违法行为，协助做好河道清淤疏浚及堤防、护岸维修养护等工作。

鼓励村民委员会、居民委员会制定村规民约或者居民公约，引导村民、居民维护河道整洁，协助做好河道清淤疏浚及堤防、护岸的保洁工作。

鼓励公民、法人和其他组织参与河道保护与管理工作。

第二十一条　县级以上人民政府应当组织开展河道的确权划界工作，依法对本行政区域内的河道划定管理范围，根据需要划定护堤地范围和护岸地范围，设置界桩、界牌，并向社会公布。

河道管理范围内属于国家所有的土地，应当依法办理不动产登记手续，由河道管理单位负责管理。

第二十二条　河道管理范围的划定：

（一）有堤防或者护岸的，以堤防外坡脚线、护岸控导工程外沿线确定，包括两岸堤防或者护岸之间的水域、整治工程、沙洲、滩地（含可耕地）、行洪区等；

（二）无堤防的，有防洪规划的按照设计洪水位确定；无防洪规划的按照国家防洪标准规定确定；

（三）水库库区河段，已征地的按照水库征地退赔线确定，未征地的按照水库校核洪水位确定。

第二十三条　护堤地范围按照下列规定划定：

（一）1万亩以上农田的新建堤防，应当划定1至5米的护堤地；

（二）1万亩以下农田的新建堤防或者现有堤防尚未划定护堤地的，由县级以上人民政府根据实际情况划定。

第二十四条　重要工矿企业及城镇的护岸，可以划定护岸地。护岸地范围自护岸控导工程外沿线延伸不超过10米。

第二十五条　县级人民政府水行政主管部门应当根据公布的河道管理范围在适当位置设置公告牌。公告牌应当载明河道名称、管理责任人、河道管理范围以及河道管理范围内禁止和限制的行为等事项。

任何单位和个人不得擅自移动、损毁、掩盖界桩、界牌和公告牌。

第二十六条　河道堤防工程实行专业化管理与社会化管理相结合的管理体制，并按照水系实行统一管理和按照行政区划实行分级管理，可以通过政府购买服务方式进行管理。

第二十七条　在河道管理范围内开展水上旅游、水上运动等活动，应当符合河道水域保护规划，不得影响河道防洪安全、行洪安全、工程安全和公共安全，不得污染河道水体。

第二十八条　在河道管理范围内，禁止下列行为：

（一）建设妨碍行洪的建筑物、构筑物；

（二）修建围堤、阻水渠道、阻水道路；

（三）种植高秆农作物、芦苇、杞柳、荻柴和树木（堤防防护林除外）；

（四）设置拦河渔具；

（五）弃置矿渣、石渣、煤灰、泥土等，倾倒垃圾、渣土；

（六）在山区河道有山体滑坡、崩岸、泥石流等自然灾害或者灾害隐患的河段进行开山采石、采矿、开荒等活动；

（七）堆放、倾倒、掩埋、排放污染水体的物体以及在河道内清洗装贮过油类或者有毒污染物的车辆、容器；

（八）利用船舶、船坞等水上设施占用河道水域从事餐饮、娱乐等经营活动；

（九）向岩溶暗河出入口、消水洞、洼地倾倒垃圾、渣土、矿渣、固体废物和排放污水等；

（十）法律、法规规定的其他行为。

第二十九条　在河道管理范围内进行下列活动，应当报经县级人民政府水行政主管部门批准；涉及其他部门的，由县级人民政府水行政主管部门会同有关部门批准：

（一）取土、淘金；

（二）爆破、钻探、挖筑鱼塘；

（三）在河道滩地存放物料、修建厂房或者其他建筑设施；

（四）在河道滩地开采地下资源及进行考古发掘。

第三十条　禁止损毁堤防、护岸、闸坝等水工程建筑物，禁止损毁防汛设施、水文和气象监测设施、河岸地质监测设施以及通信照明等设施。

禁止非管理人员操作河道上的涵闸闸门，禁止任何组织和个人干扰河道管理单位的正常工作。

因降雨雪等造成河道堤顶泥泞期间，禁止车辆通行，但防汛抢险、公共突发事件处置等特殊情况除外。

第三十一条　涵、闸、泵站、水库、水电站应当设立安全警戒区，安全警戒区由其主管部门在工程管理范围内划定，管理单位应当设立标志。

禁止在涵、闸、泵站、水库、水电站安全警戒区内捕（钓）鱼、停泊船舶、建设水上设施。

第三十二条　在河湖管理范围、划定的护堤地和护岸地内，建设工程项目占用水域、水利设施的，或者对原有河湖工程设施、水域有不利影响的，应当建设等效替代工程等补救措施。无法建设等效替代工程等补救措施的，应当进行补偿。

第三十三条　河道管理范围内下列阻水障碍物或者工程设施，由水行政主管部门提出清障计划和实施方案，报县级以上人民政府责令设障者限期清除；逾期不清除的，由县级以上人民政府组织强行清除，所需费用由设障者承担：

（一）严重壅水、阻水危及安全泄洪的桥梁、引道、码头、栈桥、泵房、渡口和其他跨河工程设施；

（二）围堤、围墙、房屋；

（三）弃置的矿渣、砂石、煤渣、泥土、垃圾等；

（四）堆放的影响行洪的物料及设置的拦河渔具；

（五）行洪通道内的高秆植物；

（六）其他损害河道功能和影响河道安全的障碍物。

第三十四条　县级人民政府水行政主管部门应当会同自然资源行政主管等部门做好河道砂石资源的调查，编制河道采砂规划，经有管理权限的人民政府水行政主管部门批准并公告后实施。规划采砂的河道属于航道的，还应当征求交通运输行政主管部门的意见。

采砂规划涉及上下游、左右岸边界河段的，由相关的人民政府水行政主管部门协商划定采砂河段，报共同的上一级人民政府水行政主管部门备案。协商不成的，由共同的上一级人民政府水行政主管部门划定。

采砂规划应当明确禁止开采、限制开采、可以开采的区域和可以开采的数量、期限。

第三十五条　在河道管理范围内采砂的单位或者个人，应当经县级以上人民政府水行政主管部门批准，并依法办理河道采砂许可证，禁止无证采砂。

河道砂石开采权，应当按照规定采取招标等公开、公平方式出让。河道砂石开采权出让方案由采砂河段所在地县级人民政府水行政主管部门会同自然资源行政主管部门制定。

获得砂石开采权的单位和个人，应当按照经批准的范围和作业方式进行开采。

第三十六条　从事河道采砂的单位或者个人应当在采砂作业场所设立公示牌，载明采砂范围、期限、作业方式、作业时间等，并设置警示标志。

从事河道采砂的单位或者个人应当按照规定的要求进行采砂作业，加强生产安全管理，服从防洪调度，保证行洪安全。河道采砂作业不得影响水工程安全和航运安全。

第三十七条　河道岸线的开发、利用和建设，应当按照批准的相关规划进行，禁止侵占河道。河道管理范围内土地的使用不得损害河道功能或者影响河道安全。保障河岸湿地不被破坏。

第四章　河（湖）长制

第三十八条　河道应当按照行政区域分级分段设立河（湖）长，名单应当向社会公布。

第三十九条　各级河（湖）长是落实河（湖）长制的第一责任人，负责组织实施一河（湖）一策方案，协调解决河湖管理保护工作中的重大问题，推动建立区域间、部门间协调机制，组织对下级河（湖）长和有关责任部门进行督促检查、绩效考核。

第四十条　河（湖）长制工作部门应当做好组织、协调、分办、督办工作，落实河（湖）长确定的事项。

省级河（湖）长制工作部门应当建立全省河（湖）大数据管理信息系统，提高管理保护信息化水平，发布管理保护信息，接受社会监督。

市州、县级河（湖）长制工作部门按照权限做好本行政区域内河道水系、水域状况、开发利用等情况调查工作，报送管理数据信息，开展监督考核等工作，做好大数据信息平台管理。

第四十一条　县级以上人民政府应当建立河（湖）长制考核评价制度，畅通公众参与渠道，并聘请有关专业组织、社会公众对河（湖）长的履职情况进行监督和评估。

河（湖）长制实行年度绩效目标考核，考核结果作为地方各级领导干部综合考核评价的依据，纳入自然资源资产离任审计的评估内容。

第五章　法律责任

第四十二条　违反本条例第二十五条第二款规定，擅自移动、损毁、掩盖界桩、界牌和公告牌的，由县级以上人民政府水行政主管部门责令停止违法行为，恢复原状，可处以 100 元以上 1000 元以下罚款。

第四十三条　违反本条例第二十八条第一项至第五项规定的，由县级以上人民政府水行政主管部门责令停止违法行为，排除障碍或者采取其他补救措施，可处以 5000 元以上 5 万元以下罚款。

违反第二十八条第六项规定的，由县级以上人民政府水行政主管部门责令停止违法行为，限期采取治理措施，没收违法所得；危及河道安全的，对个人处以 1000 元以上 1 万元以下罚款，对单位处以 2 万元以上 20 万元以下罚款。

违反第二十八条第八项规定的，由县级以上人民政府水行政主管部门责令停止违法行为，可处以 5000 元以上 3 万元以下罚款。

违反第二十八条第九项规定的，由县级以上人民政府生态环境主管部门责令停止违法行为，限期采取治理措施，消除污染，处以 2 万元以上 20 万元以下罚款；逾期不采取治理措施的，县级以上人民政府生态环境主管部门可以指定有治理能力的单位代为治理，所需费用由违法者承担。

第四十四条　违反本条例第二十九条规定，在河道管理范围内进行未经批准的活动的，由县级以上人民政府水行政主管部门责令停止违法行为，采取补救措施，没收违法所得，并可处以警告或者1万元以上5万元以下罚款。

第四十五条　违反本条例第三十条第一款规定的，由县级以上人民政府水行政主管部门责令停止违法行为，限期恢复原状或者采取其他补救措施，处以警告，并可处以1万元以上5万元以下罚款；造成损失的，依法承担赔偿责任。

违反第三十条第二款规定的，由县级以上人民政府水行政主管部门责令停止违法行为、采取补救措施，处以警告，对个人并可处以100元以上1000元以下罚款，对单位并可处以1000元以上1万元以下罚款；造成损失的，依法承担赔偿责任。

第四十六条　违反本条例第三十一条第二款规定，在涵、闸、泵站、水库、水电站安全警戒区内捕（钓）鱼的，由县级以上人民政府水行政主管部门责令停止违法行为，可处以200元以上1000元以下罚款。

违反第三十一条第二款规定停泊船舶的，由县级以上人民政府水行政主管部门责令停止违法行为，可处以1000元以上5000元以下罚款。

违反第三十一条第二款规定建设水上设施的，由县级以上人民政府水行政主管部门责令停止违法行为，限期拆除，可处以5000元以上1万元以下罚款。

第四十七条　未经批准擅自在河道管理范围内采砂的，由县级以上人民政府水行政主管部门责令停止违法行为，没收违法所得，并处以2万元以上10万元以下罚款。

未按照批准的范围和作业方式进行采砂的，由县级以上人民政府水行政主管部门责令停止违法行为，没收违法所得，并处以1万元以上5万元以下罚款。

第四十八条　违反本条例第三十六条第一款规定，从事河道采砂的单位或者个人未按照规定设立公示牌或者警示标志的，由县级以上人民政府水行政主管部门责令限期改正，处以500元以上5000元以下罚款。

第四十九条　国家机关及其工作人员玩忽职守、滥用职权、徇私舞弊，尚不构成犯罪的，对直接负责的主管人员和其他直接责任人员依法给予处分。

第五十条　违反本条例规定的其他行为，法律、法规有处罚规定的，从其规定。

第六章　附　　则

第五十一条　本条例所称人工水道，指人工修建的每秒5立方米流量以上的水道。每秒5立方米流量以下的人工水道，可参照本条例执行。

本条例所称岩溶暗河，指长度超过10公里的岩溶暗河。

第五十二条　本条例自2019年5月1日起施行。1997年11月21日贵州省第八届人民代表大会常务委员会第三十一次会议通过的《贵州省河道管理条例》同时废止。

第三节　河长湖长履职规范（试行）

为深入落实中共中央办公厅、国务院办公厅《关于全面推行河长制的意见》《关于在湖泊实施湖长制的指导意见》（以下简称《意见》《指导意见》）精神，进一步细化各级河长湖长职责任务，规范各级河长湖长履职行为，发挥各级河长湖长履职作用，推动河湖长制落地生根见实效，特制定水利部印发河长湖长履职规范（试行）。该规范共有四章三十一条，内容如下：

第一章 总 则

第一条 为深入落实中共中央办公厅、国务院办公厅《关于全面推行河长制的意见》《关于在湖泊实施湖长制的指导意见》（以下简称《意见》《指导意见》）精神，进一步细化各级河长湖长职责任务，规范各级河长湖长履职行为，发挥各级河长湖长履职作用，推动河湖长制落地生根见实效，制定本规范。

第二条 本规范适用于省、市、县级总河长及省、市、县、乡级河长湖长，各地因地制宜设立的村级河长湖长参照执行。

第三条 本规范严格遵循《意见》《指导意见》的规定，分类细化各级河长湖长的具体职责和任务；结合各地近年来推行河湖长制的实践经验，有针对性规定各级河长湖长的履职重点和履职方式。

第四条 各级河长湖长要严格按照《意见》明确的基本原则履职尽责，结合本地实际，创新工作方式，突出工作重点，抓住主要矛盾，用好监督考核“指挥棒”，提升履职成效。

第五条 本规范为指导性文件，各地可结合实际进一步细化实化，增强实践性和指导性，促进各级河长湖长依法依规履行职责。

第二章 主 要 职 责

第六条 总河长负责组织领导本行政区域内河湖管理和保护工作，是本行政区域全面推行河湖长制工作的第一责任人，对本行政区域内的河湖管理和保护负总责。

第七条 最高层级河长湖长对相应河湖管理和保护负总责，分级分段（片）河长湖长对本辖区内相应河湖管理和保护负直接责任。

各级河长湖长负责组织领导相应河湖的管理和保护工作，包括水资源保护、水域岸线管理、水污染防治、水环境治理等，牵头组织对侵占河道、围垦湖泊、超标排污、违法养殖、非法采砂、破坏航道、电毒炸鱼等突出问题依法进行清理整治，协调解决重大问题；统筹协调湖泊与入湖河流的管理保护工作，对跨行政区域的河湖明晰管理责任，协调上下游、左右岸实行联防联控；对相关部门（单位）和下一级河长湖长履职情况进行督导，对目标任务完成情况进行考核，强化激励问责。

第三章 主 要 任 务

第八条 总河长审定河湖管理和保护中的重大事项、河湖长制重要制度文件，审定本级河长制办公室职责、河湖长制组成部门（单位）责任清单，推动建立部门（单位）间协调联动机制；主持研究部署河湖管理和保护重点任务、重大专项行动，协调解决河湖长制推进过程中涉及全局性的重大问题；组织督导落实河湖长制监督考核与激励问责制度；督导河长湖长体系动态管理，及时向社会公告；完成上级总河长交办的任务。

第九条 省级河长湖长审定并组织实施相应河湖“一河（湖）一策”方案，组织开展相应河湖突出问题专项整治，协调解决相应河湖管理和保护中的重大问题；明晰相应河湖上下游、左右岸、干支流地区管理和保护目标任务，推动建立流域统筹、区域协同、部门联动的河湖联防联控机制；组织对省级相关部门（单位）和下一级河长湖长履职情况进行督导，对目标任务完成情况进行考核；完成省级总河长交办的任务。

第十条　市、县级河长湖长定期或不定期巡查河湖，审定并组织实施相应河湖“一河（湖）一策”方案或细化实施方案，组织开展相应河湖突出问题专项治理和专项整治行动；协调和督促相关部门（单位）制定、实施相应河湖管理保护和治理规划，协调解决规划落实中的重大问题；组织开展相应河湖问题整治，督促下一级河长湖长及本级相关部门（单位）处理和解决河湖出现的问题、依法依规查处相关违法行为；组织对本级相关部门（单位）和下一级河长湖长履职情况进行督导，对年度任务完成情况进行考核；组织研究解决河湖管理和保护中的有关问题；完成上级河长湖长及本级总河长交办的任务。

第十一条　乡级河长湖长开展河湖经常性巡查，对巡查发现的问题组织整改，不能解决的问题及时向相关上级河长湖长或河长制办公室、有关部门（单位）报告；组织开展河湖日常清漂、保洁等，配合上级河长湖长、有关部门（单位）开展河湖问题清理整治或执法行动；完成上级河长湖长交办的任务。

第十二条　村级河长湖长组织订立河湖保护村规民约，开展河湖日常巡查，对发现的涉河湖违法违规行为进行劝阻、制止，不能解决的问题及时向相关上级河长湖长或河长制办公室、有关部门（单位）报告；完成上级河长湖长交办的任务。

第四章　履　职　方　式

第一节　加强组织领导

第十三条　总河长牵头建立健全党政领导负责制为核心的责任体系，建立全面推行河湖长制工作领导机制；主持研究河湖长制推行中的重大政策措施，主持审议河湖管理和保护中的重大事项、重要制度、重点任务；结合本地实际，主持召开总河长会议、河湖长制工作会议或签发文件部署安排重点任务，以总河长令部署开展河湖突出问题专项整治行动。

第十四条　省级河长湖长因地制宜牵头建立相应河湖管理和保护工作联席会议制度；主持召开河长会议或专题会议，研究落实相应河湖管理和保护有关政策措施，审议相应河湖治理保护方案，协调相应河湖管理和保护的目标任务，安排年度重点任务；指导督促本级河长制办公室、有关部门（单位）、下级河长湖长履行相应河湖管理和保护职责。相应河湖为流域管理机构直接管理的，流域管理机构负责同志或其所属省级管理机构负责同志作为成员参加协调机制。

第十五条　市、县级河长湖长牵头组织细化相应河湖管理和保护目标任务，并分解落实到有关部门（单位）；督促指导本级河长制办公室、有关部门（单位）、下级河长湖长开展相应河湖管理和保护工作。相应河湖为流域管理机构直接管理的，要加强与流域管理机构所属河湖管理单位的沟通协调，强化协同配合。

第十六条　乡级河长湖长组织领导相应河湖日常巡查和管护工作，指导监督村级河长湖长开展河湖巡查。

第二节　开展河湖巡查调研

第十七条　总河长、各级河长湖长定期或不定期开展河湖巡查调研活动，动态掌握河湖健康状况，及时协调解决河湖管理和保护中的问题。

原则上，总河长每年不少于1次，省级河长湖长每年不少于2次，市级河长湖长每年不少于3次（每半年不少于1次），县级河长湖长每季度不少于1次，乡级河长湖长每月不少于1次，村级河长湖长每周不少于1次。具体要求由县级及以上总河长结合实际组织制定。

第十八条　省、市、县级河长湖长开展河湖巡查调研要以解决问题为导向，可根据实际情况现场办公，协调统一各方意见，研究问题整治措施，明确问题整治要求。巡查调研前，可安排河长制办公室、有关部门（单位）先行明查暗访，掌握河湖存在的突出问题，征询有关地方需要协调解决的重大问题，了解基层干部职工和群众意见。

第十九条　乡、村级河长湖长开展河湖巡查要以发现问题为导向，重点巡查生产经营活动频繁的河段（湖片），重点检查河湖日常管护情况，及时劝阻、制止涉河湖违法违规行为，不能解决的要及时报告上级河长湖长或河长制办公室、有关部门（单位）。

第二十条　针对问题较多的河段（湖片），有关河长湖长应当加密巡查频次，加大检查力度，及时协调督促解决问题。

第三节　整 治 突 出 问 题

第二十一条　县级河长湖长组织河长制办公室、有关部门（单位）开展相应河湖问题自查自纠，省、市级河长湖长组织河长制办公室、有关部门（单位）加强抽查检查，查清问题底数，建立问题台账。

乡、村级河长湖长结合日常巡查河湖，及时上报巡查发现的问题。

第二十二条　河长制办公室、有关部门（单位）排查发现并提请解决的批量河湖突出问题，总河长或县级及以上河长湖长组织集中交办分办问题整治任务，明确牵头部门（单位）和责任人，提出整治标准、完成时限要求等。

上级交办、媒体曝光和群众举报的，以及同级党委和政府、人大、政协、纪检监察机关转办的河湖突出问题，总河长、县级及以上河长湖长视问题性质、严重程度作出批示，要求有关地方、河长湖长、部门（单位）限期组织整改落实。问题性质严重、影响恶劣的，责成有关部门（单位）、地方依法追究违法违规主体的责任，依纪依规问责相关责任人。

第二十三条　针对问题体量大、沉积时间长、利益关系复杂、整改成本高等河湖重大问题，总河长或县级及以上河长湖长召开专题会议研究对策措施，协调统一意见，提出切实可行的整治方案。

第二十四条　省级河长湖长加强对河湖问题整改的指导督促，适时组织河长制办公室、有关部门（单位）开展随机性抽查，重大问题蹲点检查，指导完善问题整治方案，督促限时整改落实。

市、县级河长湖长组织有关部门（单位）限时完成问题整治任务，加强跟踪检查，严格销号管理，确保问题整改落实到位。对性质严重、影响恶劣的突出问题，依法追究违法违规主体的责任，依纪依规问责相关责任人。

乡、村级河长湖长要积极协助上级河长湖长、有关部门（单位）开展问题整改落实工作。

第二十五条　需要对河湖水资源、水域岸线、水污染、水环境、水生态等实施系统保护和治理修复的，县级及以上河长湖长要指导督促同级河长制办公室组织编制“一河

（湖）一策”方案或细化实施方案，提出问题清单、目标清单、任务清单、措施清单、责任清单，分步推进实施系统治理。

第四节 推动跨行政区域河湖联防联治

第二十六条 跨行政区域河湖设立共同的上级河长湖长的，最高层级河长湖长按照“一盘棋”思路，统筹协调管理和保护目标，明晰河湖上下游、左右岸、干支流地区的管理责任，推动河湖跨界地区建立联合会商、信息共享、协同治理、联合执法等联防联控机制，协同落实管理和保护任务。

第二十七条 跨行政区域未设立共同的上级河长湖长的，各行政区域河长湖长按照“河流下游主动对接上游，左岸主动对接右岸，湖泊占有水域面积大的主动对接水域面积小的”原则，组织与相关地方河长湖长及有关部门（单位）沟通协调，协调统一河湖管理和保护目标任务，签订联合共治协议，实现区域间联防联治。

第五节 组织总结考核

第二十八条 推行河湖长制工作述职制度，总河长审阅或适时听取本级河长湖长、河长制组成部门（单位）主要负责同志和下一级总河长的履职情况报告。乡级及以上河长湖长每年听取或审阅相应河湖管理和保护有关部门（单位）和相应河湖的下一级河长湖长履行职责情况报告。

第二十九条 严格落实河湖长考核制度，总河长组织对本级河湖长制组成部门（单位）和下一级地方落实河湖长制情况进行考核，县级及以上河长湖长组织对相应河湖的下一级河长湖长履职情况进行考核。考核工作由本级河长制办公室承担。

第三十条 强化考核结果应用，考核结果提交本级党委和政府考核办公室、组织部门，作为地方党政领导干部综合考核评价的重要依据。目标任务完成且考核结果优秀的，给予激励；目标任务落实不到位的，或者考核不合格的，组织考核的总河长、河长湖长及时约谈提醒或提请问责被考核对象。

第三十一条 总河长审定本行政区域全面推行河湖长制工作年度总结报告。各省、自治区、直辖市要按照《意见》《指导意见》要求，每年1月底前将上年度贯彻落实河湖长制情况报党中央、国务院。

第四节 河长制办公室工作规则（试行）

为深入贯彻落实中共中央办公厅国务院办公厅《关于全面推行河长制的意见》及《关于在湖泊实施湖长制的指导意见》，更好发挥各级河长制办公室组织、协调、分办、督办作用，水利部河长办制定了《河长制办公室工作规则（试行）》（水利部河长制湖长制工作领导小办公室第85号）。该规则共有四章三十五条，内容如下：

第一章 总 则

第一条 为深入落实中共中央办公厅、国务院办公厅《关于全面推行河长制的意见》《关于在湖泊实施湖长制的指导意见》（以下简称《意见》《指导意见》）精神，进一步规范河长制办公室履职行为，强化履职效能，依据《河长湖长履职规范（试行）》等，制定本规则。

第二条　本规则适用于省、市、县级河长制办公室，各地因地制宜设立的乡级河长制办公室参照执行。

第三条　本规则严格遵循《意见》《指导意见》的规定，立足于不打破现行管理体制、不改变部门（单位）职责分工、不替代部门（单位）“三定”职责，细化河长制办公室的具体职责，因地制宜规定河长制办公室的履职方式。

第四条　各级河长制办公室要严格按照《意见》《指导意见》有关要求，依法依规履行工作职责，结合实际创新工作方式，发挥好河长湖长的参谋助手和区域部门协调配合的纽带作用。

第五条　本规则为指导性文件，各地可结合实际进一步细化实化，增强实践性和指导性，促进河长制办公室履行职责。

第二章　主　要　职　责

第六条　河长制办公室主要职责是承担河湖长制组织实施的具体工作，履行组织、协调、分办、督办职责，落实总河长、河长湖长确定的事项，当好总河长、河长湖长的参谋助手。

第三章　主　要　任　务

第七条　制订河湖长制法规文件、工作制度、工作计划（要点）；组织建设“一河（湖）一档”、编制“一河（湖）一策”方案；落实上级有关部门（单位）交办事项和本级总河长、河长湖长确定的事项，处理公众投诉举报；组织或配合有关部门（单位）开展河湖治理保护专项行动，督促做好问题整改落实；承担河湖长制任务落实情况的检查、考核和信息通报工作；组织开展河湖长制宣传活动，指导河湖保护公益志愿活动；组织开展河湖长制培训活动，建立河湖长制信息发布平台；推动建立河湖长制相关工作机制，协调有关部门（单位）落实河湖长制各项任务；分办上级安排部署的任务和总河长、河长湖长研究确定的事项，并做好督办工作；做好河长湖长体系动态管理；完成上级或本级总河长、河长湖长交办的任务。

第四章　履　职　方　式

第一节　组织做好日常工作

第八条　制订河湖长制年度工作计划（要点），提出目标任务和部门（单位）分工建议，经征求河湖长制成员单位意见，按程序提请审议通过后印发实施。

第九条　组织开展河湖长制工作总结，起草本级党委、政府河湖长制年度工作总结报告。

第十条　做好河长湖长体系动态管理。河长湖长工作岗位调整后，按有关程序及时变更河长湖长，并向社会公告，变更河长湖长公示牌信息。县级河长制办公室要指导督促做好乡级、村级河长湖长调整相关事宜。

第十一条　协助总河长、河长湖长开展巡河（湖）调研活动，事前组织开展明查暗访，摸清河湖存在的突出问题，征询有关地方需要协调解决的重大问题，收集基层干部职工和群众意见。

第十二条　结合实际推动设立民间河长、巡（护）河员岗位；指导开展河湖保护公益志愿活动；协调新闻媒体加强河湖长制宣传报道。

第十三条 开展业务培训。制订年度培训计划，举办河长湖长、河长制工作人员、河湖管护人员培训活动。

第十四条 畅通问题举报反映渠道，加强舆情监测监控，及时掌握河湖管理和保护中的各类问题。

第二节 加强制度建设

第十五条 组织提出河湖长制立法草案或将河湖长制纳入地方性法规、政府规章条文建议，提出河湖管理和保护重大政策措施建议。

第十六条 组织制订河湖长制工作制度，一般包括：河长湖长会议制度、河长湖长巡查制度、信息共享制度、信息报送制度、工作督察制度、考核激励与问责制度、河长湖长述职制度、河长湖长工作交接制度、举报投诉处理制度、问题交办分办督办制度等，经征求有关方面意见后，按程序提请审议后印发实施。

第三节 加强工作协调

第十七条 建立“河长湖长＋部门”的对口联动机制。提出配合河长湖长履行职责的联系部门（单位）建议，经征求相关方面意见后，按程序提请审议通过后实施。

第十八条 建立“河长湖长＋警长”“河长湖长＋检察长”工作机制，强化行政执法与刑事司法相衔接。

第十九条 建立“河长制办公室＋部门”协作机制，加强与部门（单位）沟通协调，强化分办、督办，推动形成河长湖长牵头、河长制办公室统筹、部门（单位）各司其职、分工负责、密切协作的工作格局。

第二十条 建立河湖长制组成部门联络员制度，不定期召开联络员会议，调度河湖长制重点工作，协调解决河湖长制推进中的问题。

第二十一条 推动建立跨行政区域河湖联防联控机制。积极与河湖上下游、左右岸、干支流、出入湖河流地区河长制办公室沟通协调，推动建立联合共治机制，统一管理目标任务和治理标准，共享河湖管理和保护信息，联合开展执法监督活动，着力实现流域区域联防联治。

第四节 分解落实任务

第二十二条 根据部门（单位）“三定”职责，细化分解《意见》《指导意见》明确的水资源保护、水域岸线管理保护、水污染防治、水环境治理、水生态修复、执法监管等任务，提出部门（单位）任务分工建议方案，按程序提请总河长审定后实施。

第二十三条 本级总河长、河长湖长确定的事项，及时分解落实到有关部门（单位），并跟踪进展成效，做到件件有落实、事事有回应。

第二十四条 有关方面交办、转办以及组织排查发现的河湖问题，进行分类汇总，建立问题台账。涉及政策且带有普遍性的重大问题，提请本级总河长主持研究整治意见；属于个体性的重大问题，提请相应河湖的本级河长湖长主持研究整治意见；属于一般性问题，转交相关部门（单位）处理。对于跨行政区域的河湖问题，提交上一级河长制办公室协调解决。

第五节 加强检查督办

第二十五条 加强监督检查。建立完善河湖长制监督检查制度，采取联合检查与专项检查相衔接、明查与暗访相结合的方式，组织开展常态化的监督检查活动，重点检查河湖存在的问题和下级河长湖长及有关部门（单位）履行职责情况等，发现问题及时交办，要求限时整改，重大问题要挂牌督办。

第二十六条　督促问题整改。针对分解落实到本级有关部门（单位）负责整改的问题，督促制定整改方案，强化整改措施，确保整改落实到位；针对监督检查发现并交办下级河长湖长、有关部门（单位）整改的问题，提出整改目标、时限要求，跟踪整改进展成效，严格销号管理。

第二十七条　加强情况通报。对本级总河长、河长湖长确定的事项落实情况、重大专项行动进展成效、重要河湖健康状况等进行通报，对监督检查发现的重大问题进行曝光。

第二十八条　强化约谈提醒。对于监督检查发现下级河长制办公室、有关部门（单位）履行职责不到位的、河湖问题突出的、问题整改进展缓慢或虚假整改的，会同本级有关部门（单位）约谈下级河长制办公室、有关部门（单位）负责人。对于监督检查发现下级河长湖长履行职责不及时、不到位的，及时发送提醒函，督促履职尽责。

第二十九条　严肃追责问责。针对河湖突出问题，依照管辖权限督促有关部门（单位）追究违法违规单位和个人的责任；对失职失责的相关责任人，提请有管辖权的组织严肃问责。

第六节　加强管理基础

第三十条　组织建设“一河（湖）一档”。结合有关部门（单位）开展河湖基础信息调查和水质水量水环境等动态信息监测，建立河湖档案。

第三十一条　组织编制“一河（湖）一策”方案，征求有关方面意见并组织专家审查，报本级相关河长湖长审定后印发实施。

第三十二条　组织开展河湖健康评价，评估河湖健康状况，为河长湖长履行职责提供决策支持，为修订完善“一河（湖）一策”方案提供依据。

第三十三条　组织建设河湖长制管理信息系统，建设河湖“一张图”，推进河湖管理保护信息化、智慧化。

第七节　严格绩效考核

第三十四条　做好河湖长制考核。根据本地河湖长制绩效考核制度，细化量化考核指标，按照日常考核与年度考核相结合，承担对本级河长制组成部门（单位）、下一级地方落实河湖长制情况以及下一级河长湖长履职情况进行考核。

第三十五条　强化考核结果应用。考核结果及应用建议按程序提请审定后，交本级党委、政府考核办公室和组织部门。

第五节　水利部办公厅关于进一步加强河湖管理范围内建设项目管理的通知

各流域管理机构，各省、自治区、直辖市水利（水务）厅（局），新疆生产建设兵团水利局：

加强河湖管理范围内建设项目（以下简称涉河建设项目）管理，关系到防洪安全、河势稳定、生态安全，是全面推行河长制湖长制、加强河湖管理保护的重要内容。近年来，在河湖“清四乱”工作中，一些地方未批先建、违规审批涉河建设项目等问题不同程度存在，今年汛期，新闻媒体对一些违法违规涉河建设项目也有报道，引发社会各界广泛关注。为进一步加强涉河建设项目管理，依据《中华人民共和国水法》《中华人民共和国防洪法》《中华人民共和国河道管理条例》，现就有关要求明确如下：

一、总体要求

以习近平新时代中国特色社会主义思想为指导，全面贯彻党的十九大和十九届二中、三中、四中全会精神，积极践行“节水优先、空间均衡、系统治理、两手发力”的治水思路，紧紧围绕“水利工程补短板、水利行业强监管”水利改革发展总基调，坚持依法依规，严格河湖水域岸线管控，规范涉河建设项目行政许可和实施监管，健全源头预防、过程控制、损害赔偿、责任追究的管理体系，进一步推进涉河建设项目管理有序规范，为建设幸福河湖提供有力保障。各流域管理机构、地方各级水行政主管部门要高度重视涉河建设项目管理，完善制度标准，严格许可程序，加强实施监督，各省级河长制办公室要将清理整治违法违规问题作为河长制湖长制的重要任务，纳入日常工作和考核问责。

二、进一步规范涉河建设项目许可

（一）规范许可范围。在河湖管理范围内建设跨河、穿河、穿堤、临河的桥梁、码头、道路、渡口、管道、缆线等工程设施，要依法依规履行涉河建设项目许可手续。禁止在河湖管理范围内建设妨碍行洪的建筑物、构筑物，倾倒、弃置渣土。禁止围垦湖泊，禁止违法围垦河道。严禁超项目类别进行审批许可，不得以涉河建设项目名义许可尾矿库、永久渣场，不得以桥梁、道路、码头等为名，对开发建设房屋建筑、风雨廊桥、景观工程、别墅等进行许可。对光伏发电、风力发电等建设项目，要符合相关规划，进行充分论证，严格控制，严重影响防洪安全、河势稳定、生态安全的，不得许可。

（二）明确许可权限。各流域管理机构、地方各级水行政主管部门要按照规定的权限进行涉河建设项目许可，对许可行为的依法合规性负直接责任。各流域管理机构涉河建设项目许可权限由水利部确定，其他涉河建设项目许可权限由省级水行政主管部门确定，严禁越权许可。省级水行政主管部门要根据河湖重要程度、项目规模等情况，合理确定省级及以下地方水行政主管部门的许可权限，并指导监督市、县级水行政主管部门的许可工作。流域管理机构许可重要建设项目时，应征求有关省级水行政主管部门的意见，省级的许可文件应抄送有关流域管理机构备案。

（三）严格许可要求。各流域管理机构、地方各级水行政主管部门要依据相关法律法规、技术标准和规划，严格涉河建设项目许可，不仅要维护防洪安全、河势稳定，也要维护河湖空间完整、功能完好、生态安全。对于重要涉河建设项目，要告知建设单位组织编制专门的防洪评价报告，充分论证涉河建设项目对防洪的影响，以及涉河建设项目自身防洪安全。

（四）提高许可效率。各流域管理机构、地方各级水行政主管部门要按照精简、便民、高效的原则，规范审批流程，精简审批手续，依法依规向社会公开有关许可情况，接受社会监督。要主动与发展改革、交通运输等相关部门和建设单位沟通，在桥梁、港口、铁路等重大项目规划、前期立项等环节提前介入，将相关水法律法规、水利规划、防洪等要求落实到设计方案中。

三、切实加强涉河建设项目实施监管

（一）明确监管责任主体。各流域管理机构、地方各级水行政主管部门要按照“谁审批、谁监管”要求，在许可文件中，明确涉河建设项目监管责任单位和责任人，提出监管要求。

（二）加强项目实施监管。监管责任单位要强化事中事后监管，指导督促涉河建设项目按照批准的工程建设方案、位置界限、度汛方案等实施。加强对防洪补救措施的实施监管，防洪补救措施需与涉河建设项目主体工程同步实施，同步验收，同步投入使用。

（三）建立日常巡查制度。各流域管理机构、地方各级水行政主管部门要建立健全河湖日常监管巡查制度，并结合水利工程巡查管护、防汛检查等工作，加强对涉河建设项目的巡查检查，对违法违规问题早发现、早处理。地方各级河长制办公室要提请河长在巡河时加强对涉河建设项目的巡查检查。河道管理单位或水利工程管理单位在日常巡查中，发现问题要立即制止，并及时报告有关水行政主管部门依法处理。

（四）加大行政执法力度。各流域管理机构、地方各级水行政主管部门要加强对涉河建设项目许可、建设等环节的监督，严厉查处违法侵占河湖的行为，对违法违规的责任主体要依法依规进行处罚，对有关责任单位和责任人要依法依纪严肃问责。同时，鼓励有条件的地方探索对涉河建设项目实施、防洪评价报告编制等实行信用管理，将存在未批先建、批建不符、弄虚作假等突出问题的市场主体纳入失信惩戒对象名单。

四、加强涉河建设项目管理的保障措施

（一）依法划定河湖管理范围。划定河湖管理范围是加强涉河建设项目管理的基础。有堤防的河湖，管理范围包括两岸堤防之间的水域、沙洲、滩地、行洪区和堤防及护堤地，堤防背水侧护堤地宽度，根据《堤防工程设计规范》（GB 50286—2013）规定，按照堤防工程级别确定，1 级堤防护堤地宽度为 30～20 米，2、3 级堤防为 20～10 米，4、5 级堤防为 10～5 米，大江大河重要堤防、城市防洪堤、重点险工险段的背水侧护堤地宽度可根据具体情况调整确定；无堤防的河湖，管理范围为历史最高洪水位或者设计洪水位之间的水域、沙洲、滩地和行洪区，历史最高洪水位或设计洪水位要根据有关防洪规划、技术规范和水文资料核定。各流域管理机构、地方各级水行政主管部门要严格依照相关法律法规，加快划定河湖管理范围，严禁为避让违法违规建设项目故意缩小河湖管理范围。

（二）落实岸线保护与利用规划约束。各流域管理机构、地方各级水行政主管部门要按照河湖岸线保护与利用规划编制指南要求，加快规划编制工作，突出保护优先，合理划分岸线保护区、保留区、控制利用区和开发利用区，明确分区管理和用途管控要求，并主动与发展改革、自然资源主管部门对接，将规划成果纳入发展规划和国土空间规划。要以河湖岸线保护与利用规划为依据严格涉河建设项目管理，与规划要求不符的，新建项目一律不得许可，已建项目要因地制宜、有计划地调整或退出。

（三）加强涉河建设项目信息化管理。各流域管理机构、各省级水行政主管部门要组织对管辖范围内的涉河建设项目进行排查，逐步建立完善涉河建设项目台账，并积极利用卫星遥感、视频监控、无人机等技术手段，动态采集河湖水域岸线、涉河建设项目变化情况，实行动态跟踪管理。要依托全国河长制湖长制管理信息系统，逐步将河湖岸线功能分区、涉河建设项目信息纳入“水利一张图”，推进信息化管理。

（四）广泛宣传涉河建设项目法规政策。各流域管理机构、地方各级水行政主管部门要通过报纸、电视、网络、新媒体、宣传册、讲座等多种方式，向河长湖长、有关行政主管部门、建设单位、设计咨询单位、施工企业、社会群众广泛宣传水法律法规和有关政策、涉河建设项目管理知识，要结合河湖“清四乱”常态化规范化，加大对违法违规典型案例的曝光和宣传力度，搭建公众知情平台，畅通公众知情渠道，提升全社会对加强涉河建设项目管理的理解和支持，推动形成知法守法、保护河湖的浓厚氛围。

第六节　贵州省全面推行河长制省级会议制度

为进一步加强对全面推行河长制各项工作的组织协调，根据国家有关要求，贵州省特制定全面推行河长制省级会议制度（黔河长办〔2017〕2 号）。该制度从会议类型、会议组织、会议服务及会议落实四个方面进行阐述。

一、会议类型

河长制省级会议制度包括省级“总河长”会议、省级“河长”会议、省级河长制部门联席会议。

（一）省级“总河长”会议。由省级“河长”、市（州）“总河长”、省级河长制部门联席会议成员单位主要负责人和省河长制办公室主要负责人等组成。根据需要安排有关部门、单位负责同志列席会议。会议主要任务是：研究决定“河长制”重大决策、重要规划、重要制度；研究确定“河长制”年度工作要点和考核方案；研究“河长制”表彰、奖励及重大责任追究事项；协调解决全局性重大问题；经省级“总河长”同意研究的其他事项。

（二）省级“河长”会议。由各省级“河长”对应的省级责任单位和相关责任单位主要负责人或责任人、河流所经有关市州“市（州）河长”和省河长制办公室负责人等组成。根据需要安排有关部门、单位有关负责同志列席会议。会议主要任务是：贯彻落实省级“总河长”会议工作部署；专题研究所负责河湖水库需要解决的“河长制”工作重点难点问题，提出解决办法和具体措施；研究布置河湖管理保护日常工作；经省级“河长”同意研究的其他事项。

（三）省级河长制部门联席会议。由相关省级责任单位（名单附后）责任人和联络人、省河长制办公室负责人等组成。根据需要安排有关部门、单位有关负责同志列席会议。会议主要任务是：调度“河长制”工作进展；研究解决“河长制”工作中遇到的问题；督导河湖管理保护专项整治工作；研究报请省级“河长”和省级“总河长”会议研究的事项等。

二、会议组织

（一）省级“总河长”会议由省级“总河长”召集和主持或委托省级“副总河长”召集和主持，省河长制办公室商省有关部门和单位拟定会议方案，以省河长制办公室名义报请省级“总河长”审定后召开。具体会务工作由省河长制办公室负责，原则上每年年初召开一次，根据工作需要，经省级“总河长”同意，可临时召开。

（二）省级“河长”会议由各省级“河长”召集和主持。由对应的省级责任单位拟定会议方案，按程序报请省级“河长”审定后召开。具体会务工作由对应的省级责任单位负责，会议不定期召开。

（三）省级河长制部门联席会议由分管水利工作的副省长召集和主持，省河长制办公室商省有关部门和单位拟定会议方案，以省河长制办公室名义报请分管水利工作的副省长审定后召开。具体会务工作由省河长制办公室负责，会议原则上每年不少于一次，可根据需要临时召开。

三、会议服务

（一）人员落实。提前落实参会人员，督促不能参会的人员履行请假手续，追踪未按时到会的人员，并向会议主持人及时报告参会人员到会情况。

（二）会场服务。按照庄严、大方、朴素的原则做好会场布置，安排会场座次、摆放座牌，文件资料、茶水等。安排专人做好会议记录。

（三）材料准备。参会单位要按会议要求准备相关会议材料、文件材料要有针对性和可操作性，减少对有关工作意义或重要性的一般性论述，做到条理清楚，重点突出，简明扼要。

会议结束后，承办单位要将会议通知、参会人员名单、签到单、会议记录、会议文件（包括正式文件、领导讲话、参阅材料等）、会议纪要、会议简报等立卷归档。

四、会议落实

（一）省级“总河长”会议形成的会议纪要需经省级“总河长”审定或委托省级“副总河长”审定后由省河长制办公室印发。会议研究决定的“河长制”工作重点督办事项，涉及全局或多条河流的由省级河长制部门联席会议召集人牵头调度，涉及具体某条河流（河段、湖泊、水库）的由相应省级“河长”分别调度，省河长制办公室负责组织协调督导，有关省级责任单位及市（自治州）、贵安新区、县（市、区）“总河长”承办。

（二）省级“河长”会议形成的会议纪要需经各省级“河长”审定后由省河长制办公室印发。会议研究决定内容和事项由相对应的省级责任单位负责组织协调督导落实。

（三）省级河长制部门联席会议形成的会议纪要，需经联席会议召集人审定后由省河长制办公室印发。会议研究决定事项由有关省级责任单位落实。

第七节　贵州省河长巡河制度

为规范各级河长日常巡河工作，有效落实河长责任，根据《贵州省全面推行河长制总体工作方案》（黔委厅字〔2017〕22 号）要求，特制定贵州省河长巡河制度（黔河长办〔2018〕1 号），该制度共有十五条。

第一条　为规范各级河长日常巡河工作，有效落实河长责任，根据《贵州省全面推行河长制总体工作方案》（黔委厅字〔2017〕22 号）要求，结合我省实际，特制定本制度。

第二条　本制度所称的河长，是指省、市、县、乡、村五级河长。

第三条　本制度所称的巡河，是指各级河长通过对责任河道（湖泊、水库）巡回检查，及时发现问题，并予以解决或提交相关部门处理或向上级河长报告，请求协调解决问题。

第四条　各级河长是河道管理保护的第一责任人，要积极开展巡河。

河长对应责任单位负责协调相关部门为河长履职做好服务保障工作，及时将河道入河排污口分布图、污染源清单、河道治理项目清单等信息报告河长，为其开展巡河创造条件。

河长巡河时，在河道巡查保洁员的协助下，对发现河道水质异常、入河排污口排放异常和侵占河道等问题，及时协调解决。

第五条　各级河长办应通过制发工作手册、对下级河长开展培训等措施帮助河长更好巡河；要因地制宜，加快推进河长制信息化建设，为河长及时、便捷、高效巡河履职提供支撑。

第六条　河长应加大对责任河道（湖泊、水库）的巡河力度，省级河长带头示范，每年巡河不少于一次；市级河长每半年不少于一次；县级河长每季度不少于一次；乡级河长每月不少于一次；村级河长每周不少于一次。对水质不达标、问题较多的河道应加密巡河频次。

第七条　河长巡河重点查看以下内容。

（一）河（湖、库）岸保洁是否到位；河（湖、库）面是否有漂浮垃圾、废弃物、病死动物；河（湖、库）底有无明显污泥、垃圾淤积或障碍物。

（二）河（湖、库）水体有无异味，颜色是否异常（如发黑、发黄、发白等）。

（三）入河排污口标识有无缺失或损坏，入河排污口排放的废水颜色、气味是否异常，汇入入河口的畜禽养殖场、污水处理设施是否存在明显异常排放情况，是否有新增入河排污口。

（四）是否存在侵占水域违法建筑，是否存在向河道内倾倒废土弃渣和危险废物。

（五）是否存在违规网箱养殖、非法电鱼、毒鱼、炸鱼等破坏水生态环境的行为。

（六）河长公示牌设置是否规范，内容是否及时更新，是否存在倾斜、破损、变形、变色、老化等影响使用的问题。

（七）以前巡河发现的问题是否解决到位。

（八）是否存在其他影响河道水质的问题。

第八条　河长巡河结束后，河长对应责任单位应及时整理巡河记录，并建立巡河台账存档备查。

省、市、县级河长巡河记录由本级责任单位整理，并报本级河长办。

乡、村级河长巡河记录，应及时整理并报县河长办。

第九条　河长巡河记录应当包括巡河起止时间、巡河人员、巡河路线、发现主要问题（包括问题现状、责任主体、地点、照片等）、处理情况（包括当场制止措施、制止效果，提交相关部门或向上级河长报告情况以及向上级反映问题的解决情况、上次发现问题的整改情况）等基本内容。

第十条　河长在巡河过程中，发现问题的，应当及时协调和督促处理。

省、市、县级河长巡河发现或下级上报的问题，属职权范围内的，由责任单位会同河长办督促相关部门限期处理，相关部门接到交办问题后及时解决并反馈；职权范围外的，应当及时提请上级河长或河长办协调解决。

乡、村级河长巡河发现的问题，属职权范围内的，应及时解决；职权范围外的，应逐级上报。

第十一条　各级河长、河长办接到群众举报投诉，应当做好相关记录，及时安排人员核实，参照巡河发现问题的处理程序进行处理，并及时将处理情况反馈给举报投诉人。

第十二条　上级河长办应将巡河工作作为对下一级河长履职考核的主要内容，考核结果报请上级河长会议审定后向下级河长通报。

河长巡河工作考核，应当结合本年度巡河工作的检查、抽查情况，重点考核巡河到位情况和问题发现、处理、提交、报告、跟踪解决到位情况及巡河记录等。

第十三条　各级河长办应当加强对下级河长巡河履职的监督检查，有下列情况之一的，给予通报批评，造成严重后果的，按照有关规定追究责任：

（一）未按规定频次和内容进行巡查的。

（二）未按规定及时处理巡查发现、上级交办及群众举报投诉的问题的。

（三）未按规定做好巡河记录或巡河记录弄虚作假的。

（四）有其他巡河履职不到位的。

第十四条　各级河长办要积极总结和大力宣传河长履职工作的典型做法、有效举措及先进事迹。

第十五条　本制度自印发之日起实施。

第八节　贵州省全面推行河（湖）长制工作考核问责办法

为推动各级河长履行职责，促使贵州省全面推行河（湖）长制工作落实，依据中共中央办公厅国务院办公厅印发的《关于全面推行河长制的意见》、《关于在湖泊实施湖长制的指导意见》和《贵州省全面推行河（湖）长制总体工作方案》，结合实际，根据工作需要，对《贵州省全面推行河长制工作考核暂行办法》进行修订，特制定贵州省全面推行河（湖）长制工作考核问责办法（黔河长办〔2018〕37号），该办法共有十三条。

第一条　为推动各级河长履行职责，促使贵州省全面推行河（湖）长制工作落实，依据中共中央办公厅国务院办公厅印发的《关于全面推行河长制的意见》《关于在湖泊实施湖长制的指导意见》和《贵州省全面推行河（湖）长制总体工作方案》，结合实际，根据工作需要，对《贵州省全面推行河长制工作考核暂行办法》进行修订，特制订本办法。

第二条　考核工作坚持客观公正、科学合理、差异性、动态性原则。

第三条　考核采取统一考核和差异化考核相结合，实行“一年一考”，按照“一河一考”、“一市一考”，即省级河长对市（自治州）级河长进行考核、省级总河长对市（自治州）级总河长进行考核。“一河一考”由省河长制办公室统筹，河湖对应的省级责任单位会同有关省级河（湖）长制联席会议成员单位组成考核工作组具体负责；“一市一考”由省河长制办公室会同有关省级河（湖）长制联席会议成员单位组成考核工作组具体负责。“一河一考”、“一市一考”可根据实际委托第三方专业机构进行考核。

第四条　贵州省全面推行河（湖）长制考核内容包括目标完成、制度执行、措施落实等情况。

目标完成主要内容为水资源保护、河湖水域岸线管理保护、水污染防治、水环境治理、水生态修复、执法监管等中央要求的六大项任务完成情况，具体包含贵州省实行最严格水资源管理考核指标、新增水土流失治理面积、出境断面水质优良达标率、县城以上城镇污水处理率、生活垃圾无害化处理率、城市建成区黑臭水体基本消除率、农村生活垃圾治理率、农村生活污水治理覆盖率、非法占用河道及非法采砂整治率、河湖划界及岸线利用规划完成率等。

制度执行主要包括河长会议制度（含总河长会议、河长会议、联席会议）、信息报送及通报制度、督查督办制度、考核问责制度、河长巡河制度等河（湖）长制各项配套制度的执行情况。

措施落实主要包括一河（湖、库）一策、河道巡查保洁、人员落实、经费保障、宣传培训、“清四乱”等专项行动等措施落实情况。

第五条　考核流程及要求

“一河一考”：由省河长制办公室会同省级责任单位根据对应负责河湖的“一河一策”方案及其他相关工作制定对应河湖的年度考核方案。各市（自治州）在每年 12 月底前，根据“一河一策”方案及对应河湖的年度考核方案，将对应河湖本年度河（湖）长制工作年度目标任务完成情况和下一年度工作计划形成自查报告连同佐证资料报送对应的省级责任单位。“一河一考”考核工作组根据年度考核方案在每年 2 月底前完成对应河湖上一年河（湖）长制工作考核。年度考核时，考核工作组在对自查报告和佐证资料进行审核的基础上，结合相关监测数据，进行现场考核，提出考核评分和考核等次意见，形成“一河一考”年度考核结果。省级责任单位在每年的 3 月 20 日前将对应河湖的“一河一考”上年度考核结果报省级河长审定后报省河长制办公室。省级河长同时担任该河流市级河长的，考核结果应报省级总河长审定。

“一市一考”：省河长制办公室根据年度细化方案及其他相关工作制定年度考核方案，年度考核方案将“一河一考”结果纳入“一市一考”内容，占一定分值。各市（自治州）在每年 12 月底前，根据年度细化方案及年度考核方案，将本年度河（湖）长制工作年度目标任务完成情况和下一年度工作计划形成自查报告连同佐证资料报送省河长制办公室。“一市一考”考核工作组根据年度考核方案在每年 3 月底前完成上一年河（湖）长制工作考核。年度考核时，考核工作组在对自查报告和佐证资料进行审核的基础上，结合相关监测数据，进行现场考核，提出考核评分和考核等次意见，形成年度“一市一考”考核结果。省河长制办公室在每年 4 月底前将“一市一考”上年度考核结果报省级总河长审定。

第六条　考核评定采用评分法，满分为 100 分。根据实际需要设置加减分项，最多加 5 分，最多减 5 分。考核结果划分为优秀、良好、合格、不合格四个等级，90 分以上（含 90 分）为优秀，80～90 分（含 80 分）为良好，60～80 分（含 60 分）为合格，60 分以下为不合格。

第七条　因工作开展不力或造成不良影响受到国家或省通报批评、约谈的，其市（自治州）级总河长或市（自治州）级河长，本年度考核不得评为优秀；被通报批评、约谈，多次整改落实不到位的，本年度考核为不合格。

第八条　对年度考核等次评为优秀的市（自治州）级总河长、市（自治州）级河长，省级予以通报表扬，对在河（湖）长制工作中取得显著成绩的单位和个人，按照国家和省有关规定给予表彰。

第九条　年度考核不合格的市（自治州）级总河长、市（自治州）级河长，在考核结果公告一个月内，市（自治州）级总河长向省级总河长作出整改落实书面报告，市（自治州）级河长向对应的省级河长作出整改落实书面报告。整改落实不到位或连续两年考核不合格的，由省级总河长或对应的省级河长对其进行约谈。对于年度考核结果不合格，对社会反映强烈的江河湖库保护问题处置失当，对因失职、渎职、不担当、不作为导致江河湖库资源环境遭受损害，造成严重后果，提请省纪委、省监委等部门对相关人员进行追责问责。

第十条　经省级总河长审定的“一市一考”、“一河一考”年度考核结果交由组织部门作为对市（自治州）级总河长、市（自治州）级河长综合考核评价的重要依据，并向社会公告。

第十一条　对在考核工作中有瞒报、谎报等弄虚作假的行为，责令整改并予以通报批评，本年度考核不得评为优秀，情节严重的，提请省纪委、省监委等部门对相关人员进行追责问责。

第十二条　对省级责任单位的考核，按照省目标办要求执行。

第十三条　各地参照修订执行。本制度自印发之日施行，原《贵州省全面推行河长制工作考核暂行办法》同时废止。

第九节　贵州省全面推行河长制工作督查督办制度

为规范贵州省全面推行河（湖）长制督查督办工作，依据中共中央办公厅国务院办公厅印发的《关于全面推行河长制的意见》《关于在湖泊实施湖长制的指导意见》和《贵州省全面推行河（湖）长制总体工作方案》，结合实际，根据工作需要，对《贵州省全面推行河长制督查督办制度（试行）》进行修订，特制定本制度。

第一条　本制度适用于贵州省全面推行河（湖）长制工作省级督查督办。

第二条　督查督办主体。

督查督办包括省总河长督查督办、省级河长督查督办、省委督查室和省政府督查室督查督办、省河长制办公室督查督办和省级责任单位督查督办。

省总河长、省级河长负责对全省河湖特别重大的事项进行督查督办，省委督查室和省政府督查室负责对省总河长的批示、指示及重大事项落实情况进行督查督办，省河长制办公室负责对全省河（湖）长制工作进行督查督办，省级责任单位负责对对应河湖的河（湖）长制工作进行督查督办。

第三条　督查督办内容。

（一）河（湖）长制主要任务实施及有关工作开展情况。包括统筹河湖管理保护规划、落实最严格水资源管理制度、加强江河源头、水源涵养区和饮用水源地保护、加强水体污染综合防治、强化水环境综合治理、推进河湖生态保护与修复、加强水域岸线及挖砂采石管理、完善河湖管理保护法规及制度、加强行政监管与执法、加强河湖日常巡查和保洁、加强信息平台建设等主要任务实施情况；信息公开、宣传引导、经验交流、专项行动等工作开展情况。重点督查制度、年度细化方案和“一河一策”方案明确的年度目标任务落实情况。

（二）贯彻落实领导的指示、批示情况。根据省总河长、省级河长在巡河、会议、文件等作出的指示、批示，相关部门落实有关事项的情况。

（三）问题整改落实情况。检查、督导发现问题及媒体曝光、公众反映问题的整改落实情况。

第四条　督查方式及要求。

督查采取明察和暗访相结合的方式进行，分为综合督查和专项督查。

综合督查由省河长制办公室统筹，有关省级责任单位牵头，其他省级责任单位参与组成督查组赴各地进行督查，每年不少于1次。各督查组在督查结束后10个工作日内向省河长办提交督查报告，省河长办整理汇总后报省副总河长，特别重大事项的督查报告报省总河长。省河长制办公室按“一市一单”方式反馈各地限时整改。

专项督查由省河长制办公室或各省级责任单位负责。省河长制办公室可根据本年度河湖管理保护的专项行动开展督查；省级责任单位可结合实际赴对应负责河湖所在地进行督查，将督查发现的问题发相关市（自治州）整改落实，并将各地整改情况汇总后报对应的省级河长，抄报省河长制办公室。

根据工作需要督查主体可采取书面督查方式进行督查。

第五条　督办程序及要求。

（一）交办。主要采用“河长令”“督办函”等书面形式交办任务。“河长令”按程序由省总河长、省副总河长、省级河长签发；“督办函”由省委督查室、省政府督查室、省河长制办公室和省级责任单位发文。督办文件明确督办任务、承办单位、办理期限等。

（二）承办。承办单位接到任务后，应当按要求按时保质完成。交办事项涉及多个承办单位的，主办单位负责组织协调，其他单位积极主动配合。在办理过程中出现分歧、难以协调，由主办单位报请对应河长解决，承办单位应及时将办理情况报督办单位。

（三）督办。督办单位应当做好交办事项的跟踪督促，实时掌握问题解决进展情况，及时将整改落实情况报有关领导或单位。

第六条　各地参照修订执行。本制度自印发之日施行，原《贵州省全面推行河长制督查督办制度（试行）》同时废止。

工作篇

第十章 河湖长制问与答

我国涉水机构主要由以环境保护和水污染治理为主要任务的环保部门以及以水资源管理和保护为主要任务的水行政主管部门等水利部门组成，另外住建、农业、林业、发改、交通、渔业、海洋等部门也在相应领域内承担着与水有关的行业分类管理职能。这种分散管理体制导致了现有水资源管理体制中“多龙管水”的现状。

改革开放以来，经济高速增长的同时，中国生态环境遭到了巨大破坏，尤其是水生态环境破坏比较严重。河湖长制主要面对河流、湖泊水环境治理和保护，是一个制度的创新。

1. 问题：什么是河湖长制?

河长制是从河流水质改善领导督办制、环保问责制衍生出来的，由各级党政主要负责人担任辖区内相关河流的“河长”负责河道水环境治理和保护的一种管理制度。

河长制是在不突破现行“九龙治水”的权力配置格局下，通过由当地党政负责人担任河长，设立河长制领导小组、河长制办公室，明确各级河长体系等措施，有效地促使多个相关职能部门之间的协调与配合，形成多部门、多层级的联动机制。原先松散的涉水部门被整合进一个层级严密、分工明确的组织体系中，大大加强了对河湖问题的整治力度。可以整合水污染治理相关职能部门的资源，实现集中管理。

湖长制是在河长制基础上及时和必要的补充，其实施有利于促进绿色生产生活方式的形成，有利于建立流域内社会经济活动主体之间的共建关系，形成人人有责、人人参

与的管理制度和运行机制。

2. 问题：河湖长制的主要任务是什么？

中共中央办公厅、国务院办公厅印发的《关于全面推行河长制的意见》中提出六项主要任务：①加强水资源保护；②加强河湖水域岸线管理保护；③加强水污染防治；④加强水环境治理；⑤加强水生态修复；⑥加强执法监管。

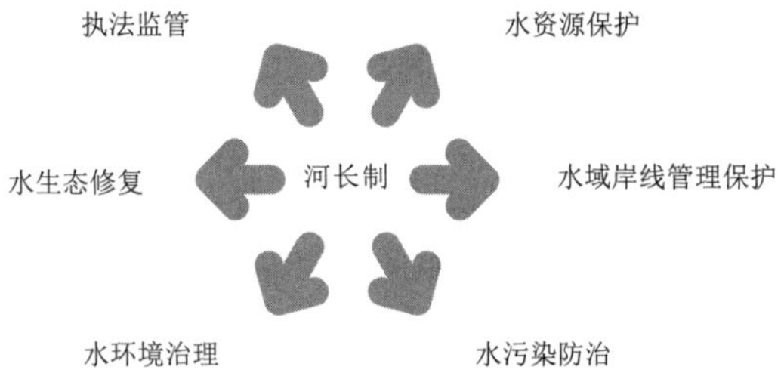

中共中央办公厅、国务院办公厅印发的《关于在湖泊实施湖长制的指导意见》中提出六项主要任务：①严格湖泊水域空间管控；②强化湖泊岸线管理保护；③加强湖泊水资源保护和水污染防治；④加大湖泊水环境综合整治力度；⑤开展湖泊生态治理与修复；⑥健全湖泊执法监管机制。

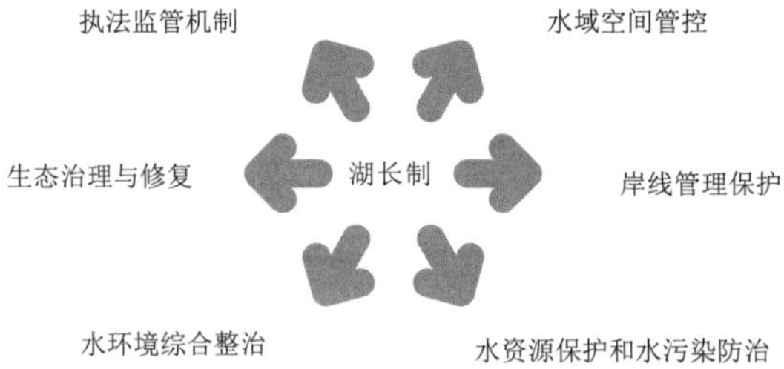

3. 问题：为什么建立河湖长制？

全面推行河湖长制，是我国水治理体制和生态环境制度的重要创新，也是推进生态文明建设的重大举措。

（1）为落实绿色发展理念。加强河湖管理保护，实现河畅、水清、岸绿、景美的美好图景，是加快生态文明建设和美丽中国建设的必然要求，也是人民群众对美好生活的热切期盼。落实绿色发展理念，必须将河湖管理保护当作生态文明建设的重要内容，并将其作为加快转变发展方式的重要抓手。因此，全面推行河湖长制的实施能够促进经济社会可持续发展。

（2）为解决我国复杂水问题。当前我国新老水问题交织，集中体现在河湖水域萎缩、水体质量下降、生态功能退化等方面。特别是一些地方对河湖重开发轻保护，重治标轻治本。侵占河道、围垦湖泊、超标排污、非法采砂等现象时有发生，河湖不堪重负。如要解决这些问题，亟须大力推行河湖长制，推进河湖系统保护和水生态环境的整体改善，维护河湖健康生命。

（3）为完善水治理体系。河湖管理是水治理体系的重要组成部分。近年来，一些地区探索建立了党政主导、高位推动、部门联动、责任追究的河湖管理保护机制，积累了许多可复制、可推广的成功经验。实践证明，维护河湖健康生命、保障国家水安全，需要大力推行河湖长制，充分发挥地方党委政府的主体作用，明确责任分工、强化统筹协调，形成人与自然和谐发展的河湖生态新格局。

4. 问题：贵州省“十四五”实施河湖长制的目标是什么?

在2017年年底已全面建立河长制的基础上，达成以下目标。

用水总量控制方面：全省用水总量控制在138.86亿立方米以内，万元GDP用水量和万元工业增加值用水量较2020年均下降16%。

在城乡环境整治方面：县城以上城市生活污水处理率达到95%，农村生活污水治理率达到25%，农村黑臭水体治理率达到国家考核要求。

统筹山水林田湖草治理方面：石漠化综合治理面积35.5万公顷，新增水土流失综合治理面积149万公顷，水土保持率达到75.05%，森林蓄积量达到6亿立方米，历史遗留矿山恢复治理1000公顷，湿地保护率达到51.5%。

水环境质量方面：主要河流出境断面水质优良率和县城以上集中式饮用水水源地水质达标率保持在100%，地表水达到或好于Ⅲ类水体比例保持在90%以上。

涉水空间管控制度基本建立，重点区域水土流失得到有效治理和修复，江河湖库水源涵养与保护能力得到明显提升，重要河湖生态流量基本得到保障，水环境状况明显改善，河畅、水清、岸绿、景美河湖建设格局基本形成，建成一批“美丽河湖”“健康河湖”“幸福河湖”。

5. 问题：各级河湖长的工作职责和工作任务是什么?

水利部于2021年5月印发《河长湖长履职规范（试行）》是为深入落实中共中央办公厅、国务院办公厅《关于全面推行河长制的意见》《关于在湖泊实施湖长制的指导意见》精神，进一步细化各级河长湖长职责任务，规范各级河长湖长履职行为，发挥各级河长湖长履职作用，推动河湖长制落地生根见实效制定的规范。

（1）各级河湖长的主要职责。总河长负责组织领导本行政区域内河湖管理和保护工作，是本行政区域全面推行河湖长制工作的第一责任人，对本行政区域内的河湖管理和保护负总责。

最高层级河长湖长对相应河湖管理和保护负总责，分级分段（片）河长湖长对本辖区内相应河湖管理和保护负直接责任。各级河长湖长负责组织领导相应河湖的管理和保护工作，包括水资源保护、水域岸线管理、水污染防治、水环境治理等，牵头组织对侵占河道、围垦湖泊、超标排污、违法养殖、非法采砂、破坏航道、电毒炸鱼等突出问题依法进行清理整治，协调解决重大问题；统筹协调湖泊与入湖河流的管理保护工作，对跨行政区域的河湖明晰管理责任，协调上下游、左右岸实行联防联控；对相关部门（单位）和下一级河长湖长履职情况进行督导，对目标任务完成情况进行考核，强化激励问责。

（2）各级河湖长的主要任务。

1）总河长：审定河湖管理和保护中的重大事项、河湖长制重要制度文件，审定本级河长制办公室职责、河湖长制组成部门（单位）责任清单，推动建立部门（单位）间协调联动机制；主持研究部署河湖管理和保护重点任务、重大专项行动，协调解决河湖长制推进过程中涉及全局性的重大问题；组织督导落实河湖长制监督考核与激励问责制度；督导河长湖长体系动态管理，及时向社会公告；完成上级总河长交办的任务。

2）省级河长湖长：审定并组织实施相应河湖“一河（湖）一策”方案，组织开展相应河湖突出问题专项整治，协调解决相应河湖管理和保护中的重大问题；明晰相应河湖上下游、左右岸、干支流地区管理和保护目标任务，推动建立流域统筹、区域协同、部门联动的河湖联防联控机制；组织对省级相关部门（单位）和下一级河长湖长履职情况进行督导，对目标任务完成情况进行考核；完成省级总河长交办的任务。

3）市、县级河长湖长：定期或不定期巡查河湖，审定并组织实施相应河湖“一河（湖）一策”方案或细化实施方案，组织开展相应河湖突出问题专项治理和专项整治行动；协调和督促相关部门（单位）制定、实施相应河湖管理保护和治理规划，协调解决规划落实中的重大问题；组织开展相应河湖问题整治，督促下一级河长湖长及本级相关部门（单位）处理和解决河湖出现的问题，依法依规查处相关违法行为；组织对本级相关部门（单位）和下一级河长湖长履职情况进行督导，对年度任务完成情况进行考核；组织研究解决河湖管理和保护中的有关问题；完成上级河长湖长及本级总河长交办的任务。

4）乡级河长湖长：开展河湖经常性巡查，对巡查发现的问题组织整改，不能解决的问题及时向相关上级河长湖长或河长制办公室、有关部门（单位）报告；组织开展河湖日常清漂、保洁等工作，配合上级河长湖长、有关部门（单位）开展河湖问题清理整治或执法行动；完成上级河长湖长交办的任务。

5）村级河长湖长：组织订立河湖保护村规民约，开展河湖日常巡查，对发现的涉河湖违法违规行为进行劝阻、制止，不能解决的问题及时向相关上级河长湖长或河长制办公室、有关部门（单位）报告；完成上级河长湖长交办的任务。

6. 问题：全面建立河湖长制的标准是什么?

全面建立河长制以“四个到位”为标准，即工作方案到位、组织体系和责任落实到位、相关制度和政策措施到位、监督检查和考核评估到位。

（1）工作方案到位。党委各级政府都要出台河长制工作方案，各地工作方案要结合本地河湖管理保护实际，明确本地推行河湖长制的主要任务、组织形式、监督考核、保障措施等内容，明确各项任务的时间表、路线图和阶段性目标。

（2）组织体系和责任落实到位。全面建立省、市、县、乡、村五级河湖长制体系，明确各级河湖长的职责和上下级河湖长的关系，乡以上都要建立河湖长制办公室，明确牵头部门和组成部门，落实工作人员，明确职责分工，搭建协调有序、运转高效、责任落实的工作平台。

（3）相关制度和政策措施到位。全面推行河湖长制需要一套完整的制度体系，包括河湖长会议制度、信息共享制度、督导检查制度、验收制度和考核问责与激励制度等。

（4）监督检查和考核评估到位。各地建立完善的监督检查和考核评估机制，落实政府监督与社会监督，严格按照有关规定追究责任。

7. 问题：贵州省河湖长制工作制度有哪些?

（1）贵州省全面推行河长制省级会议制度。河长制省级会议制度包括省级“总河长”

会议、省级“河长”会议、省级河长制部门联席会议。省级“总河长”会议主要任务是研究决定“河长制”重大决策、重要规划、重要制度；研究确定“河长制”年度工作要点和考核方案；研究“河长制”表彰、奖励及重大责任追究事项；协调解决全局性重大问题；经省级“总河长”同意研究的其他事项。

（2）贵州省河长巡河制度。本制度所称的河长，是指省、市、县、乡、村五级河长。本制度所称的巡河，是指各级河长通过对责任河道（湖泊、水库）巡回检查，及时发现问题，并予以解决或提交相关部门处理或向上级河长报告，请求协调解决问题。河长巡河结束后，河长对应责任单位应及时整理巡河记录，并建立巡河台账存档备查。

省、市、县级河长巡河记录由本级责任单位整理，并报本级河长办。

乡、村级河长巡河记录，应及时整理并报县河长办。

（3）贵州省全面推行河（湖）长制工作考核问责办法。考核采取统一考核和差异化考核相结合，实行“一年一考”，按照“一河一考”“一市一考”，即省级河长对市（自治州）级河长进行考核、省级总河长对市（自治州）级总河长进行考核。“一河一考”由省河长制办公室统筹，河湖对应的省级责任单位会同有关省级河湖长制联席会议成员单位组成考核工作组具体负责；“一市一考”由省河长制办公室会同有关省级河湖长制联席会议成员单位组成考核工作组具体负责。“一河一考”“一市一考”可根据实际委托第三方专业机构进行考核。

（4）贵州省全面推行河湖长制工作督查督办制度。督查督办包括省总河长督查督办、省级河长督查督办、省委督查室和省政府督查室督查督办、省河长制办公室督查督办和省级责任单位督查督办。

省总河长、省级河长负责对全省河湖特别重大的事项进行督查督办，省委督查室和省政府督查室负责对省总河长的批示、指示及重大事项落实情况进行督查督办，省河长制办公室负责对全省河湖长制工作进行督查督办，省级责任单位负责对对应河湖的河湖长制工作进行督查督办。

（5）贵州省全面推行河湖长制工作信息报送及通报制度。信息报送及通报必须遵循及时、准确、高效的原则，做到不漏报、不迟报、不错报，避免有问题不汇报等情况发生。信息报送分常规信息报送和专报信息报送。省河长制办公室负责河湖长制工作通报，通报内容由办公室主任或分管副主任审签。重要事项须由省总河长、省副总河长或省级河长签发。工作通报以会议、文件、工作简报等方式进行。河湖长制工作通报原则上“一月一通报”。重要的工作调度、工作进展及工作中的重要事项适时通报。

建设贵州河湖大数据管理信息系统，需融合水利、生态环境、住建、自然资源、公安、交通、农业、林业等多部门数据，做到信息畅通、数据互通、资源共享。不断强化对河湖水域等的远程监测、监控，提高河湖管理现代化水平。有关部门应在河湖长制工作框架下，在不违反国家相关规定的基础上，优化部门间的信息共享和交流。

（6）贵州省全面推行河长制省级验收办法。省级验收工作在省总河长、省副总河长、省级河长领导下，由省河长制办公室组织，相关省级责任单位人员参加。验收实行百分制，评分结果分为优秀、良好、合格和不合格四个档次。90 分以上（含 90 分）为优秀，80～90 分（含 80 分）为良好，60～80 分（含 60 分）为合格，60 分以下为不合格。

（7）贵州省省级河湖志愿者监督员管理办法。省级河湖志愿者监督员由省水利厅、省河长办、团省委、省志愿者行动指导中心根据工作需要进行招募、选拔和管理，由水利厅河长制工作处、省志愿者行动指导中心负责具体工作。

省水利厅河长制工作处负责省级河湖志愿者监督员的业务管理，督促河湖辖区县（市、区）河长办对省级河湖志愿者监督员发现、反馈的河湖问题、线索、情况进行受理，对省级河湖志愿者监督员提出的业务问题进行解答反馈，指导志愿者监督员开展工作。省志愿者行动指导中心负责志愿者监督员招募选拔、日常管理、服务保障、考评考核等队伍建设，组织省级河湖志愿者监督员开展工作。

由省志愿者行动指导中心从西部计划志愿者中择优选拔以及通过社会公开招募，经与省水利厅河长制工作处会商，进行聘用，发放聘用证书，一年一聘，一年后自动解聘。

8. 问题：贵州省实施乡村振兴战略加强农村河湖管理的工作目标是什么？

通过集中开展河湖“清四乱”专项行动、农村环境整治、畜禽养殖整治等，到2019年年底前，明显改善农村河湖“脏、乱、差”的面貌。推进美丽宜居乡村建设，提高群众自觉保护水环境的意识，到2020年，有效实现水环境污染源头减量，农村水环境质量明显改善。到2022年，农村河湖管理、垃圾处理、污水治理、面源污染治理等长效机制基本建立，基本建立河畅、水清、岸绿、景美的宜居乡村。在此基础上，巩固治理成果，推动农村水环境质量持续改善，为实施乡村振兴战略目标创造条件。

9. 什么是“有名”到“有实”？

中共中央办公厅、国务院办公厅印发《关于全面推行河长制的意见》以来，各地各有关部门狠抓落实，截至2018年6月底，全国31个省（自治区、直辖市）全面建立河长制，每条河流都有了河长。全面推行河长制已进入新阶段，为推动河长制尽快从“有名”向“有实”转变，从全面建立到全面见效，实现名实相符，水利部印发了《关于推动河长制从“有名”到“有实”的实施意见》。

“有名”包括河湖长组织体系建设、河湖管护制度及机制建设等。河湖长组织体系建设主要包括总河长、各级河湖长设立等；河湖管护制度及机制建设主要包括六项制度、部门协作机制、资金投入机制、公众参与机制等。

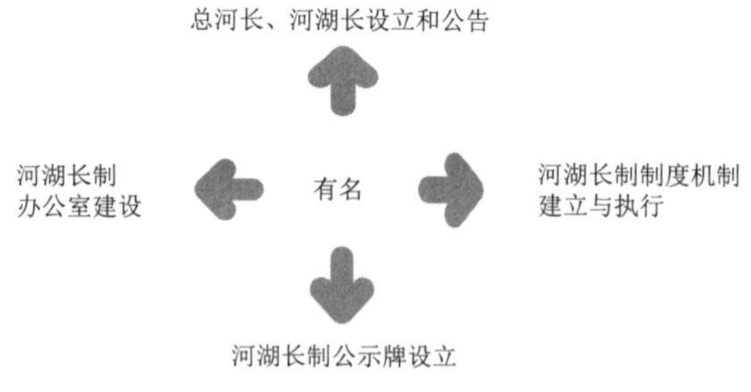

“有实”包括河湖长履职、工作组织推进、河湖管理保护及成效等。河湖长履职主要包括按要求巡河（湖）、发现问题及时督办、对下级河湖长考核、组织召开河湖长会议、协调解决重大问题等；工作组织推进主要包括督查下级河（湖）长制工作并推进整改落实、制定考核方案并开展考核验收、编制印发“一河（湖）一策”“一河（湖）一档”、

宣传报道及组织培训等；河湖管理保护及成效主要包括河湖水质及饮用水水源水质达标、城市黑臭水体整治、河湖水域岸线“清四乱”、河湖管理范围划定、河湖生态综合治理修复等。

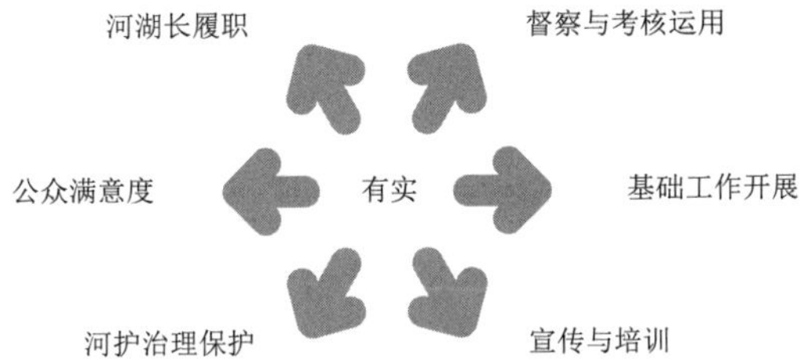

10. 什么是河湖“清四乱”?

为推动河湖长制工作取得实效，进一步加强河湖管理保护，维护河湖健康生命，水利部印发《关于开展全国河湖“清四乱”专项行动的通知》，定于自 2018 年 7 月 20 日起，用 1 年时间，在全国范围内对乱占、乱采、乱堆、乱建等河湖管理保护的突出问题开展专项清理整治行动，简称“清四乱”专项行动。

(1) 乱占主要包括：围垦湖泊，未依法经省级以上人民政府批准围垦河道，非法侵占水域、滩地，种植阻碍行洪的林木及高秆作物等问题。

(2) 乱采主要包括：未经许可在河道管理范围内采砂，不按许可要求采砂，在禁采区、禁采期采砂，未经批准在河道管理范围内取土等问题。

(3) 乱堆主要包括：河湖管理范围内乱扔乱堆垃圾，倾倒、填埋、贮存、堆放固体废物，弃置、堆放阻碍行洪的物体等问题。

(4) 乱建主要包括：水域岸线长期占而不用、多占少用、滥占滥用，未经许可和不按许可要求建设涉河项目，河道管理范围内修建阻碍行洪的建筑物、构筑物等问题。

第十一章　河湖基础知识问与答

1. 问题：河流的定义及其基本要素是什么?

河流是指在重力作用下，集中于地表线性凹槽内的经常性或周期性天然水道的统称。河流包括水流和河床。水面与河床边界之间的区域称为过水断面，相应的面积为过水断面面积，简称为过水面积。天然河道的河床包括河底和河岸；河底与河岸以枯水位为界，以上为河岸，以下为河底。为了避免引起误解，在从事河流的相关工作中，一般不说南岸和北岸，而是说左岸和右岸，约定面向河流下游，位于左侧的河岸称为左岸，位于右侧的河岸称为右岸。

河流的基本要素分为河源、上游、中游、下游、河口、水位等部分。

(1) 河源：河流开始的地方，可以是溪涧、泉水、冰川、沼泽或湖泊等。

(2) 上游：直接连着河源，在河流的上段，它的特点是落差大，水流急，下切力强，河谷狭窄，流量小，河床中经常出现急滩和瀑布。

(3) 中游：其一般特点是河道比降变缓，河床比较稳定，下切力量减弱而旁蚀力量增强，因此河槽逐渐拓宽和曲折，两岸有滩地出现。

(4) 下游：其特点是河床宽，纵比降小，流速慢，河道中淤积作用显著，浅滩到处可见河曲发育。

(5) 河口：河口是河流的终点，也是河流入海洋、湖泊或其他河流的入口，泥沙淤积比较严重。

(6) 水位：水体在某一地点和某一时刻的水面离标准基面的高度。标准基面有两类：一类为绝对基面，另一种为假定基面。

2. 问题：简述湖泊的定义、分类及其水位变化。

湖泊是指陆地上相对封闭的洼地积水形成的、水域比较宽广、换水缓慢的水体。这种相对封闭的洼地称为湖盆。

(1) 湖泊的分类。根据不同的条件，湖泊的分类如下：

按湖盆成因，湖泊可分为构造湖、冰川湖、火口湖、堰塞湖、河成湖、风成湖和人工湖等。

按湖水排泄条件分为外流胡和内陆湖。

按湖泊热状况分为热带湖、温带湖和寒带湖。

按湖水上、下循环现象，分为无循环湖、冷单循环湖、暖单循环湖、双循环湖、寡循环湖、多循环湖。

按湖水矿化度分为淡水湖、咸水湖、盐湖。

按湖水中的营养物质分富营养湖、中营养湖和贫营养湖。

此外，还有一些按其他标准划分的各类湖泊。

（2）湖泊的水位变化。湖泊的水位按变化规律分为周期性和非周期性两种。周期性的年变化主要取决于湖水的补给。降水补给的湖泊，雨季水位最高，旱季最低；冰雪融水补给为主的高原湖泊，最高水位在夏季，最低水位在冬季；地下水补给的湖泊，水位变动一般不大。非周期性的变化往往是因风力、气压、暴雨等造成的。

湖泊是重要的水资源，具有调节河川径流、发展灌溉、提供工业和饮用的水源、繁衍水生生物、沟通航运、改善区域生态环境及开发矿产等多种功能。在国民经济发展中发挥着重要作用的同时，湖泊及其流域还是人类赖以生存的重要场所，湖泊本身对全球变化响应敏感，在人与自然这一复杂的巨大系统中，湖泊是地球表层系统各圈层相互作用的联结点，是陆地水圈的重要组成部分，与生物圈、大气圈、岩石圈等关系密切，具有调节区域气候、记录区域环境变化、维持区域生态系统平衡和繁衍生物多样性的特殊功能。

3. 问题：什么是健康河流？

健康河流既要在一定程度上满足人类社会经济发展的需要，同时也要考虑满足河流生命得以维持和延续的需要。河流健康内涵应包括三方面内容：

一是河流自身的健康程度，主要是指河流的水循环程度和河岸的稳定状况，它是河流生命存在的基础，也是河流实现诸多功能的前提。

二是河流对人类社会经济系统的支撑程度，它综合反映了河流对人类社会和经济的贡献，是人类维护河流健康的初衷和意义所在。

三是河流对流域生态系统的支撑程度，它是河流生命活力的重要标志，影响着流域社会经济的可持续发展。

4. 问题：什么是健康湖泊？

健康的湖泊应同时实现生态系统保护和服务功能的发挥。诊断湖泊的健康状况，应全面考量湖泊的生态功能和服务功能。它应该既维持其生态功能，又能可持续地满足人类经济社会发展对其服务功能的需求。

健康湖泊的基本特征应包括四个方面：

一是有足够的水量和良好的水质，水量供给能够维持生态系统的结构和活力，水质能满足水生生物繁育的需要。

二是河湖保持良好的连通性和完整性。

三是水生生物丰富多样，珍稀和特有水生动物能够生存繁衍，经济鱼类的种群数量得到恢复。

四是能提供维持健全的供水、灌溉、航运、水产养殖、景观等多种服务，满足人们的基本需要。

5. 问题：简述黑臭水体的定义及治理目标。

城市黑臭水体是百姓反映强烈的水环境问题，不仅损害了城市人居环境，也严重影响城市形象。城市黑臭水体整治工作系统性强，工作涉及面广。国务院颁布实施的《水污染防治行动计划》（“水十条”）明确，城市人民政府是整治城市黑臭水体的责任主体，由住房和城乡建设部牵头，会同原环境保护部、水利部、农业部等部委指导地方落实并提出目标。

（1）黑臭水体的定义。2015 年 8 月 28 日中华人民共和国住房和城乡建设部与环境保护部发布的《城市黑臭水体整治工作指南》中对城市黑臭水体给出了明确的定义：一是明确范围为城市建成区内的水体，也就是居民身边的黑臭水体；二是从“黑”和“臭”两个方面界定，即呈现令人不悦的颜色和（或）散发令人不适气味的水体。以百姓的感观判断为主要依据，可将其细分为“轻度黑臭”和“重度黑臭”两级。“轻度黑臭”和“重度黑臭”的分级标准如下表所示。

黑臭水体的分级标准

特征指标/单位	轻度黑臭	重度黑臭
透明的/cm	10* ～25	＜10*
溶解氧/（mg/L）	0.2～2.0	＜0.2
氧化还原电位/mV	－200～50	＜－200
氨氮/（mg/L）	8.0～15	＞15

* 水深不足 25cm 时，该指标按水深的 40%取值。

（2）黑臭水体治理目标。国务院颁布实施的《水污染防治行动计划》（“水十条”）中对黑臭河道治理的目标是：2017 年年底前，地级及以上城市建成区应实现河面无大面积漂浮物，河岸无垃圾、无违法排污口，直辖市、省会城市、计划单列市建成区基本消除黑臭水体；2020 年年底前，地级及以上城市建成区黑臭水体均控制在 10%以内；到 2030 年，全国城市建成区黑臭水体总体得到消除。

6. 问题：简述河道淤积的概念及危害。

（1）河道淤积的概念及成因。河道淤积是指河水中泥沙在河底沉积，导致河床不断升高的现象。

形成原因有河流动力所导致的泥沙相互转换，也有人为破坏所带来的影响。许多河道由于常年没有进行疏导和维护，从而使其淤塞现象逐年加重。同时许多河道的闸门常年处于关闭状态，从而使河道水流的自然流动性受到了不同程度的破坏，削弱了河道的自净能力。另外大量的强降雨，将地表中的土壤颗粒挟带到河流中，从而形成黏附力较强的淤泥，在其不断的淤积下导致河道发生严重的堵塞，使河道的正常功能受到较大的影响。

（2）河道淤积的危害。近年来，许多河道都出现严重的淤积情况，不仅影响了河道的通航和泄洪能力，同时还对河道的生态功能产生了一定的破坏作用。

由于河道淤积，河床逐步抬高，致使河道防洪、除涝标准降低，河道上拦河节制闸的防洪、蓄水等调节功能也大大下降，直接影响水利工程的灌溉、补源、防洪、除涝等效益发挥和防汛安全。

河道淤积还将引起拦河闸上游水位升高，沿岸附近地区地下水位上升，极易导致土壤沼泽化和盐碱化，威胁城乡及防汛等安全，严重影响工农业生产和居民生活。另外，在汛期，由于水闸的调度运行，会冲刷水闸下游的河槽，导致河床降低，有时还会出现河水倒流或横流等现象，不便于河道的管理与维护。

7. 问题：什么是水体富营养化？有哪些危害？

（1）水体富营养化的概念。水体富营养化是指湖泊、水库等水域的植物营养成分（氮、磷等）不断补给、过量积累，致使水体营养过剩的现象。富营养化是一种由来已久的环境现象，但人类活动促进和加剧了富营养化的发展。农田施肥、农业废弃物、城市生活污水和工业污水中营养物质输入都是导致水体富营养化的原因。

（2）水体富营养化的危害。水体富营养化会导致水质下降、水产资源被破坏和湖泊衰退等。在富营养化的水体中生长着以蓝藻、绿藻为优势种类的大量水藻。由于表层有密集的水藻，会使水质变得浑浊，湖水感官性状大为下降；而且阳光难以投射进入湖泊深层，湖底植物无法进行光合作用；藻类死亡后不断地腐烂分解，会消耗深层水体中的大量溶解氧，使水体溶解氧降低。植物富营养物质氮素在水中经微生物作用后，可氧化成硝酸根，其中间产物亚硝酸根，是一种潜在的致癌物质，对人体健康有害。

一方面，一旦水体出现富营养化状态，水体正常的生态平衡被扰乱，生物种群量会出现剧烈的波动，这种生物种类演替会破坏水生生物的稳定性和多样性。另一方面，富营养化也是水体老化的变现。湖泊中若藻类大量繁殖，将导致严重缺氧，水生动物的生存空间变得越来越少，水道堵塞，恶臭现象频发。

第十二章　河湖治理及巡查问与答

1. 问题：如何落实“一河（湖）一策”？

（1）什么是“一河（湖）一策”？

中共中央办公厅、国务院办公厅印发的《关于全面推行河长制的意见》中要求：“立足不同地区、不同河湖实际，统筹上下游、左右岸，实行一河一策、一湖一策，解决好河湖管理保护的突出问题。”落实“一河（湖）一策”，就是针对每条河湖各自的情况，摸清河湖健康现状、科学诊断河湖存在的突出问题，确定河湖保护与治理工作目标和主要任务，提出河湖水资源管理、河湖资源保护、水污染防治、水环境综合治理、生态修复、长效管护、执法监督、综合功能提升等方面的保护治理措施。

（2）“一河（湖）一策”的工作目标是什么？

梳理河湖主要问题。从水资源、河湖资源、水环境、水生态、水管理等多个方面，对河湖保护与治理现状进行全面梳理，结合河湖保护与治理的现实需求，分析河湖保护与治理存在的主要问题，查找问题产生的原因。

确定保护治理目标。在已有的上位规划和方案的目标和控制性指标要求分析的基础上，确定本河湖保护治理的总体目标和控制性指标，并分解落实到各河段。同时以问题为导向，系统查找河湖现状与治理目标要求之间的差距，确定河湖保护与治理的主要任务。

制订管控行动计划。根据河湖保护与治理的目标与任务要求，围绕河湖水资源管理、河湖资源保护、水污染防治、水环境综合治理、生态修复、执法监督、综合功能提升等方面，从治理和管控两方面入手，因地制宜，以2017—2020年为重点，提出河湖保护治理的对策措施，拟定实施计划安排，明确时间节点要求，落实责任分工。

（3）如何落实“一河（湖）一策”行动？

应在前期调研的基础上，编制“一河（湖）一策”行动计划。计划的主要任务是形成“五个清单”和“两张表”，即问题清单、目标清单、任务清单、措施清单和责任清单，目标任务分解表和实施计划安排表。

2. 问题：如何编制“一河（湖）一策”行动计划？

（1）“一河（湖）一策”的编制思路。

一是根据河湖已有规划和方案确定的相关成果内容，结合河湖自然环境禀赋条件和资源环境承载状况，以及河湖水功能区的功能定位，结合河湖水资源、河湖资源、水生态、水环境等方面的本底条件，以及防洪除涝、供水、航运等综合功能，摸清河湖存在的主要问题，找准河湖各类问题产生的原因，形成河湖问题清单。

二是针对河湖存在的突出问题，结合河湖保护治理的迫切需求，合理确定河湖保护治理总目标和分阶段目标，通过查找河湖现状情况与目标要求的差距，确定河湖保护治理的主要任务，形成目标清单和任务清单。在河段目标任务分解基础上，编制河段目标任务分解表。

三是以相关规划和方案成果为基础，结合河湖现状问题与治理需求分析，针对水资源管理、河湖资源保护、水污染防治、水环境治理、生态修复、长效管护、执法监督、综合功能提升等方面，从治理和管控两方面入手，提出河湖保护治理的相关措施，形成措施清单。

四是按照河湖保护治理工作的紧迫性，确定保护治理措施的实施安排、分工方案以及进度要求等，明确各级河长、河长办及有关部门的责任，形成责任清单和实施计划表。

（2）“一河（湖）一策”的编制流程。

1）明确编制单元。按照河湖水系树状结构关系和省、市、县、乡管理权限，逐级梳理，确定方案编制单元。以贵州省为例，省级负责编制的是设省级河湖长的 32 条河流和草海。省河湖长制办公室组织有关专家、省级各责任单位、所涉市（自治州）河长办（水务局）对省级河（湖）长 32 条河流及草海“一河（湖）一策”方案（2021—2023）开展专家评审。

2）确定编制主体和单位。根据已确定的编制单元，按照河湖的最高级河长设置情况，选定同级河长办作为编制主体负责方案编制的组织工作，并由各级河长办确定具体编制单位。

3）收集和整理基础资料。根据方案的编制单元和编制范围，收集和整理河湖基础资料及相关规划、方案成果。

4）开展方案编制。根据已下达的编制任务要求，由各级河长牵头，同级河长办负责组织所属河湖方案的编制。各级河长制办公室负责指导编制承担单位开展具体编制工作。

5）跨区方案协调。涉及跨市、跨县方案的（指无更高一级河长的情况），由上一级河长办负责审核协调。

6）成果审查与批复。由同级河长办负责组织对方案进行审查，通过后报总河长批准执行。成果批复后，可结合各地实际情况对社会公布，接受社会监督。

按照系统治理的要求，考虑各种需要和可能，因地制宜地制定河湖治理与管控措施，开展管控任务分解，制订实施方案。

3. 如何开展河湖现状调查并分析存在的问题?

（1）河湖现状调查。充分利用已有的各类普查、规划和方案等成果，梳理河湖现状基本情况，分析梳理河湖存在的主要问题，也为“一河（湖）一策”行动计划编制提供基础条件。

1）河湖基本情况调查。包括河湖名称、类别级别、长度（面积）、起泛位置、流域面积、流经区域、出入河道情况、各类监测站点、主要特征值、主要控制建筑物等。

2）水资源及其开发利用调查。包括水资源情况、水资源开发利用情况、其他河湖资源（岸线、水域、渔业、砂土、文化景观等）及其开发利用情况。调查的重点是：取水口（取水口位置、取水单位、取水量、供水对象等），排污口（排污口位置、排污单位、排污量等），沿河（湖）、跨河（湖）、穿河（湖）建筑物，景观休闲设施，围网养殖、航运、采砂、水上运动等涉水项目及活动情况。

3）水环境质量调查。包括工业污染、生活污染、农村农业面源污染、河湖内源污染、船舶港口污染等入河污染源调查，监测断面水质类别、水功能区水质类别及水功能区达标率等。

4）水生态状况调查。包括生态需水、河湖连通性、河湖流动性、水生动植物状况、水土保持状况等。

5）河湖功能状况调查。包括防洪、治涝、调配水、供水、航运等公益性功能情况、治理状况、现状能力等。

6）河湖管理情况调查。包括河湖管理体制、管理机制、管理单位、管理设施、管理范围确权划界、河道蓝线、岸线功能区划分情况等。

（2）存在问题分析。在现状调查的基础上，定量和定性相结合，分析河湖在水资源管理、河湖资源保护、水污染防治、水环境治理、水生态修复、长效管护、监管执法、综合功能发挥等方面存在的主要问题。问题的分析应与目标、任务和措施相结合。对流域性、区域性骨干河湖可参考下述要求分析。

1）水资源管理问题。需要重点分析的有：最严格的水资源管理制度的落实情况，水功能区划方案是否明确或合理，入河排污口管理是否到位，水资源开发利用是否合理等。

2）河湖资源保护问题。需要重点分析的有：水域岸线有无过度开发利用，特别是城镇及其他开发利用需求高的区域有无非法侵占水域岸线；是否存在围湖（填河）造地、围网养殖、占用滩地（水面）、非法采砂的现象；是否存在鱼类过度捕捞、珍稀动植物与种群资源保护不力的现象；是否有历史文化景观被毁损等。

3）水环境问题。需要重点分析的有：工业污水有无直排、偷排现象及其处理标准达标情况，特别是低、小、散等落后企业、加工店、小作坊等对河湖水环境的影响；城镇老旧管网的雨污分流情况，农村生活污水收集处理情况，污水处理能力和排放达标情况；农村畜禽养殖及其污染影响；平原地区种植业的化肥农药使用、生活垃圾等面源污染情况，湖泊围网养殖、水产养殖、船舶污染物等加重内源污染的情况。污染负荷大的沿海经济发达地区和城市密集地区，还应重点分析污染物排放总量、污水集中处理、水功能区达标率、生活和工业点源以及农业面源污染造成的水污染问题等情况。另外还应分析河湖被填埋、断头、淤积、垃圾、沉船、侵占水域岸线等造成水流不畅、严重制约河湖功能等方面的情况。

4）水生态问题。需要重点分析的有：受水质变化影响，水生生物种群数量减少，种类趋向单一、小型化，群落结构简单等，水生态系统出现失衡的现象；部分水资源量紧张、开发利用程度较高的地区，河道外用水挤占河道内生态需水，使得水生生态退化；河道渠化硬化现象普遍，部分河口湿地退化萎缩，水生生物生境遭到破坏，自净能力大大降低；受城市建设、圈圩设闸等多重因素影响，水面率下降，河湖淤积严重，河湖水系连通性、流动性降低，影响了水生态环境，水土流失情况、山丘区水源涵养情况及山区河流的生态基流；水源地水质受蓝藻威胁、部分河网型水源地水质较差、部分水库型水源地存在富营养化趋势等情况。

5）综合功能问题。对照防洪、治涝、调配水、供水、航运等专业规划明确的功能任务和工程安全要求，分析河道、堤防、建筑物是否存在安全隐患，功能和能力是否达到规划要求，是否与经济社会发展要求相适应等。

6）管理问题。需要重点分析的有：管理体制与管理机制是否合理，管护和执法的机制、能力、队伍建设、监管手段等方面存在的不足，河湖管理范围是否明确，划界确权是否完成，岸线利用与管理规划编制情况，岸线功能分区是否明确等。

4. 河湖治理规划应如何编写？

编写河湖治理规划可以分为下列 8 个步骤，现状调研、发现问题，治理原则、治理目标、治理措施、可行性分析、效益分析、完善修改。

治理规划的编写须注意：

（1）应介绍治理区域的地理条件和水文条件。河湖是河湖治理规划的对象，需要详细介绍，并进行特点分析、分类等。

（2）应确定河湖功能定位，也就是期望通过治理河湖所达到的效果。这一部分确定了规划的方向和内容，明确了规划的目的。要注意生态和经济效益的矛盾和统一，需要以安全为主，贯彻可持续发展的理念，追求生态、经济、社会效益的最大化。

（3）规划应该点、线、面结合，通过某一河湖的这一点，延伸到周围河道或者水域的线，再到流域地区的面，统筹定位、统一规划，通过整体和部分相结合的原则来进行治理和规划，才能更加合理。

（4）在具体的规划中，应明确各河湖及有关工程的位置、工程量及所需资源、资金等问题，明确分工和时间节点等问题。同时也应该考虑国家政策以及规划内容的可行性和合理性。

5. 河湖健康评价分类标准

河湖健康分为五类：一类河湖（非常健康）、二类河湖（健康）、三类河湖（亚健康）、四类河湖（不健康）、五类河湖（劣态）。

河湖健康分类根据评估指标综合赋分确定，采用百分制，河湖健康分类、状态、赋分范围、颜色和 RGB 色值说明见下表。

分　类	状　态	赋分范围	颜　色		RGB 色值
一类河湖	非常健康	$90 \leqslant RHI \leqslant 100$	蓝		0，180，255
二类河湖	健康	$75 \leqslant RHI < 90$	绿		150，200，80
三类河湖	亚健康	$60 \leqslant RHI < 75$	黄		255，255，0
四类河湖	不健康	$40 \leqslant RHI < 60$	橙		255，165，0
五类河湖	劣态	$RHI < 40$	红		255，0，0

一类河湖，说明河湖在形态结构完整性、水生态完整性与抗扰动弹性、生物多样性、社会服务功能可持续性等方面都保持非常健康状态。

二类河湖，说明河湖在形态结构完整性、水生态完整性与抗扰动弹性、生物多样性、社会服务功能可持续性等方面保持健康状态，但在某些方面还存在一定缺陷，应当加强日常管护，持续对河湖健康提档升级。

三类河湖，说明河湖在形态结构完整性、水生态完整性与抗扰动弹性、生物多样性、社会服务功能可持续性等方面存在缺陷，处于亚健康状态，应当加强日常维护和监管力度，及时对局部缺陷进行治理修复，消除影响健康的隐患。

四类河湖，说明河湖在形态结构完整性、水生态完整性与抗扰动弹性、生物多样性等方面存在明显缺陷，处于不健康状态，社会服务功能难以发挥，应当采取综合措施对河湖进行治理修复，改善河湖面貌，提升河湖水环境水生态。

五类河湖，说明河湖在形态结构完整性、水生态完整性与抗扰动弹性、生物多样性等方面存在非常严重问题，处于劣性状态，社会服务功能丧失，必须采取根本性措施，重塑河湖形态和生境。

6. 什么是河道整治：该如何进行河道整治?

(1) 河道整治的概念。河道整治是按照河道演变规律，因势利导，调整、稳定河道主流位置，改善水流、泥沙运动和河床冲淤部位，以适应防洪、航运、供水、排水等国民经济建设要求的工程措施。河道整治包括控制和调整河势、裁弯取直、河道展宽和疏浚等。

(2) 河道整治规划。要全面研究拟整治河段和毗连的上下游河段可能有的整治开发问题。要调查了解社会经济、河势变换及已有的河道整治工程情况，进行水文、泥沙、地质、地形的勘测，分析研究河床演变的规律，确定规划的主要参数，如设计流量、设计水位比降水深、河道平面和断面形态指标（包括洪、中、枯水三种情况）等，依照整治任务拟订方案，通过比较，选取优化方案，使规划实施后的总效益最大。对于重要的工程，在方案比较选取时，须进行数学模型计算和物理模型试验。

(3) 河道整治的原则。河道整治的原则包括：①上下游、左右岸统筹兼顾；②依照河势演变规律因势利导，并要抓紧演变过程中的有利时机；③河槽、滩地要综合治理；④根据需要与可能，分清主次，有计划、有重点地布设工程；⑤对于工程结构和建筑材料，要因地制宜，就地取材，以节省投资。

(4) 河道整治的工程布局。以防洪为目的的河道整治，要保证有足够的排洪断面，避免出现影响河道宣泄洪水的过分弯曲和狭窄的河段，主槽要保持相对稳定，并加强河段控制部位的防护工程。以航运为目的的河道整治，要保证航道水流平顺、深槽稳定，具有满足航道要求的水深、航宽、河弯半径和流速、流态，还应注意船行对河岸的影响。以饮水为目的的河道整治，要保证取水口段的河道稳定且无严重的淤积。

整治工程的布局，应能使水流按治导线流动，以达到控制河势、稳定河道的目的。建筑物的位置及修筑顺序，需要结合河势现状及发展趋势确定。

(5) 河道整治的措施。河道整治可采取挖深、取直和清障等方式来提高河槽的过流能力，从而减少进入洪泛平原洪水的深度、淹没范围和历时。具体措施有：①修建河道整治建筑物控制、调整河势，如修建丁坝、顺坝、锁坝、护岸、潜坝、鱼嘴等，有时还可采用环流建筑物。②对于过分弯曲的河道，实施河道裁弯工程。③对于堤距过窄或有少数突出山嘴的卡口河段实施河道展宽工程。通过退堤以展宽河道，有的还以退堤和扩槽相结合进行整治。④疏浚可通过爆破、机械开挖及人工开挖完成。在平原河道，多采用挖泥船等机械疏浚，在山区河道则通过爆破和机械开挖等方式拓宽、浚深水道。

7. 河湖治理的生态修复工程措施有哪些?

(1) 水生态修复的目的与作用。水生态修复就是通过一系列措施，将已经退化或损坏的水生态系统恢复、修复，使其基本达到原有水平或超过原有水平，并保持其长久稳定。其目的和作用如下。

1) 水生态修复的目的是修理并恢复水体原有的生物多样性、连续性，充分发挥资源的生产潜力，同时起到保护水环境的目的，使水生态系统转入良性循环，达到经济和生态同步发展。

2) 水生态修复的主要作用是通过保护、种植、养殖、繁殖适宜在水中生长的植物、动物和微生物，改善生物群落的结构和多样性；增强水体的自净能力，消除或减轻水体污染；生态修复区域在城镇和风景区附近的，应具有良好的景观作用，其生态修复具有美学价值，可以创造城市优美的水生态景观。

3) 湿地的水生态修复一般需要经过较长一段时间才能趋于稳定并发挥其最佳作用，3～5 年可初步发挥作用，10～20 年才能发挥最佳的作用。种植水面植物（含生态浮床和浮游水面植物）能在较短时间内发挥作用，可作为先锋技术采用。治理工作必须立足长治久安，遵循生态学的基本规律。

(2) 水生态修复的分类及措施。水生态修复一般分为人工修复和自然修复两类。生态缺损较大的区域，以人工修复为主，并与自然修复相结合，以人工修复促进自然修复；现状生态较好的区域，以保护和自然修复为主，人工修复主要是为自然修复创造更良好环境，加快生态修复进程，促进稳定化过程。进行人工修复的区域，一方面需根据现代社会的观念和市民的愿望按照城镇和农村水域的不同功能进行生态修复；另一方面应尽量仿自然状态进行修复，特别是农村区域。水生态系统得到初步恢复后，加强管理和长效管理，确保其顺利转入良性循环。

水生态修复技术包括“控源减污、基础生境改善、生态修复和重建、优化群落结构”四项技术措施。水体生态修复不仅包括开发、设计、建立和维持新的生态系统，还包括生态恢复、生态更新、生态控制等内容，同时充分利用水调度手段，使人与环境、生物与环境、社会经济发展与资源环境达到持续的协调统一。

其中生态修复和重建应注意以下几点：①种植水生植物要选择适合的种类和品种并合理搭配；②生态修复要选择适当的时机；③生态修复要创造适宜的生物生长环境；④合理养殖水生动物；⑤提倡乡土品种，防止外来有害物种对本地生态系统的侵害；⑥优化群落结构。

8. 如何治理黑臭水体?

黑臭水体的处理方法大致分为物理法、化学法以及生物法。物理法和化学法对于处理黑臭水体存在费用高的弊端，并且化学法存在二次污染的风险。但是目前国外的一些应用表明，物理法和化学法在一些处理实例中仍然效果良好，对于某些只采用生物法处理效果无法达标的污水有较好的作用。

(1) 物理修复。目前主要的物理处理方法包括截污、调水、清淤等水利工程，以及机械除藻、引水稀释、人工造流等。

河流黑臭问题的本质是污染物输入超过了河流水环境容量。在流域尺度上采取污染源工程治理等截污措施，能够大幅度削减入河污染负荷，是消除黑臭问题的首要举措。

1) 污泥疏浚。疏浚即清淤，能较好地处理水底污泥，对污泥进行再利用，并且随着轻质疏浚材料及科学疏浚方法的发展，疏浚对水体产生的二次环境影响已经越来越小。

2) 河道曝气。河道曝气生态净化系统以水生生物为主体，辅以适当的人工曝气，建立人工模拟生态处理系统，以实现高效降解水体中的污染负荷、改善或净化水质的目的，是人工净化与生态净化相结合的工艺。

(2) 化学修复。化学修复主要采用絮凝沉淀技术，该技术是指向城市污染河流的水体中投加铁盐、钙盐、铝盐等药剂，使之与水体中溶解态磷酸盐形成不溶性固体并沉淀至河床底泥中。但需要注意的是，化学絮凝法的费用较高，同时会产生较多沉积物，并且某些化学药剂具有一定的毒性，在环境条件改变时会形成二次污染。

1) 强化混凝。常见的化学法有强化混凝、药剂杀藻、活性炭等，其中强化混凝法被美国环保局推荐为最佳去除有机物的方法。自然水体中存在的混凝现象对水质转变有十分显著的影响。水体中的颗粒物及溶解性的有毒有害物质通过自然混凝沉淀、迁移、转化，使水体逐渐恢复健康。混凝过程分为压缩双层、吸附电中和、吸附架桥和沉淀物网捕四种。

通过增加混凝剂的投加量来提高有机物去除率的方法即强化混凝技术，与常规混凝不同，强化混凝可高效地去除有机物污染物及降低浊度。引起水体黑臭的原因分别有腐殖质、硫化铁胶体和悬浮颗粒等。混凝剂通过中和带负电的腐殖质，吸附架桥、共沉淀作用，可以有效解决水中的有机物污染和黑臭现象。

不同的化学混凝剂，其胶体脱稳、凝聚或絮凝方式各不相同。常见的絮凝剂分为无机物、有机高分子、表面活性剂三种，如聚丙烯胺、聚合氯化铝（Polyaluminium Chloride，PAC）等。氯化镁使用较少，主要是由于其可能引入杂质，但添加助凝剂石灰、卤素等可很好地去除镁离子，并促进混凝沉淀。聚合氯化铝在工业中常用作表面活性剂、润滑剂等，在水处理方面可用于混凝降低浊度和去除可溶有机物。阳离子水解盐比铝盐或铁盐更有效，因为胶体在自然水体中以负电荷的形式存在。强化混凝沉淀能够有效去除有机污染物，但混凝效果与有机物的分子量有关，常用于富营养化水体或急性有机物污染，高效且短期效果明显，但混凝剂会增加底泥负荷，且不利于生态修复，也易破坏原有的生态系统，因此适用于水质和水量经常发生变化的河道。

2) 药剂杀藻。当水体富营养时，藻类大量繁殖代谢产生臭味导致水体黑臭严重。藻类是典型的氯化消毒副产物前驱物质，所以控制藻菌可使用杀菌灭藻剂。化学杀菌剂除藻快速高效，但除杀灭微囊藻外，对其他生物副作用较大且会加速释放藻毒素，造成二次污染，也破坏了生态平衡。

杀菌剂除藻又分氧化型和非氧化型，氧化型杀菌剂中，液氯最为普遍，次氯酸钠、二氯或三氯异氰尿酸等也有使用。非氧化型杀菌剂主要是金属化合物及重金属制剂，例如铜、汞、锡、铬酸盐等。这些会对鱼类、水草等产生一定程度的伤害，有致死致癌作用，因此只能用于应急处理。通过高锰酸盐复合药剂预处理藻污染水体，结果显示高锰酸盐复合药剂极大地提高了除藻效率，降低了紫外吸光度。

化学方法在各种介绍中都带有“见效快、效率高，但易造成二次污染”等字样，让人不禁有些许担忧。城市黑臭水体是群众最容易发现的污染水体，也是地方政府的“脸面工程”，治理好黑臭水体在一定程度上与政绩挂钩，那么“见效快、效率高”的方法是再适合不过的了，但因此引起的二次污染由于短期内看不到、闻不到而可能被忽视，从而最终导致安全隐患。可见使用化学方法必须慎重、适度，尽量避免或减少二次污染。

（3）生物修复。生物修复具有很多优点，包括节约成本，处理效果好，不耗能或者耗能少，另外这种技术不会向水体投放药剂，避免了二次污染。

现阶段的生物修复技术比较繁多，大致可分为植物修复、动物修复、微生物修复。其中微生物修复技术近几年来发展迅速，已经成为一种经济效益和环境效益俱佳的、能解决复杂环境污染问题的有效手段。

生物修复包括光合细菌法处理黑臭污水（PSB）、生物复合酶处理黑臭污水、微生物群等技术。最为常见的有日本琉球大学比嘉照夫教授研制的EM，它包含了10属80多种微生物，其中具有代表性的有光合细菌类、放线菌类、酵母菌类和乳酸菌类。

另外，在大多数实际运用的生物修复工程中都会使用土著微生物，其原因一方面是由于土著微生物降解污染物的潜力巨大；另一方面也是因为接种的微生物在环境中难以保持较高的活性以及工程菌的应用受到较严格的限制。

综合以上处理方法，可以看出，微生物处理方式以其巨大的优点，成为处理污水最为实用的方式。但是，如果单一投加微生物处理，仍然有溶解氧（DO）不足、氮磷去除效果不理想等缺点。因此以目前的各种实验结果来看，综合采用物理、化学方法和生物修复法，才是最为现实并且效果最为理想的方式。而对于某些特殊情况则可以根据处理要求以及经济条件进行适当调整，例如美国等国家和地区有采用直接在污染底泥上放置覆盖物的方式来阻止底泥的二次污染，效果也较为理想。

9. 城市水环境治理的方式有哪些？

城市水环境治理可采取以下措施：

（1）做好城市水资源规划、防洪规划、生态用水规划，并应及早采取对应措施。城市由于所处地域限制，随着人口的不断增多，工业用水、城市生活用水也随之大量增加，为此必须做好城市所有地区水资源规划工作，即供需水平衡规划，并与城市防洪规划和城市环境生态用水规划相结合。城市防洪涉及城市防洪安全和供水安全，而城市生态环境用水规划也必须与城市水资源规划相协调，总水量平衡中必须考虑城市最低环境用水和生态用水，即河道湖泊应有一定的基流来维持正常自然的生态平衡。

（2）重视和加强水污染防治工作，提高污水处理深度和再生水回用率。由于水质污染造成城市水环境恶化的严峻情况，必须加快生活污水和工业废水处理设施的建设，在各污染源头采用生物、科学等新技术将污水进行治理，使污水处理后达到可利用的标准，提高再生水回用率。

（3）在城市实行城乡一体的水务管理体制，从以需定供的管理模式转变为以供定需的水务管理模式。

在我国依然存在“水源地不管供水、供水的不管排水、排水的不管治污、治污的不管回用”的问题，各部门间需要进一步优化和协调配置。只有在城市水资源统一管理，统一调度的基础上，才有可能依据本地区水资源状况，实现从以需定供到以供定需的管理模式，进一步推进城市发展规模和产业结构的调整方向。

（4）提高国民素质，增强公民环保意识，是保持清洁城市水环境的重要保证。城市水环境的受益者即城市居民，要保持一个城市良好且长久的水环境，不仅需要相关责任部门的健全制度，更要不断增强居民自觉爱护和维护的意识。

10. 农村水环境治理的方式有哪些?

针对农村水环境污染日益严重的现状，应以“村”为基本单位，将其作为一个污染物自我消化、自我循环的系统，将水污染源控制、生态修复、农村水利工程调度齐抓共管，同时将公众参与、村民教育等环节融入保护措施监督和管理中，才能保障农村水环境治理的长期效果。具体措施有以下几点：

（1）夯实转型升级的设施基础，实现工程治水：①污水收集与处理工程的建设，要充分利用乡村污水处理厂及污水收集管网，将村庄内所有农户的生活污水纳入乡村排水系统，经污水管网集中收集后，利用乡村污水处理系统统一处理，处理达标后排放；②垃圾收集与处理工程的建设，要加快构建城乡垃圾无害化处理体系，垃圾中转或处置设施须按照规划实现全覆盖；③河道整治工程的建设，要科学实施清淤疏浚，特别是重点垃圾河、黑臭河以及断头河，还要实现河道清洁、生态修复。

（2）建设转型升级的倒逼机制，实现严管治水：①农业污染源治理，加强农业养殖污染、农家乐污染治理，加强农业肥和农药的管理力度，全面发展绿色环保农业；②工业污染源治理，鼓励支持清洁生产，推进工业园区清洁生产审核和绿色企业创建，对排放有毒物质的企业要实行绿色生产许可，加快转型升级。

（3）构筑转型升级的保障支撑，实现联动治水：①“河长制”责任落实机制，横向到边、纵向到底，成立水环境综合治理小组，负责整体筹划、督促协调；②完善监督监管机制，考核严格，奖惩分明，积极采取媒体曝光、专项检查、全面监控等方法手段，使各部门治水监督始终保持高压状态，切实提高治理监管力度；③人人参与的宣传发动机制，广泛开展水污染防治和水环境保护宣传教育，进一步提高农村村民对保护生态环境、建设生态文明重要性的认识，积极推广先进经验和做法。

11. 河湖长巡查河湖的工作流程是什么?

（1）查前准备。确定巡查内容及相关要求，做好相应巡查河流的水情调查工作，制定包括巡查人员、职责分工、时间、频次、路线、巡查记录、问题及解决流程等内容在内的巡查方案，并对相关内容进行公示。

（2）组织巡查。组织相关人员开展巡查，记录巡查情况及巡查过程中发现的问题。

（3）总结汇总。总结巡查情况及巡查过程中发现的问题，如实撰写巡查日志、巡查报告并及时上报。

（4）问题处理。对巡查过程中发现的、群众举报的问题，建立“河长工作联系单”，及时进行交办、督办和查办，确保事事有着落、件件有回应。

（5）跟踪落实。跟踪落实河湖的整治情况，整理具体整治进度和情况，及时上报。

（6）整理归档。整理装订巡河相关日志、报告等资料，归档留存备查。

12. 河道违法建设问题治理标准有哪些？

（1）违法占用河道、行洪通道。

1）拆除河道、行洪通道内违法建设的建筑物、构筑物，恢复行洪能力。

2）拆除违法占用河道滩地构筑圩垸、抬高滩地地面、围滩养殖、网围、设置拦河渔具等影响河道行洪的建筑物及设施设备，铲平围滩所构筑的堤埂，恢复河道原状。

3）全面清除河道管理范围内种植阻碍行洪的林木及高秆作物（护堤护岸林除外）。

4）清理河道管理范围内垃圾、堆放的固体废物。

（2）影响行洪安全，破坏水利工程安全。

1）拆除河道管理范围内各类违法建筑物、构筑物及其他影响河道行洪安全的涉河建设项目，拆除或改建影响行洪安全的桥梁、码头、道路等。

2）整治防洪影响处理未实施或实施不到位，对堤防、水库大坝及其他水工程安全产生不利影响的各类涉河建设项目，责成实施到位。

3）拆除和清理水库溢洪道上修建的影响行洪的道路、阻水、拦水建筑物、构筑物以及临时性壅高水库水位的堆体、拦鱼设施等、恢复水库溢洪道涉及溢洪断面。拆除水库下游泄洪河道中的各类阻水及影响水库调度、河道行洪的建筑物、构筑物，恢复下游河道行洪设计断面。

4）清理和整治在河道堤防（包括堆土区）、水库大坝上垦种、堆放杂物以及打井、取土、堤（坝）脚挖塘养殖、堤（坝）身种树等影响水工程安全的经济活动，拆除设施设备，恢复水工程原状。

5）全面清理河道管理范围内束窄行洪通道，影响行洪安全和水生态水环境的各类经济活动，保障河道行洪安全。

6）严厉打击各类破坏水工程的行为。拆除堤防管理范围内（包括堆土区）、水库大坝等水工程管理范围内的违法建设的建筑物、构筑物。停止违法行为，修复水工程，恢复工程原状。

开展河道管理范围内违法占用河道、行洪通道、影响行洪安全、破坏水利工程安全整治，形成的固体废弃物运出河道管理范围以外，恢复河道自然状态。

（3）非法采砂。

1）全面整治河道非法采砂。

2）全面清理河道非法堆砂场。

3）全面清理河道内停靠的非法采砂船舶，清理非法采砂运砂设施设备。

13. 河湖“四乱”问题的认定标准是什么？

（1）“乱占”问题：主要包括围垦湖泊，未依法经省级以上人民政府批准围垦河道，非法侵占水域、滩地，种植阻碍行洪的林木及高秆作物等问题。

（2）“乱采”问题：主要包括未经许可在河道管理范围内采砂，不按许可要求采砂，在禁采区、禁采期采砂，未经批准在河道管理范围内取土等问题。

（3）“乱堆”问题：主要包括河湖管理范围内乱扔、乱堆垃圾，倾倒、填埋、贮存、堆放固体废物，弃置、堆放阻碍行洪的物体等问题。

（4）“乱建”问题：主要包括水域岸线长期占而不用、多占少用、滥占滥用，未经许可和不按许可要求建设涉河项目，河道管理范围内修建阻碍行洪的建筑物、构筑物等问题。

14. 什么是河道非法采砂？该如何处理？

（1）河道非法采砂的行为。贵州省河道管理条例规定下列行为属于河道非法采砂：

1）未经批准擅自在河道管理范围内采砂的。

2）未按照批准的范围和作业方式进行采砂的。

3）未依法办理河道采砂许可证，无证采砂的。

（2）对非法采砂的处理。

1）未经批准擅自在河道管理范围内采砂的，由县级以上人民政府水行政主管部门责令其停止违法行为，没收违法所得，并处以2万元以上10万元以下罚款。

2）未按照批准的范围和作业方式进行采砂的，由县级以上人民政府水行政主管部门责令其停止违法行为，没收违法所得，并处以1万元以上5万元以下罚款。

3）从事河道采砂的单位或者个人未按照规定设立公示牌或者警示标志的，由县级以上人民政府水行政主管部门责令其限期改正，处以500元以上5000元以下罚款。

15. 有关取水申请及违法取水的相关规定？如何处理？

县级以上地方人民政府水行政主管部门、流域管理机构或者其他有关部门及其工作人员，有下列行为之一的，由其上级行政机关或者监察机关责令改正；情节严重的，对直接负责的主管人员和其他直接责任人员依法给予行政处分；构成犯罪的，依法追究刑事责任：

（1）对符合法定条件的取水申请不予受理或者不在法定期限内批准的。

（2）对不符合法定条件的申请人签发取水申请批准文件或者发放取水许可证的。

（3）违反审批权限签发取水申请批准文件或者发放取水许可证的。

（4）对未取得取水申请批准文件的建设项目，擅自审批、核准的。

（5）不按照规定征收水资源费，或者对不符合缓缴条件而批准缓缴水资源费的。

（6）侵占、截留、挪用水资源费的。

（7）不履行监督职责，发现违法行为不予查处的。

（8）其他滥用职权、玩忽职守、徇私舞弊的行为。

前款第（6）项规定的被侵占、截留、挪用的水资源费，应当依法予以追缴。

未经批准擅自取水，或者未依照批准的取水许可规定条件取水的，依照《中华人民共和国水法》第六十九条规定处罚；给他人造成妨碍或者损失的，应当排除妨碍、赔偿损失。

未取得取水申请批准文件擅自建设取水工程或者设施的，责令其停止违法行为，限期补办有关手续；逾期不补办或者补办未被批准的，责令其限期拆除或者封闭其取水工程或者设施；逾期不拆除或者不封闭其取水工程或者设施的，由县级以上地方人民政府水行政主管部门或者流域管理机构组织拆除或者封闭，所需费用由违法行为人承担，可以处5万元以下罚款。

申请人隐瞒有关情况或者提供虚假材料骗取取水申请批准文件或者取水许可证的，取水申请批准文件或者取水许可证无效，对申请人给予警告，责令其限期补缴应当缴纳的水资源费，处2万元以上10万元以下罚款；构成犯罪的，依法追究刑事责任。

拒不执行审批机关作出的取水量限制决定的，或者未经批准擅自转让取水权的，责令停止违法行为，限期改正，处2万元以上10万元以下罚款；逾期拒不改正或者情节严重的，吊销其取水许可证。

有下列行为之一的，责令其停止违法行为，限期改正，处5000元以上2万元以下罚款；情节严重的，吊销其取水许可证：

（1）不按照规定报送年度取水情况的。

（2）拒绝接受监督检查或者弄虚作假的。

（3）退水水质达不到规定要求的。

未安装计量设施的，责令其限期安装，并按照日最大取水能力计算的取水量和水资源费征收标准计征水资源费，处5000元以上2万元以下罚款；情节严重的，吊销取水许可证。

计量设施不合格或者运行不正常的，责令其限期更换或者修复；逾期不更换或者不修复的，按照日最大取水能力计算的取水量和水资源费征收标准计征水资源费，可以处1万元以下罚款；情节严重的，吊销取水许可证。

取水单位或者个人拒不缴纳、拖延缴纳或者拖欠水资源费的，依照《中华人民共和国水法》第七十条规定处罚。

对违反规定征收水资源费、取水许可证照费的，由价格主管部门依法予以行政处罚。

伪造、涂改、冒用取水申请批准文件、取水许可证的，责令其改正，没收违法所得和非法财物，并处2万元以上10万元以下罚款；构成犯罪的，依法追究刑事责任。

16. 突发性水污染事件该如何处理？

（1）企事业单位造成水污染事故。企事业单位造成水污染事故时，河长及相关部门应监督企业必须立即采取措施，停止或者减少排污，并在事故发生后48小时内，向当地环境保护部门做出包括事故发生的时间、地点、类型和排放污染物的种类、数量、经济损失、人员受害及应急措施等情况的初步报告。事故查清后，应当向当地环境保护部门做出包括事故发生的原因、过程、危害、采取的措施、处理结果以及事故潜在危害或者间接危害、社会影响、遗留问题和防范措施等情况的书面报告，并附有关证明文件。

环境保护部门收到水污染事故的初步报告后，应当立即向本级人民政府和上一级人民政府环境保护部门报告，有关地方人民政府应当组织有关部门对事故发生的原因进行调查，并采取有效措施，减轻或者消除污染。县级以上人民政府环境保护部门应当组织对事故可能影响的水域进行监测，并对事故进行调查处理。

（2）船舶造成水污染事故。船舶造成水污染事故时，必须立即向就近的海事管理机构报告。造成渔业水体污染事故的，必须立即向事故发生地的渔政管理机构报告。海事或者渔政管理机构接到报告后，应当立即向本级人民政府的环境保护部门通报情况，并及时开展调查处理工作。

水行政主管部门负责组织开展应急监测预案；确定水利工程应急调度方案并组织实施；及时向政府、相关部门和地区报告水质监测和水利系统处置进展情况；协调落实应急所需的人员、车辆、物资、经费等；完成同级人民政府交办的其他应急处置任务。

（3）跨行政区域水污染事故发生。水污染事故发生或者可能发生跨行政区域危害或者损害的，事故发生地的县级以上地方人民政府应当及时向受到或者可能受到事故危害或者损害的有关地方人民政府通报事故发生的时间、地点、类型和排放污染物的种类、数量以及需要采取的防范措施等情况。

17. 河湖长巡河有哪些要求？

（1）各级河长是河道管理保护的第一责任人，要积极开展巡河。河长对应责任单位负责协调相关部门为河长履职做好服务保障工作，及时将河道入河排污口分布图、污染源清单、河道治理项目清单等信息报告河长，为其开展巡河创造条件。河长巡河时，在河道巡查保洁员的协助下，对发现河道水质异常、入河排污口排放异常和侵占河道等问题，及时协调解决。

（2）河长应加大对责任河道（湖泊、水库）的巡河力度，省级河长带头示范，每年巡河不少于一次；市级河长每半年不少于一次；县级河长每季度不少于一次；乡级河长每月不少于一次；村级河长每周不少于一次。对水质不达标、问题较多的河道应加密巡河频次。

（3）河长巡河结束后，河长对应责任单位应及时整理巡河记录，并建立巡河台账存档备查。

省、市、县级河长巡河记录由本级责任单位整理，并报本级河长办。

乡、村级河长巡河记录，应及时整理并报县河长办。

18. 河湖长巡河有哪些内容？

河湖长巡河应坚持问题导向，以乱排、乱占、乱采、乱堆、乱建等突出问题为重点，对责任河湖进行全面巡查，重点检查以下内容：

（1）河（湖、库）岸保洁是否到位；河（湖、库）面是否有漂浮垃圾、废弃物、病死动物；河（湖、库）底有无明显污泥、垃圾淤积或障碍物。

（2）河（湖、库）水体有无异味，颜色是否异常（如发黑、发黄、发白等）。

（3）是否有新增入河（湖、库）排污口；入河（湖、库）排污口排放废水的颜色、气味是否异常；相关监控设备设施是否运转正常；雨水排放口有无污水排放；汇入入河排污口（水）的工业企业、畜禽养殖场、污水处理设施、服务行业企业等是否存在明显异常排放情况。

（4）河道沿岸餐饮服务业、工业企业、农业养殖、居民等是否存在直排废污水；是否存在向河湖库内倾倒垃圾和固体废弃物。禁养区内的养殖场和养殖户是否按规定关闭或搬迁，规模化养殖废弃物贮存、处理、利用设施是否达标。

（5）河湖管理范围内是否存在违法建（构）筑物、违法堆场、围垦、填堵河湖以及其他侵占河湖的行为；河湖水域岸线有无人为破坏或崩塌、滑坡现象。

（6）是否有非法采砂现象；是否存在违法违规围网、拦网、网箱养殖及非法电鱼、毒鱼、炸鱼等破坏水生态环境的行为。水电站是否按规定下泄生态流量。

（7）河（湖、库）长公示牌设置是否规范，信息是否及时更新，是否存在倾斜、破损、变形、变色、老化、被遮挡等影响使用的问题。

（8）历次巡河发现的问题是否解决到位。

（9）是否存在其他影响水安全、水环境、水生态的问题。

19. 巡河发现问题如何整改?

河湖长巡河过程中发现问题的，应当及时协调督促处理解决，按照以下程序处理：

（1）属于职权范围内的，由河湖长督促相关部门或下级河湖长限期处理；河长办根据安排，及时向相关责任主体发送督办告知函，相关责任主体应限期落实整改措施，并通过书面形式反馈河长办。对于重大和疑难问题，要及时提请本级总河长协调解决。属于职权范围外的，应当及时提请上级河湖长或河长办协调解决。

（2）对问题整改执行不力的责任部门或单位，实行挂牌督办，采取约谈、通报批评等方式督促整改，确保整改工作及时、到位。

（3）各级河长办接到群众举报投诉，应当做好相关记录，安排人员核实，参照巡河发现问题的处理程序进行处理，并及时将处理情况反馈给举报投诉人。

经验篇

经验一　乡村旅游　生态绥阳

螺江九曲湿地公园地处绥阳县风华镇，总体规划面积达5000亩，一条天然的河流——洛安江贯穿全境，两岸垂柳依依，古朴典雅的木栈道沿河而建，多座造型各异的小桥横跨两岸。盈盈碧水、悠悠青山，令人赏心悦目。如此美景，一半源出天成，另一半，得益于近年来绥阳县不遗余力的精心打造。

近年来绥阳县紧紧围绕洛安江流域治理工程，将文旅打造注入生态保护之中，以河长制工作为载体，以水生态修复、水污染治理和水环境打造为重点，结合美丽乡村、农旅一体化规划建设，实施洛安江河长制水生态文明建设。2020年年底，已全面完成螺江九曲湿地公园建设。公园按照“红豆杉养生天堂、百花园生态长廊、百鸟园观鸟圣地”的主题，将园区分为海棠花溪、花果林、彩叶林、紫薇园、梅园、柿子林、木槿园、红豆杉自行车道八大主题区，总绿化面积约2150亩。

螺江九曲湿地公园已然形成文化旅游风景带，园内所建10个驿站特色鲜明，除满足游客休闲、餐饮、自行车租赁等需要的配套设施外，还建有生态文明展示馆、文化大礼堂、多功能影剧院及独具地域文化特色的“螺江诗院”等。在打造湿地公园的过程中，绥阳县紧密结合美丽乡村建设，并未让当地村民搬迁，而是让村民们生活在公园中，多个自然村落散布在湿地公园内，不仅在洛安江流域再现了碧水青山、白粉墙小青瓦，也让洛安江嬗变为一条流淌着乡缘的河。

通过实施清淤疏浚、污水治理，滨岸缓冲带及人工湿地建设，洛安江河流生态多样性和生物多样性体系得到有效修复，地表水质已从Ⅳ类提高到Ⅲ类水体。下一步，绥阳县将继续以河长制工作为载体，以水美洛安江为主线，串联“花”“果”“林”“田”等乡村旅游资源，建设多业态、多链条旅游景点，采取“企业＋合作社＋农户”的运营管理模式，共绘生态美、百姓富的美丽画卷。

经验二　水　美　瓮　安

瓮安是贵州三大磷矿基地之一，磷矿资源丰富，土壤本底值较高，含磷量重。流域内涉磷企业密集，河流生态流量不足，城市人口多，每天有大量污水进入河流，导致瓮安河水体总磷污染成为突出问题。

针对瓮安河流域污染现状，在省、州领导和各级“河长”、部门的帮助下，瓮安县投资10亿余元治理资金，先后实施了瓮安河水体环境综合整治工程、白水河流域水污染综合治理工程、雷打岩污水处理厂等系统工程。

流域通过实施矿区整治工程、河道整治工程、水质监测工程等措施，对矿区遗留含磷废石堆就地进行转运、削坡稳定处置，修建挡渣墙稳定废石堆、完善相关截排水系统。

此外，还对废石堆点和无主废弃矿山裸露部分进行生态修复，对废弃矿洞进行封堵。对河道进行清淤处理，修建河道生态沉降坝、设置水质监测站、推进新建磷矿石运输专用道路及做好路面硬化、完善道路排水沟及设置沉砂池，拆除原有占用河床或沿河而建的临时道路。对磷矿开采项目全部建设一矿一污水处理设施，同时加快矿山矿坑水排放情况排查和治理，督促矿山企业按照“一矿一策”要求，建设“一矿一废水处理站”，加强运行管理，切实落实治污减排主体责任。

通过多种举措，系统治理，瓮安河流域水质总体不断改善，重点污染区域综合整治成效显著，瓮安河天文断面从原来长期劣Ⅴ类改善为 2018 年 6 月以来的Ⅲ类水质，得到省、州领导肯定。

经验三　基层巡护治　打造秀丽“网红村”

“现在麻堤河水又变清亮了。傍晚时分，迎着微风、听着水声，在河边散散步，那真是安逸得狠!”贵阳市南明区云关乡二戈村村民王登志回忆说，他儿时最爱的就是下河玩耍，如今随着麻堤河水环境的改善，让他再次有了童年时的感受。

作为南明河的一级支流，几年前，因为河水又脏又臭，从摆郎至母猪井长约 5 公里的麻堤河，还是村民口中的一条“臭水沟”。水污染的问题，表象在水里，根子在岸上。污水乱倒、垃圾乱丢，是水生态的最大敌人。南明区推行河长制后，问题终于迎来了解决的机会。

守一方水土，护一河清流。河长其实并不好当，治水中有太多的难题需要破解。“怎样才能跳出‘就河治河’的窠臼？如何才能平衡好生产生活与生态保护的矛盾？”该区河长通过深入调研，排查河道两侧外围的散排生活污水，逐渐产生了修建截污沟的想法。区河长制办公室邀请专家进行评估论证，决定由区水务部门组织修建截污沟工程，保护麻堤河水环境。

水质变好之后，进一步解决好“岸上”的问题，成为工作重点。在当地的带动下，村里积极打造河流周边环境，平整地面、种上绿植、实施美化，村民的污水处理、垃圾收集，也一步步走向规范，环保意识逐渐增强……河畅、水清、岸绿、景美的美丽画卷徐徐绘就，二戈村也成了周边村民朋友圈里的“网红村”。

“麻堤河之变，对于伴河而居的千余名村民来说，确实是一份来之不易的‘生态红利’，而这源于河长制带来的‘水长治’效应。”南明区河长制办公室主任陈文莉说，过去，水环境治理责任不明、措施不细，常出现多个部门相互推诿的问题。推行河长制后，南明区设立区级河长 22 人、乡级河长 32 人、村级河长 54 人，实现对境内 6 河 1 库范围组织体系的全覆盖。其中，区级河长负责指导、协调所辖河流的管理保护工作。乡级河长做好河流水资源周边环境保护、水域沿岸周边环境保护、水污染防治、水环境治理、水生态修复等具体工作。

河长制会不会沦为“河长秀”？上百名河长的巡河责任是否能落实到位？如何实时监管和考核？针对这些问题，2017 年 11 月，南明区出台《南明区全面推行河长制 2017 年度工作细化方案》以及 6 项配套制度，促进河长制工作部署全面落实。2021 年年初，全区开展河长制工作中期评估与督导检查工作，对存在的问题进行通报，有力压实各级河长的治水责任。重要事情亲自调研、重点工作亲自部署、重大方案亲自把关、关键环节亲自协调、落实情况亲自督导。南明区各级河长按照贵阳市委、市政府的要求，切实担负起护河、管河、治河职责。

民之所望，施政所向。在贵阳市南明区，随着河长制工作的深入推进，辖区河流逐渐实现了从“没人管”到“有人管”、从“多头管”到“统一管”、从“管不住”到“管得好”的转变，生态系统逐步恢复，环境质量不断改善，赢得群众纷纷点赞。

经验四　海绵河道　节水新理念

贵州双龙航空港经济区一直坚持生态优先、绿色发展，遵循山水格局、传承理水智慧、精细造地营城，打破传统城市“摊大饼”模式，较好地解决了人与自然、水系与自然的关系。构建河网水系、海绵公园等开放空间，绘制协调均衡、可持续发展的“水系蓝图”，构建水域形态，给自然留下更多空间，给城市增添更多绿色。

双龙生态公园一角

2017 年，双龙航空港经济区结合河道整治工程，将河道海绵建设结合河道景观提升。通过“渗、滞、蓄、净、用、排”等工程措施，建设示范性生态景观河道、共同打造自然渗透、自然净化功能的海绵城市。实现 75%的年径流总量控制率；径流峰值控制；雨水径流污染控制，TSS 消减率为 60%，COD 消减率为 30%；雨水资源化利用率不小于 2%。采用适当的措施降低径流系数，比单纯加大管网和泵站的排水能力更具价值，能促进雨水、地表水、土壤水及地下水之间的转化，具有技术简单、设计灵活、易于施工、运行方便、投资少、环境效益显著等优点。具体实施途径有：天然渗透地面（绿地，花园等），透水铺装（多孔沥青或多孔混凝土，草皮砖等），渗透池，渗透管（渠），渗透井，人工湿地等。

经验五　保护河湖水生态　志愿者在行动

为引导公众参与和监督河长制工作，充分动员各社会团体、民间组织等力量参与到水环境保护治理工作中来，实现全民参与河流湖库保护治理工作新局面；形成互相监督，互为补充和齐抓共管的格局，贵阳市清镇市积极探索治理经验并采取有力措施，促进河长制工作的有效开展。2018 年，共青团清镇市委、清镇市生态文明局、清镇市河长制办公室、贵阳黔仁生态公益发展中心制订了《“湖城有你”——清镇市服务河长制志愿活动工作方案》，从 2018 年 7 月份起每月 18 日，定期由贵阳黔仁生态公益发展中心组织生态文明志愿者 20 名参与河流巡护活动，带领志愿者一起用脚步丈量河湖，用行动守护清镇河湖，助力河长制工作。

清镇市服务河长制志愿活动

一、明确“两个活动目标”

（1）通过定期巡湖巡河活动，动员志愿者参与河流保护，争做河湖守护者。

（2）通过巡河活动和环保宣传，增强市民的环保意识，促成环保行动，保护河流。

二、建立“三项活动机制”

（1）每月 18 日由主办单位组织发起来自行政机关、企事业单位和职业院校的志愿者参与活动，平均每次发动 20 名志愿者。涉及河流为红枫湖、猫跳河、暗流河等湖河，有序开展巡查，委托贵州黔仁生态公益发展中心安排省级河湖义务监督员或专业巡河人员带队，提供巡河指导和技术支持。

（2）建立工作交流群，所有参与者入群，构建清镇市河流守护者网络。

（3）巡河中发现的问题，由贵阳黔仁生态公益发展中心汇总以后建立问题清单，之后向共青团清镇市委、清镇市生态文明局、清镇市河长制办公室进行反馈。巡河问题整改完毕后再进行复查。

清镇市服务河长制志愿活动

三、重点查看“八个方面的内容”

（1）河湖岸保洁是否到位，河湖面是否有漂浮垃圾、废弃物、病死动物等，河湖底有无明显污泥、垃圾淤积或障碍物。

（2）河湖水体有无异味，颜色是否异常（如发黑、发黄、发白等）。

（3）入河排污口标识有无缺失或损坏，入河排污口排放的废水颜色、气味是否异常；汇入入河口的畜禽养殖场、污水处理设施是否存在明显异常排放情况，是否有新增的入河排污口。

（4）是否存在侵占水域违法建筑，是否存在向河道内倾倒废土、弃渣或危险废物。

（5）是否存在违规网箱养殖，非法电鱼、毒鱼、炸鱼等破坏水生态环境的行为。

（6）河长公示牌设置是否规范，内容是否及时更新，是否存在倾斜、破损、变形、变色、老化等影响使用的问题。

（7）以前巡河发现的问题是否解决到位。

（8）是否存在其他影响河道水质的问题。

四、问题清单进行销号制管理

贵阳黔仁生态公益发展中心将每次志愿者巡河中发现的问题清单形成报告，提交给清镇市河长制工作领导小组办公室（以下简称市河长办），市河长办根据巡河问题分解到涉及的乡镇或社区，限时进行销号处理，市河长办实时跟踪，问题处理后由市河长办汇总各乡镇、社区处理情况，最终形成巡河问题整治情况进行回复。

贵阳市清镇市自2018年7月份以来，已经开展志愿者巡河5次，发现问题30余处，市河长办、涉及乡镇或社区已按时限完成问题整治工作。通过每月开展志愿者巡河活动，充分调动各社会团体、民间组织等力量参与到水环境保护治理工作中来，形成互相监督、互为补充和齐抓共管的格局，实现全民参与河流湖库保护治理工作新局面。

清镇市服务河长制志愿活动

五、取得的成效

清镇市在河长制工作中探索引入志愿者第三方监督机制，让引入民间力量成为参与推进河长制不可或缺的力量。第三方监督的作用在于能让各级河长“听到了平常听不到的情况，看到了平常看不到的问题”。下一步清镇市将与贵阳黔仁生态公益发展中心探索建立样板河的打造及相关机制的建立。

经验六　“两山水务云”　助力智慧水务

作为西南地区首家县级“绿水青山就是金山银山”理论创新实践基地，贵阳市乌当区始终坚守发展和生态两条底线，牢固树立“绿水青山就是金山银山”的发展理念，在原有乌当区河湖大数据综合管理平台取得成效的基础上再次创新治水护水思路，开发“两山水务云”平台。该平台是利用新一代信息技术，通过传感器技术、网络和移动终端系统与水务各项业务的结合，构建成智能感知、智能仿真、智能诊断、智能预警、智能调度、智能处置、智能控制和智能服务全方位的水务综合管理系统，提升信息资料收集存档共享、日常业务监管、工作效率、科学决策等能力。

“两山水务云”平台的一个核心就是融合现有业务信息资料以及各业务系统的数据，形成综合分析，通过人工智能、大数据、云平台等技术手段的运用，能帮助水务管理工作改造流程，从而提升整体效率，并实现水务管理工作创新，为统一决策和调度提供支持，达到“智慧”的状态。乌当区智慧水务系统是基于区县级架构，围绕乌当区水务日常管理展开设计，组织架构上包含区、乡（乡镇、部门、社区）、村（居委会）三级架构（预留省、市两级组织机构，为后期接入或升级为省、市级智慧水务综合管理大数据平台打下基础)，业务架构上围绕防汛抗旱、水资源管理、管控调度、水环境、水生态、河长制等综合管理为基础，融合分析各业务系统数据，形成“一张图”管理，实现及时准确、快速响应、统一调度、共同协作的效果，为乌当区水务工作、公众服务等涉水业务、保护群众生命财产安全提供大数据平台管理保障，有助于最严格水资源保护、防汛抗旱、水土保持监测能力建设，切实为领导决策提供科学依据。

项目实施后，将形成较为完善的区级水务综合管理大数据平台系统，为水务管理的业务工作、调度、预警、决策及水资源科学利用等水务综合管理工作，提供坚实的大数据支撑和信息化云中心平台服务。项目投入运行后将全面提升乌当区水务管理局的管理、服务、创新工作能力，使乌当区的水务综合管理工作达到全省一流、全国领先的水平。

乌当区河湖大数据综合管理平台自2017年10月运行以来，区、乡、村三级河长和区级责任单位、群众用户等注册用户数达428人，巡河人次为2431人，点击量34162次。各级河长巡河任务派遣和上报问题138起，处理完成并回复105起。群众利用河长云App投诉10起，回复7起。

经验七　四法同治　打造生态屏障

2017年以来，赤水市在全面推行河长制工作过程中，对赤水河的保护和治理始终坚持“生态优先、绿色发展、共建共享”战略定力不动摇，牢固树立并切实贯彻“创新、协调、绿色、开放、共享”五大新发展理念，牢牢守住发展和生态两条底线，以保护水资源、防治水污染、改善水环境、修复水生态、整治新问题为主要任务，强力推进“建体系、重修复、严治理、抓保护”四法同治，全力打造赤水河流域生态屏障，初步构建起责任明确、协调有序、监管严格、保护有力的赤水河流域管理保护机制。主要经验做法如下：

一、围绕“建体系”抓机制，破解河流保护无人管的问题

1. 组织体系再完善

赤水河为省级河流，流经6个乡镇3个街道办事处35个村。赤水河设置河长45名，其中市级总河长1名（赤水市委书记）、乡镇（街道）级河长9名（乡镇、街道书记）、村级河长35名（村支书），同时以乡镇（街道）为单位增设9名市级责任河长。聘任河道警长11名，其中市级2名、乡镇（街道）9名；聘任民间义务监督员98名，其中市级2名、乡镇（街道）96名；聘任巡河保洁员148名。

2. 制度体系再完善

健全完善督查督办、考核、执法联动等8项制度。印发《赤水河干流（赤水段）整治保护对策工作方案》，健全台账抓实整改。加强水域岸线划定、利用、保护和管理，并结合实际细化、量化、实化各项指标。

3. 责任体系再强化

明确了各级河长、责任单位、水务和环保专家、河道警长、民间义务监督员、巡河保洁员的具体责任，明确了河长巡河频次、巡河检查九个方面内容等，将河长制工作列

入“电视问政、督查问效、作风问责”重点内容，严格实行旬报调度、月督查问效、季考核排名，确保河长制工作落细落实。

二、围绕“重修复”抓建设，破解环境污染来源多的问题

1. 抓河道治理打造亲水环境

依托河道治理和堤防建设，打造了赤水河三十里河滨大道景观休闲带，建成严家河生态湿地公园，受到群众和游客的赞扬。赤水河复兴镇河段治理工程全面完工。

2. 抓垃圾污水治理促进流域洁净

治河先治岸，治河必治污。对此，赤水河治理过程中不断加大源头治污力度。赤水河城区污水处理厂提标工程已完工，投入运行；改造工程正在实施，完成投资 12000 万元，预计 2021 年 12 月 30 日前完工投入试运行。赤水河沿河实现城镇污水垃圾全覆盖，在建成 65 个农村污水治理试点的基础上，拟再投入 3.5 亿元启动农村污水治理 PPP 合作项目，预计 2022 年年底实现赤水河村级污水处理全覆盖。目前，污水 PPP 项目按国家发展改革委、财政部和省发展改革委、财政厅的操作程序和规定，已完成“两评一案”专家联评联审、省财政厅和国家财政部项目入库工作，正在开展项目招标工作，中标单位为北京碧水源科技股份有限公司。

3. 抓水质监测促进科学修复

在全市划定重点调查区域 3 个、采样监测点位 23 个，建成水质检测中心 1 个，定期对赤水河段水质开展监测检测，科学运用监测检测结果及时分析解决问题，促进水生态保护水平。

三、围绕“严治理”抓执法，破解破坏行为禁不住的问题

（1）综合执法持续开展。2021 年以来，加大环保、水政、渔政等专项执法力度，每月开展 2 次以上联合执法行动，在赤水河段处理 11 起抓获非法捕鱼电鱼嫌疑人 26 人，均已依法处理，立案查处 5 起河道非法采砂案件，处罚金 1.16 万元，依法维护涉水工作秩序。

（2）渔民船舶全部上岸。赤水市在 2017 年全面完成网箱养殖清理整顿工作后，累计投入 3200 万元于 2021 年全面完成赤水河流域 138 户渔民、96 艘渔船的转产上岸和 194 艘乡镇自用船舶、“三无”船舶（无船名船号、无船舶证书、无船籍港）上岸工作。

（3）巩固禁采成果。由水务、农牧、交通、环保等部门联合印发《赤水河（赤水市境内）禁止挖砂采石和码头禁止出售和转运河砂的公告》，住建部门严禁并严查赤水市内建筑工地使用河砂（石），斩断市场利益链。通过多管齐下，赤水河赤水段采砂采石得到有效遏制。

（4）全面开展污水、垃圾、农业面源污染，固体废弃物、入河排污口检查和监管工作。

四、围绕“抓保护”抓落实，破解工作责任不落实的问题

（1）落实工作经费。市、乡镇（街道）将河长制工作经费纳入财政预算。严肃考核

督查，实行季度考核，将河长制工作纳入乡镇、部门目标考核和考核干部政绩的综合考核的内容。

（2）加大宣传力度。以河长制宣传“四进”（进学校、进社区、进农村、进企业）为载体，积极营造社会关注、群众参与、共同保护、互相监督的良好氛围。开展河长制宣传活动近300次，发放宣传单5万余份，参与群众近10万人次，进一步转变了干部思想观念，提高了群众爱河护河意识。省委督查室《督促与检查》第3期刊发《赤水市着力破解四难题　探索河流长治久清新路子》点赞赤水市河长制工作成效，得到省委副书记、省长谌贻琴同志“很好，要宣传”的重要批示。央视《新闻联播》报道《贵州：强产业　立制度　方得一江清水》、央视《新闻直播间》报道《贵州赤水　戮力同心呵护生态之河》以及人民日报等多家主流媒体点赞赤水河长制工作。

（3）整合可用资源。以大数据为切入点，整合水质监测、渔业管理、防汛应急等资源，打造赤水河赤水段生态保护的“天罗地网”（无人机＋视频监控＋断面监控＋巡逻值守＋日常保洁）。其中，拟投入1000万元左右启动河长制信息平台和“智慧河长”建设，已确定设计队伍；投入160万元打造1艘50吨多功能执法船并已投入使用；拟投入240万元打造1艘25米巡河保洁船，已完成初步方案；拟投入30万元购买1架可代替执法人员夜间执法取证的巡航无人机，正在采购中；启动河流保洁专业队伍组建工作。预计到2021年年底，“天罗地网”工程能够基本完工，发挥作用。

经验八　“两个率先”和“两个先行先试”推动河长制工作

2018年湄潭县坚定践行习近平总书记“两山”理论，坚持以人水和谐、科学发展，保护为主、防治结合，统筹兼顾、合理安排，因地制宜、以点带面，政府主导、社会参与的基本原则，进一步以深入推行河长制工作为抓手，积极采取“政策推动、工程撬动、各界联动”有力措施，集中开展水资源保护、水污染防治、水环境改善、水生态修复等各项工作。2018年湄潭县进一步巩固“两个率先”和“两个先行先试”经验做法，持续推进河长制工作成效。

一、两个率先

一是率先成立县河道生态管理综合执法队。为解决河道管理中存在的职能交叉、几管几不管问题，2012年湄潭县组建并挂牌成立湄潭县河道生态管理综合执法队（现河长制工作执法队）。截至2018年年底共查获各类涉河涉水生态案件972件，处罚13余人，收缴并监督落实生态修复费40余万元，持续保持了水生态违法的零容忍及高压打击力度。

二是率先设立全水域禁渔区。2014年湄潭县在全国率先设立全水域禁渔区（除休闲垂钓外）。湄潭县通过申请，并经省农委批准湄潭县所有水域划定为禁渔区。全水域禁渔区的设立，有效地打击了毒鱼、电鱼、炸鱼、挂鱼、网鱼等非法捕捞行为。

二、两个先行先试

一是先行先试，让剧毒农药平稳退出市场。2014 年湄潭县出台加强河道生态保护和渔业资源管理办法。采用行政干预让剧毒甲氰菊酯农药退出市场，剧毒农药的平稳退市，有力地减少了全县水域面源污染。

二是先行先试，大力实施生态补偿。湄潭县为加大对破坏水资源、水生态违法行为的打击力度，由县六家部门联合出台《破坏水资源及生存环境案件处理办法》，要求违法当事人采取种植树木、人工鱼苗放流等补救措施，实施人工生态修复，使得湄潭县的执法有了“拳头”，让违法有了“痛感”。通过人工的生态补偿，使得全县水环境得到较大改善，水生态得到了充分的平衡。如今湄潭县所有大小河流鱼儿成群，实现了“水清、岸绿、鱼群舞”目标。

经验九　“六结合”形成合力
确保河长制落地生根

自 2017 年河长制工作启动以来，务川自治县始终坚持“生态优先、绿色发展、共建共享”战略定力不动摇，在护河、巡河、治河和监管上持续发力，以河库范围内“八无”（河面无垃圾、河中无障碍、河底无淤积、河水无浑浊、河岸无损毁、污水无直排、绿化无破坏、沿河无违章）为标准，稳步推进“四乱”专项治理，构建了责任明确、协调有序、监管严格、保护有力的河库管理机制，主要以落实河长制工作“六结合”助推河长制工作落地生根，基本实现了“河畅、水清、岸绿、景美”的水生态体系总目标。

一、河长制工作与生态环保相结合

强化源头治理。始终将河长制工作与生态建设有机结合起来，全面完成县城新区、老城区、丰乐、黄都、涪洋等 13 个城镇总投资 1.911 亿元的第三方治理 PPP 项目污水处理工程、污水处理厂建设；全面启动农村人居环境改造治理工程，不断提高集镇和村寨的污水收集处理率，引导群众积极参与农业面源污染的治理以及回收利用；注重提升水土保持能力，把水土保持生态建设作为基础工程来抓，近两年累计投入水利资金 14.86 亿元，优质水源涵养能力明显提升，污染源得到有效控制。增强全民生态意识。组织干部辅助“河长”开展清扫河岸垃圾、违法排污监督等治水护水工作，发挥广大干部在“河长制”工作实施过程中的带头作用。深入开展了河长制工作“进乡村、进企业、进社区、进校园、进机关”等“五进”活动，充分发挥网站、微信等媒体功能，积极营造了社会各界和人民群众共建、共治、共管的良好氛围。

二、河长制工作与支部创建相结合

为做好河长制工作，务川自治县在黄都镇大竹村创建生态支部，支部以“三岗三建三比一评”（三岗：志愿者监督岗、劝导教育岗、义务巡河清河护河岗；三建：建“四员”考核制，建生态支部河长制，建“山、水、园、林、河、寨”网格化管理；三比：

党员比学习、比贡献、比作用；一评：开展支部党员评议）网格化管理模式，以“一宣三管”为引领，利用群众会议、入户宣传等方式集中发挥党员、四员（护河员、保洁员、护林员、护寨员）宣传巡河护河清河政策，以“五定”原则包巡河护河责任区，对党员设岗定责，设立护河先锋岗，引导“四员”到责任区护河，实行1天1次监督护寨管理，1周1次集中巡河护河清河，1月1次支部召开河长制专题研究会议，切实推进河长制村民自治科学化长效化，解决河流源头“最后一米”问题。

三、河长制工作与联合执法相结合

务川自治县以“清四乱”县专项行动为契机，联合县水务、环保、住建、国土、综合行政执法等部门，对全县16条主要河流沿河河流固体废弃物进行了大排查、大整改；对所有河库乱堆、乱占、乱建、乱采等现象开展联合执法，依法查处河库流域违章建筑、乱堆乱弃、非法排污、非法采砂等涉河违法行为40余次，有力保护水生态环境。为明确实施流域综合治理、水质监测信息共享，务川自治县对跨界河流签订联防联控合作协议，建立协同应急处置机制，有效控制和减少流域水环境污染影响。目前，务川自治县与重庆市彭水县签订了跨界河流长溪河、周家河的联防联控合作协议，下步将与凤冈县、道真县、正安县、沿河县签订洪渡河、槐坪河、清溪河、晏黑溪河的联防联控合作协议，形成共同治水护水的浓厚氛围。

四、河长制工作与脱贫攻坚相结合

为深入贯彻中央、省、市关于坚决打赢脱贫攻坚战全面建成小康社会的决策部署，务川自治县立足245段河流（长度1158千米）、20座水库、49座山塘和饮用水源地保护区域及小河沟的日常管理保洁工作，县财政每年预算资金298万余元，从建档立卡贫困户中就近聘请452户作为河道保洁员（人均工资800元/月），专门负责对所管辖区河流、山塘、水库、重要水源地、河流、水库水面、水域岸线垃圾清理及日常巡查，确保河道水库清洁环保。通过利益联结方式，既保护了生态河流，又为贫困农户增加了收入，助推了脱贫攻坚工作。

五、河长制工作与村民自治相结合

务川自治县丰乐镇新场村造纸塘组村民充分发挥村民自治作用，于2017年2月自行组织起了一支由27户村民（均为老年人）自发投工投劳的河道管理护卫队。护卫队白天夜晚轮流上岗，自愿每天进行巡河，打理游客留下的垃圾及清理周边环境、监督非法垂钓，达到保护水源、修复生态环境的目的。该自愿服务队在务川县农牧局以及丰乐镇镇人民政府的大力支持下，为新场村造纸组投放了两次近50000尾鱼苗，造纸组的鱼塘也成为了新场村的一大景点吸引着游客前来垂钓散心，供游客休闲娱乐，不仅达到了爱河护河目的，也为生态旅游奠定了基础。

六、河长制工作与全域旅游发展相结合

务川县紧紧围绕洪渡河流域及现有水库资源，以河长制工作为载体，以水美洪渡河

为主线，引进贵州省水利投资（集团）有限责任公司，采取“企业＋合作社＋农户”的运营管理模式，将生态养鱼及文旅打造注入生态保护之中；以水生态修复、水污染治理和水环境打造为重点，结合美丽乡村、农旅一体化规划建设，串联“鱼”“花”“果”“林”“田”等乡村旅游资源，建设多业态、多链条旅游景点，共绘生态美百姓富的美丽画卷。

经验十 贯彻河长制生态理念“一轴、四区、九景点”

天门河湿地公园位于桐梓县娄山关街道办，规划建设总面积 1015.5 亩（其中水域面积约 489 亩，陆地面积 526.5 亩），项目总投资 3.58 亿元。公园结合河长制充分尊重区域用地特征、强调景观的多样性、亲水性，利用多级平台营造丰富的岸线景观，利用人行桥、溢流坝形成两岸的便利交通，为人们提供多样的亲水体验。以绿道、步道为轴，以城市道路、桥梁为界分区，以重点部位景观打造为重点，形成“一轴、四区、九景点”总体格局。

一轴： 以天门河水系为核心，以沿水岸的贯通步行系统为纽带，形成东西向景观轴。

四区： 以天门河水体上三座新建桥梁为界，将用地划分为 A、B、C、D 四大片区（详见景观分区图纸），从西至东四片区景观意境分别为：承接城市景观格局，助力城市商业空间，舒展桐梓湖光山色，重建河滩生态湿地。

九景点： 马鞍山、水舞山影、钻石商汇、荷塘月色、柳岸闲庭、黔北忆事、绿野拾趣、水乡怡情、禾田乡愁。

马鞍山：马鞍山史前文化是我国旧石器多元文化的代表，是西南部文化区系的组成部分。结合马鞍山现有建设条件以史前文化南洞、北洞展示、游憩娱乐、休闲养生、登高观景为主的山地游览公园，作为观赏魁岩、湿地公园、城市南入口门户的重要观景点，为当地居民与游客提供一个良好的与自然对话的空间环境。

水舞山影：将营造多方位的山水相映的自然景观意境，将音乐、喷泉、城市广场相结合，创造艺术性、生态性、和谐性的知性空间，为市民打造一处具旅游、休闲、娱乐、修身养性等多功能为一体的城市亲水空间。

荷塘月色：以《西洲曲》“采莲南塘秋，莲花过人头；低头弄莲子，莲子清如水”为意境，将朱自清先生的水乳交融、浑然一体的“荷塘月色”细分为“月色下的荷塘”与“荷塘上的月色”意境移植到景点中，营造城市中闹中取静、湖外有湖的丰富水景。

柳岸闲庭：以城市湖景滨水空间进行传统手法打造，形成湖青岸绿的景观意境，让市民、游客在湖面闲庭信步，放松心情，尽享城市一片安详的时光。在景观营造手法上塑造生态岸线、注重树木种植搭配，在岸线提供配套的建筑物。

黔北忆事：以红色文化、桐梓民国历史人物代表为设计基石，通过景观建筑物、景观雕塑、景墙等景观设计，展示历史事件，历史人物，地方人物，形成教育、纪念的场所，体现景观的地域性。红色之恋以 1935 年桐梓战争时期的事迹进行景墙、雕塑展示。文化广场主要在亲水广场布置展示张学良的雕塑。

绿野拾趣：利用溪流、丛林、自然的亲水游憩设施形成多样性的滨水开放空间，节点与公园有序串联，相互联系，形成一处公园可亲近的溪流，为儿童接触、认识自然提供场所，在水体形态上展现出城市活力与艺术生态之美。

水乡怡情：景点位于道路交通汇集处，是周边居民通达的地方，景观营造注重与总体景观的协调、又考虑人们日常使用的便利性。在入口处设计为入口广场，为日常使用、人口集散提供空间，并配套停车设施。内部空间以人工营造水景为主，体现江南湿地滨水景观意境。

禾田乡愁：将城市空间的生长边界与自然环境边界进行融合，以湿地的自然复兴为出发点，通过人工水景营造、合理的保护利用，形成保育、科普、休闲等功能集于一体的公园空间，能供人们观赏、游览、开展科普教育和进行科学文化活动。

天门河湿地公园以河长制生态思想为理念，对步道、广场、基础设施的提升换挡，创造适宜、生态自然的休闲空间，提升城市整体环境，合理规划湿地公园建设，成为湿地公园示范，成为桐梓城市“客厅”。

经验十一　持续发力多措并举
打造河湖水环境持续向好

镇宁河（穿城河）是一条贯穿于县城区的河流，也是镇宁城区的母亲河，全长 14.05 公里。镇宁县政府，坚持问题导向，积极筹措资金 60 余万元，对镇宁河沿线开展了河流清淤、治污、源头防范和关闭禁养区养殖场、完善管网等工作。

完成了以下工作：双龙山街道簸箩村河流源头治理、栏杆建设保护；环翠街道田关社区垃圾集中存放点挡墙建设、地面硬化、移动垃圾收集箱安装，污水处理沉淀池维护，原垃圾堆放点绿化美化；白马湖街道三桥上游打碑厂清理；白马湖街道师范路口河道砌筑河堤、安装护栏和固定式垃圾收运箱；在镇宁河望安桥、头桥段采取截污措施，安装污水管道、修建污水井，并在红旗水库河床与镇宁河交界处修建拦水坝截留污水进入污水管网。

完成了东大街北菜场后侧河床处修建临时拦污坝、铺设临时污水管道至寄宿制中学处并入城市污水管网，铺设翡翠国际十里洋场至安庄大道（兴宁桥）700 米排污管道，还组织力量完成了镇宁河（头桥）段、治安段河道清淤等工程。

此外，为做好镇宁河河道的常态化管理，三个街道还聘用了 10 名河道保洁员（优先选择建档立卡贫困户）清理非城区河道，引进了成都平安环卫服务有限公司对镇宁河城区河道进行管理保洁，以保持河道水体清洁，确保镇宁河实现“水清、岸绿、河畅”的目标。

经验十二　“清四乱”动真格　“督办函”护山河

河湖“清四乱”是贯彻落实中央全面推行河长制湖长制从“有名”到“有实”的重要抓手，省委省政府高度重视，以 1 号总河长部署河湖“清四乱”专项行动和 2 号总河长令印发《贵州省河湖“清四乱”专项行动清理整治工作方案》，高位推动河湖“清四乱”专项行动向纵深推进。按照中央、省、市关于河湖“清四乱”专项行动要求，黄果树旅游区高度重视，区总河长亲自安排并部署，在前期“四乱”摸底的基础上，全面推进辖区“四乱”清理整治，大力推进打邦河干流河道整治工作，确保黄果树旅游区河长制工作取得实质性效果。区河长制办公室根据上级部门和区总河长的指示，印发了《关于打邦河段存在生活垃圾、建筑垃圾、乱搭等问题整改工作的督办函》（黄河长督办函〔2019〕1号），要求白水镇及打邦河区级责任单位政治部、经发局、社会事务管理局、环保分局限期整改。

白水镇党委政府高度重视，会同政治部、经发局、社会事务管理局、环保分局第一时间赴现场查看了相关情况，于2019年1月9日按照程序申请区综合行政执法大队执法权力。1月17日白水镇总河长组织党政领导班子、全镇干部职工共计80余人参与整治打邦河郎宫河段河道沿线范围内的“四乱”问题。据统计，本次行动拆除大型木质简易棚4个、直接排污入河厕所简易棚2个、大型遮阳伞8把，清理其他废弃摊具及垃圾约2吨。

此次“清四乱”专项行动是贯彻落实中央、省、市有关精神，依法强制拆除河道沿线违章建筑行动的开展，极大地打击了河道违法乱建者的嚣张气焰，对周边村民起到了很好的警示教育作用，避免了夏季村民受利益驱使、跟风突建烧烤棚等违法行为，增强了广大村民的法律意识，促使该段河流面貌得到有效改善，大大提升了社会群众对保护河流的生态环境保护意识，保障了河道行洪畅通及河道生态环境。

河长制工作任重而道远，是一项长期而艰巨的任务。全区以习近平新时代中国特色社会主义思想为指导，牢固树立“绿水青山就是金山银山”的理念，深入贯彻落实习总书记关于推动长江经济带发展的重要战略思想，不断提高全区各级干部水生态环境保护意识认识，进一步加强领导，不断创新区、镇、村三级制度化巡河、常态化巡河和探索部门合作联动机制，严格管控沿河乱排乱倒、乱丢乱弃、乱占乱用、乱搭乱建现象，坚决遏制新增乱搭乱建违法建设等“四乱”行为。大力促使各级持续加大河长制各项宣传讲解力度，让社会公众进一步认识到保护河流生态环境的重要性，加强水资源保护，保障河道生态流量，共同打造“碧水蓝天、美丽家园”。

经验十三　“三联三治”构建绿色防控体系

印江县合水镇位于县城以东，因梵净山的下木黄、紫薇两河流域交汇而得名，也是西上梵净山必经之路。近年来，该镇依托区位优势，创新实施“三联三治”的环境治理模式，联合部门、联合村寨、联合群众，治河道污染、治村镇环境、治林地破坏，构建生态环境防控体系，绘就了一幅水清、寨美、山绿的美丽画卷。

一、上下联动，治河道污染

2021年以来，合水镇严格落实省、市、县全面推进河长制工作的要求，建立了镇、村两级“河长”包保责任机制，成立了“河道义务巡河队”，把河道治理纳入了村规民约，挨家挨户宣传，通过镇、村、组三级联动，分级组建巡河队，实行镇负总责、分村分段巡河责任包保，大力开展巡河护河整治行动，确保镇域河塘治理、管理、保护全覆盖，防治河道垃圾污染、污水污染、生态破坏，确保流域水清岸绿。

如今，该镇群众组建巡河队 10 余支，镇、村“河长”60 名，开展整治、巡河 100 余次，打击电鱼、毒鱼行为 20 余起，群众环保意识明显增强。

二、措施联结，治林地破坏

为切实加强水土流失预防监督和综合整治，固化生态源头保护，合水镇各村成立护林小组，集中治理乱砍滥伐，实行村两委责任包保制度，加强林地监管，控制水土流失，对群众野外焚烧进行及时制止宣传，确保林地环境不受破坏。同时，合水镇把实施退耕还林与植树造林相联结，水土综合治理与严厉打击各项破坏相联结，确保水土不流失，林地不减少。2021 年该镇实施退耕还林、植树造林 9000 亩、新植茶园 800 亩、经果林 1500 亩，打击违法采砂破坏植被 3 起，严厉打击违规砍伐、占用林地行为 2 起，有效控制了水土流失，保护了天然林地。

三、部门联合，治人居环境

为改善乡村人居环境，完善村级基础设施，打造宜居宜游的新合水，该镇将环境卫生整治常态化，实行“村收集、镇转运、县处理”的垃圾清运制度，并向县林业、农业、扶贫等部门争取资金，投入经费 50 万元购买生活垃圾处置设备，保证农村垃圾得到有效处理。此外，深入推进美丽乡村建设，先后打造兴旺村、三坪村等 10 余个美丽乡村建设示范点，不断提高群众满意度、幸福感。

经验十四　“清岸清水”激发群众　爱河护河热情

黔南州以“爱家有方、护园有法，生态促文明、文明护生态”为主题广泛开展“清岸清水”活动，重点清理贯城河、城乡接合部河道沿线垃圾、固体废弃物，彻底清理河湖水面垃圾、漂浮物，全州共组织开展“清岸清水”活动 80 余场，出动 4200 余人次，清理河道 100 余公里，清理垃圾 137 余吨，有效维护了河湖健康生命。

一、政府引导，群众积极参与氛围正在形成

各县（市）高度重视、精心组织、周密部署，12 县（市）通过召开动员会，组织机关干部、志愿者和广大群众对贯城河、城乡接合部重点河流开展清岸清水活动，总结重点河流开展“清岸清水”活动经验并向镇、村延伸，掀起了“清岸清水”活动热潮。如长顺、瓮安、惠水等县由分管副县长、县级副总河长带头清理垃圾、打捞河面漂浮物，通过领导带头示范，带动镇村河长、沿河群众积极参与，群众参与度不断提升。平塘县教育系统全面开展“清岸清水”进校园宣传活动，通过召开主题班会、办黑板报、制作宣传标语、演讲、广播等形式对辖区了 147 所学校约 6 万师生进行“清岸清水”活动宣传，推动全县中小学生积极开展保护江河湖泊的社会实践，从而引导全社会参与河湖治理和保护。

二、形成机制，常态化保洁有序推进

12县（市）建成区贯城河共投入资金864万元向社会购买服务开展保洁工作，贯城河卫生环境明显改善，如都匀市出台《都匀市河道保洁市场化管理考核评分细则》，明确分段管护主体，划定管护范围，实现主城区剑江河定人定岗定时保洁；贯城河以外河流按照属地管理原则，聘请巡查保洁员开展河湖日常巡查和保洁工作，全州累计聘请保洁员1621名，其中，建档立卡贫困户610名，保洁工作常态化开展；流经村寨河流，结合乡镇环境整治，通过村规民约对群众乱丢乱排等不规范行为进行约束，组织群众清理河岸垃圾，村容村貌有较大改观，垃圾乱丢乱倒现象明显减少。

三、广泛动员，社会团体参与河湖管护有突破

通过广泛宣传动员，社会团体参与河湖管护取得一定进展。如平塘县通过向钓鱼爱好者协会、游泳爱好者协会等对河流水质要求比较敏感的民间组织授旗成立快乐义务监督队，在第一时间内将河湖存在问题反馈给县河长制办公室，倒逼河长、责任单位、职能部门履职尽责；都匀市、长顺县将“清岸清水”活动与开展主题党日活动相结合，充分发挥党员先锋模范作用，通过党员带头清理垃圾、身体力行做好宣传，调动群众自发参与的积极性。

四、畅通渠道，主动接受群众监督

通过在江河湖库显要位置加密设置河（湖）长公示牌，公布监督举报电话，利用政务110系统平台、环境保护12369服务热线，广泛受理涉河湖违法违规事项举报，接受公众监督。目前，共接到群众反映河湖问题34起（其中，污水类28起，垃圾类3起，侵占河道类2起，其他1起），整改落实34起。

通过政府引导，群众积极参与河湖治理的氛围正在形成，社会团体参与河湖管护有了新突破。

经验十五　“小河长”制进校园　用行动筑起生之基

“从小做起、从我做起、从现在做起、从身边小事做起、保护母亲河。”2018年阳光明媚的六月，黔西南州各中小学的校园里响起小河长们的宣誓声，这是继2017年9月22日望谟县蔗香码头举行首次“保护母亲河·小河长巡河”活动启动大会之后，黔西南州河长制办公室、黔西南州教育局、共青团黔西南州委员会联合发文《关于开展“我是小河长·保护母亲河”江河湖库管理保护教育宣传活动的通知》（州河长办〔2018〕22号），在全州各中小学开展的江河湖库管理保护教育活动。

6月5日，全州“我是小河长·保护母亲河”江河湖库管理保护教育宣传活动启动。6月5日至6月16日期间，以共青团和少先队活动为载体，通过黑板报、手抄报、演讲比赛、地方课程等形式开展江河湖库管理保护宣传教育活动。各学校全校范围内选出2%的学生选聘小河长，所有中小学生聘为江河湖库管理保护志愿者，旨在增强青少年学生

江河湖库管理保护意识、生态环境保护意识，着力营造良好的江河湖库生态环境保护氛围，让青少年学生从小树立“绿水青山就是金山银山”的生态发展理念，同时通过青少年学生这一庞大的宣传主体，引导全社会力量共同保护生态环境、建设美好家园。

一、加强领导，精心组织

各县（市）、义龙新区河长制办公室、共青团委、教育局加强对本次宣传活动的组织领导，细化工作方案，明确责任人，确保活动顺利开展。并由河长办牵头，各县（市）、义龙新区团委、教育局配合完成。

二、大力宣传，营造氛围

在组织开展中小学生江河湖库管理保护教育活动中，通过电视、报刊、微信、网站等媒体进行广泛宣传，大力营造水资源保护良好氛围，积极引导全社会共同呵护我们赖以生存的江河湖库生态环境。

三、加强教育，明确目标

以“小河长”的“三力”（创造力、行动力、影响力）与“四心”（童心、热心、爱心、执著的心）来鼓励小朋友。首先让孩子们立足乡土，放眼国际；其次基于理论、实验、数据支撑和可操作的课程体系，使活动可持续，达到社会联动效果；最后培养发现和解决问题的能力，树立环保意识，提高社会责任感。

四、树立大局观、长远观

“小河长”活动鼓励孩子们以少先队、学校社团、假日小队等不同形式参与，负责监督、维护、宣传学校或村寨周边的其中某一河流。让孩子们在实践中学到书本中没有的跨界学科知识，拓展生态环境知识的学习，丰富自己。并通过小手拉大手、小家带大家，将保护生态环境的重要性以“蝴蝶效应”的方式发散，激发全社会共同保护珍贵的水资源，共同建设美好家园。

五、落实绿色发展理念

建设生态文明是关系人民福祉、关乎民族未来的大计，是实现中华民族伟大复兴中国梦的重要内容。生态环境没有替代品，用之不觉，失之难存。必须树立和践行绿水青山就是金山银山的理念，像对待生命一样对待生态环境，将此观念牢牢扎根在孩子们的心头，从小做起，从身边做起，从自己做起，从小事做起，让我们的“山青、天蓝、土净、水碧”不再是梦想。

经验十六　两省三地齐联动　共管共治黄泥河

2018 年 11 月 23 日，两省三地“聚集环保大督察共管共治黄泥河”联席会议第二次会议在贵州省黔西南州兴义市万峰林国际会议中心一楼万峰大会堂召开。云南省曲靖市、贵州省六盘水市、黔西南州两省三地的相关领导、黔西南州16个涉河部门领导以及兴义市26个乡镇的相关人员参加了会议。这是自2017年来，三地两省召开的第二次联席会议。

黄泥河发源于盘州市石桥镇，流域涉及云南省曲靖市富源县、贵州省六盘水市盘州市、黔西南州兴义市，河流长度长，流域面积大，流域范围内涉及群众多且居住分散，流域内存在工矿企业。一度时期，因工业企业生产污水、城镇生活污水、生活垃圾和农业面源污染，致使黄泥河水受到污染，水质下降。

为还黄泥河一河清水，给沿岸人民一个好的生态环境，确实守好发展和生态两条底线，寻找一个治理好黄泥河的方法，2017年10月24日，第一次两省三地联席会议在黄泥河源头曲靖市富源县举行。会议发布了《云南省曲靖市、贵州省六盘水市、黔西南州关于黄泥河环境保护协同监督工作机制》和《打击破坏黄泥河生态环境违法犯罪行为工作五项联动机制》，正式拉开了三地共同保护黄泥河的联合行动。

三地共同发力一年以来，分别取得了一定的成绩。

兴义市为推进“青山、蓝天、净土、碧水”四大工程，下决心，出重拳，共投资16.34亿元推动全市生态环境持续改善。落实了强化组织领导、强化责任落实、强化资金保障“三个强化”，采取了工矿企业排放达标化、生活垃圾处理无害化、城乡污水收集处理系统化、农业面源污染减量化“四大举措”，让黄泥河流域治理取得初步成效，实施退耕还林等项目2.71万亩，森林覆盖率达60.02%，水质持续稳定达到Ⅲ类水质标准。

六盘水市全面构建四级河长责任体系和常态化工作机制；严查沿河企业，对破坏生态环境违法行为严厉打击；强化宣传，开展入河排污口规范化、常态化整治；开展专项治理，加大资金投入，完善基础配套设施建设；健全完善机制，全面提升综合治理水平，使流域内河库基本实现“河畅、水清”，部分河库实现“岸绿、景美”。

曲靖市以全面推行河长制工作为总抓手，建立两级督察、四级河长、五级治理的河长制工作体系，并层层压实责任；大兴水利，夯实基础，科学规划，全面统筹区域之间、行业之间水资源分配，正确处理开发利用与保护的关系，大力推进生态文明建设，力将河长制真正变为河长治。

黄泥河的治理虽然取得了一定的成效，但距“河净、河清、生态文明”的目标还有相当的距离，所以，第二次联席会强调，要认真贯彻落实党中央关于坚决打好污染防治攻坚战的决策部署，牢固树立和践行“绿水青山就是金山银山”的理念，牢牢守好生态和发展两条底线，把河长制工作从“有名”做到“有实”，把中央环保巡视反馈意见整改作为重大政治任务来抓，切实扛起生态文明建设的政治责任，让水越来越清，农村人居环境越来越美，群众的获得感越来越强，满意度越来越高。

会议还强调，由于黄泥河域面积大，涉及群众多，居住分散，三地治理标准不统一，联动治理机制不完善，联合执法力度不够，污染治理设施薄弱等问题，所以，三地要加强联系沟通，加强跨区域跨部门联合监管、联合执法，加强宣传力度，加强案件信息共享，完善机制，共同发力，持续发力，齐抓共管，形成人人参与、人人发力、人人受益的良好趋势，让水更清、岸更绿。

会上，三地县级河长在大家的共同见证下，签订了《黄泥河共治共管2019年目标方案》，力争为做好黄泥河流域生态环境保护工作，促进流域社会经济协调发展，作出新的贡献！

经验十七　整合监督力量　加强整体管护

近年来，贵安新区湖潮乡认真落实河长制，整合监督力量，加强整体管护，全力实现水清、河畅、岸绿、景美的目标。

一、成立领导小组

为切实强化水环境保护工作的领导和责任落实，湖潮乡成立了“河长制”工作领导小组，全面加强车田河、冷饭河、中坝河、滴水河等流域水环境保护，促进流域水质达标，确保流域水环境安全。乡、村两级建立河长会议制度和河长制领导小组工作制度，研究、协调解决湖潮乡流域河湖管理保护中的重点、难点问题，组织推进河长制相关工作落实；建立信息报送制度，及时跟踪河长制工作实施进展。

二、队伍建设

湖潮乡采取“三队合一”的构成方式，将森防员、防汛员以及巡河员组成环保大队；并在每村设一名监督员，由巡河员兼任环保监督员，无巡河员的村由村委选定一名森防员或防汛员兼任，对责任区内环保工作开展情况进行监督。同时根据河道巡河区域，将河道流域分为三个片区：中八村、中一村、池菇村为一个片区；元方村、汪官村、芦官村为一个片区；上午村、广兴村、湖潮村、车田村为一个片区。并设三名队长，队长从优秀的巡河员中产生，分别带头做好各自片区内巡河工作。

三、站点建设

（1）值守卡点合并。为更好落实对山塘、河流、湖泊、森林等重点保护区域环保工作。采取“四点合一”的构成方式，将森林防火卡点、防汛卡点、各水库防汛物资储备房、水质监测点、巡河点合并为环境保护值守点。各卡点在开展本职工作的同时兼具环境保护工作职能，有利于资源的合理利用。

（2）环境监控卡点扩充。在原有监测点的基础上，对新建 5 个社区、中八居委会、南部工业园区、北部工业园区等 8 区域新增环保监控点，同时加强对人员聚集区环境保护的宣传及巡查。

四、专项工作开展

（1）开展河流源头、水源涵养区和饮用水源地保护。加强主要江河源头、重要水源涵养地的水环境保护，对划定禁止开发红线范围内的污染源企业进行搬离，实现流域保护区污染物“零排放”。

（2）加强水体污染与水环境的综合防治，推进河湖生态保护与修复，加强水域岸线及挖砂采石管理。

（3）挂图作战，制度上墙。为促进湖潮乡环保河长制工作的高效开展，湖潮乡根据相关工作开展情况与需求，制作了湖潮乡环保作战图集，其中包括湖潮乡环保监督监测点分布图、湖潮乡环保综合值守点分布图以及湖潮乡养殖场分布图等，同时将河长制相关职责制度上墙。

经验十八　“四举措”促河长制湖长制考核扎实推进

2016年，自中央作出全面推行河长制湖长制的决策部署后，在省委省政府的坚强领导下，由省河长制湖长制办公室牵头，37家省级河长制湖长制部门联席会议成员单位密切配合、通力协作，积极完善顶层设计，动员各方力量，集聚各种资源，狠抓责任落实、政策落实、工作落实，河长制湖长制工作取得显著成效，全省河湖水质持续向好、河湖面貌明显改善。2018年、2019年、2020年贵州省连续三年全面推行河长制湖长制工作成效明显，被国务院通报表彰。2021年春节前夕，习近平总书记视察贵州，第一天就实地察看了乌江六冲河段，对贵州省河湖治理、水生态保护给予充分肯定。贵州省河长制湖长制能够取得较好的成绩，创新实行“三考”发挥了重要的作用。考核是河长制湖长制实施关键的一招，考核工作的有效开展能推动各级河长湖长、各相关部门积极履职，促进河湖问题解决。

一、制定办法，有序推进考核工作

党中央、国务院印发的《关于全面推行河长制的意见》《关于在湖泊实施湖长制的指导意见》要求，强化考核问责。水利部更是将建立考核问责与激励机制作为全面建立河长制湖长制“四个到位”的重要内容，是国家层面规定的六大制度之一。贵州省及时制定印发了《贵州省全面推行河长制考核暂行办法》，并组织开展了2017年考核工作。2018年，时任贵州省长谌贻琴在主持全省深入推进河长制工作电视电话会议时，强调要实施最严格的考核问责，对落实河长制工作不利的，严肃追究责任。同年，贵州省修订了《贵州省全面推行河湖长制考核问责办法》，明确了考核方式、考核内容、考核流程等内容。3年来，由贵州省河湖长制办公室统筹，33家省级责任单位参与，采取资料查阅和现场复核方式，对各市（自治州）河长制湖长制工作情况进行考核，有效推动了各级河长湖长、各有关单位积极履职尽责。如毕节市2018年“一市一考”倒数第二名，在毕节市委市政府高度重视下，各级部门狠抓责任落实，各项目标任务圆满完成，在2019年“一市一考”中取得了第三名，2020年“一市一考”再进一步，获得第二名，同时毕节市黔西市获得国务院办公厅督查激励。

二、创新“三考”，注重考核结果运用

自2018年起，贵州省采取统一考核和差异化考核相结合，按年度实行“一河一考”“一市一考”“一单位一考”，即省级河长对市（自治州）级河长进行考核、省级总河长对市（自治州）级总河长进行考核、按照省目标办要求对省级责任单位进行考核。“一市一考”“一河一考”年度考核结果报经省级总河长湖长审定后交组织部门作为对市（自治

州）级总河长、市（自治州）级河长综合考核评价的重要依据，并向社会公告，同时自 2019 年起，将考核结果作为推荐国务院办公厅和省政府办公厅督查激励的重要依据。“一单位一考”考核结果报省直目标办（省直考核办）作为省级责任单位的目标绩效考核内容。全省大部分市、县两级参照省级做法，开展了“三考”并有效运用考核结果。

三、细化指标，推动年度任务完成

贵州省每年根据中央、省委省政府有关安排部署及河长制湖长制年度目标任务，制定年度考核方案，从制度执行、河长履职、水资源保护、水域岸线保护、水污染防治、水环境治理、水生态修复、执法监管及水质状况等方面进一步细化、量化考核指标，增强考核可操作性，其中 2018 年“一市一考”考核指标 41 项，2019 年“一市一考”考核指标 44 项，2020 年“一市一考”考核指标 40 项。连续三年将最严格的水资源管理、船舶与港口污染防治、磷污染防治、农业面源污染防治、养殖污染防治、饮用水水源地环境问题整治、农村人居环境整治、城镇污水收集处理设施建设、黑臭水体治理、水土流失综合治理、河湖生态保护修复等重点工作纳入河长制湖长制考核，有效推动年度重点工作完成。

四、巩固提升，助力高质量发展

为充分发挥考核“指挥棒”“助推器”“风向标”作用，进一步提高工作、推动工作，2021 年，贵州省启动了优化河长制湖长制考核研究，并被列为 2021 年度中共贵州省委全面深化改革重大调研课题。从分析全国河湖长制工作、贵州省河长制湖长制工作，借鉴相关省份在河长制湖长制工作考核中好的经验做法，研究提出下一步贵州省河长制湖长制工作考核的思路和原则，明确考核工作的方向与重点，进一步优化河长制湖长制考核主体、考核指标、考核方式等。同时结合 2021 年 6 月，谌贻琴书记、李炳军省长签署的贵州省总河（湖）长令第 5 号，印发的《贵州省河湖长制“十四五”高质量发展工作方案》要求，加强激励问责，充分发挥考核指挥棒作用，推动河长制湖长制高质量发展，奋力在生态文明建设上出新绩。

经验十九　“七举措”推进黄泥河流域两省三地四县（市）共管共治工作

自河长制工作开展以来，黔西南州兴义市坚决扛起黄泥河环境治理保护责任，以省委常委、省纪委书记、省监委主任、黄泥河贵州省级河长夏红民书记三次到兴义市巡河提出的工作目标和任务要求为统领，认真抓好 2019 年黄泥河两省三地“共治共享·人水和谐”联席会议精神的贯彻落实，推动“黄泥河流域两省三地四县（市）共管共治五项工作机制”落实落细，聚焦问题，靶向出击，精准施策，全面治理，取得初步成效。

一、积极推动建立五项机制

按照 2019 年黄泥河两省三地“共治共享·人水和谐”联席会议第三次会议要求，兴义市河长制办公室、环保、公安等部门派出专人与六盘水市、云南省曲靖市对接工作，积极主动出谋献策，反复讨论修改，共同参与制定了《2020年度两省三地四县（市）共管共治黄泥河（含小黄泥河）目标考核方案》《黄泥河市（州）县（市）两级纪检监察机关监督检查和问题通报工作机制（试行）》《黄泥河三地四县（市）两级党委政府互派副河长工作机制（试行）》《黄泥河上下游干支流左右岸联合相互考核工作机制（试行）》《关于加强黄泥河流域河流断面监测持续推进生态环境治理工作机制（试行）》五项工作机制。

二、认真落实目标考核方案责任分解

将《关于印发〈2020年度两省三地四县（市）共管共治黄泥河（含小黄泥河）目标考核方案〉及有关工作机制的通知》发至市纪委、黄泥河市级责任单位兴义市公安局和黄泥河沿河六乡镇，要求按照文件要求开展工作，并做好印证资料收集。市河长制办公室根据《2020年度两省三地四县（市）共管共治黄泥河（含小黄泥河）目标考核方案》文件要求，将附件《2020年度黄泥河流域（含小黄泥河）两省三地四县（市）共管共治目标考核评分表》内容进行责任分解，把各项工作任务明确到各职能部门及黄泥河沿河乡镇，以考核和惩罚挂钩手段督促抓好落实。

三、快速落实互派副河长工作

市河长制办公室根据《黄泥河三地四县（市）两级党委政府互派副河长工作机制（试行）》文件要求，经市委主要领导批示同意，将《兴义市关于派驻黄泥河流域盘州市、富源县、罗平县副河长的报告》文件上报州河长制办公室，文件明确由市委常委、市纪委书记、市监委主任兰有祥作为兴义市派驻黄泥河流域六盘水市盘州市副河长；市委常委、市委政法委书记、市公安局局长吴贵森作为兴义市派驻黄泥河流域云南省曲靖市富源县、罗平县副河长。目前正积极与盘州市、罗平县、富源县对接兴义市派驻副河长巡河事宜。

四、积极开展协同巡河

2020年2月28日，黄泥河兴义市市级河长吴贵森与罗平县派驻兴义市副河长徐广满，带领两县（市）水务、环境、公安等相关部门负责人，到黄泥河兴义境内乌沙段开展联合巡河，在黄泥河流域乌沙段查看沿河村寨人居环境整治及水域岸线生态环境，巡河后随即召开座谈会共商共议2020年黄泥河流域共管共治五项机制的推动落实。双方互相交流了在垃圾无害化处理、污水收集处理、面源污染、农业产业结构调整、基础设施建设、生态修复、河湖“清四乱”、部门联合执法、机构设置等方面工作开展情况、取得成效以及存在的问题等。罗平县表示将借鉴兴义市的做法，在河流沿岸设立取水便民设施，在绿化、生态廊道建设方面，与上下游、左右岸联动，共同研讨建设生态美丽河流。双方还提出要进一步加强协作，利用乡村振兴为契机，加大基础设施投入力度，争取实现黄泥河沿岸每个自然村寨都有垃圾清运和污水收集处理系统，共管、共治、共享黄泥河生态环境。

五、加强河流断面监测

目前兴义市已全面完成各断面监测点建设，在市境内黄泥河主河道建成投运水质自动监测站3座，分别位于威舍镇阿依村、乌沙镇岔江村和三江口镇安沙村；建成5个手工监测断面，分别为阿依、杨家冲、岔江、喜旧汗河汇合口、乃革；在入黄泥河支流布设6个断面，分别为威舍河、下分田河、白碗窑河、瓦厂沟、革里河和云南省汇入的喜旧汗河。州生态环境局兴义分局委托贵州省分析测试研究院每月开展1次手工监测，自动监测站每天采样6次进行水质分析，全面掌握黄泥河水质信息，对异常情况及时预警处置。

六、加强工作调度与污染防治

市河长制办公室通过“河长云平台”加强对市、乡、村三级河长工作调度，定期调度、督促检查河长制成员单位工作落实情况，要求各级河长定期开展巡河，将发现的污染问题及时交相关部门、乡镇进行整改。充分发挥已建成的沿河3座生活垃圾压缩转运站、8座污水处理厂作用，督促沿河乡镇、村寨全面做好垃圾收集转运、污水收集处理工作，宣传动员群众积极参与，充分发挥义务监督员、河道保洁员作用，共同治理河道污染。公安、环保等部门协作开展环保执法检查，发现超标排放、私排乱放造成污染的从严查处，有效巩固河流整治成效。

七、加强“清四乱”巡查工作

为进一步推动河长制工作取得实效，兴义市河长制办公室制定了《2020年度河湖“清四乱”巡查方案》，并根据州河长制办公室《关于印发〈黔西南州河湖治理联合执法实施方案〉的通知》要求，拟订了《兴义市河湖治理联合执法实施方案》，组织沿河乡镇常态化、规范化开展黄泥河“清四乱”工作，做到发现一处、清理一处、销号一处，持续改善河湖面貌，加强河湖管理保护，维护河湖健康生命。兴义市纪委、兴义市委宣传部等部门按照“五项工作机制”要求，分别制定了监督检查方案、宣传工作方案，全面开展河长制机制落实监督检查和信息宣传工作。

兴义市政府将紧紧围绕河长制工作目标，认真落实联动巡河机制，进一步加强考核问效，加强宣传引导、加强生态修复、加强监督执法，切实把黄泥河“共管共治五项工作机制”落实到位，持续巩固发展整治成效，努力实现黄泥河“河畅、水清、岸绿、景美”的整治效果。

经验二十　“望、问、查、改”四步巡河法从严从实推进河长制湖长制工作

在全面推行河长制湖长制工作中，六盘水市坚持以问题为导向，因河把脉施策，通过探索尝试，按照2021年6月15日全市总河长会议精神，市河长制办公室提出“望、问、查、改”巡河四步法，积极辅助各级河长湖长履职、行业部门监管、属地政府治河，进一步夯实“党政统筹、部门联动、社会参与”管水治水工作机制，全市河长制湖长制

工作从严、从实认真推进。

沿河望，坚持脚踏实地巡河湖。即巡河坚持用脚步丈量河湖，巡河注重看河流、水库、山塘水质面貌情况；注意观察河道水体颜色是否异常（如发黑、发黄、发白等），河水有无异味（如恶臭、刺鼻性味道）；检查河长公示牌、涉水公告牌等设置是否规范，是否存在倾斜、破损、变形、变色、老化等影响使用问题；是否存在非法电鱼、毒鱼、炸鱼、网箱养鱼等破坏水生态环境行为。2021年来，开展辖区130余条河流（河段）、水库（水电站）水面垃圾排查打捞工作，出动河道保洁人员6814人/次，运输车辆431辆/次，出动打捞船13艘/次，挖掘机51个台班，拖车14个台班；组织开展农村黑臭水体排查，对发现的3条农村黑臭水体制定了整改方案；及时调整河长433名，完善河长制公示牌800余块（次）；检查码头及渔船自然停靠点17个（次），清理取缔涉渔“三无”船舶8艘，整治违规网具63张（顶），查办渔业违法案件31件。

沿河问，坚持政府社会共治河。即询问下级河长履职情况，了解日常河湖巡查频次，问题督促、协调解决情况，探索建立河长湖长履职制度；询问河流责任单位对河流基本信息的掌握情况，分管领导、业务人员的落实情况，日常检查排查情况，发现问题及问题督促整改进展情况；进村入户访民意问水情，了解日常河湖管理满意度，日常参与爱河护河情况，宣传治水知识、宣传绿色生活方式，引导群众共治河。2021年6月15日组织召开全市总河长会议，6月30日组织召开全市河长制联席会，4个县级总河长和副总河长分别向市总河长和副总河长汇报履职情况；结合“6·18”河长大巡河活动，县乡村河长相应向市级对应河流市级河长汇报履职情况；各级河长湖长巡河期间通过组织召开座谈会、现场交办，协调督促河湖问题整改；河流责任单位按要求每季度开展1次日常巡查。利用世界水日、中国水周、“6·5”环境日等活动发放《中华人民共和国水法》《中华人民共和国防洪法》《贵州省河道条例》、河湖“四乱”等宣传资料30000余份，河湖保护倡议书1530余份。通过人大代表视察监督、政协委员社情民意参与方式，有效促进了万全河、拖长江一批河流问题的整改。

沿河查，坚持岸上岸下查问题。即按照水利部《河长湖长履职规范（试行）》，市、县、乡、村四级河长对应坚持3、4、12、52巡河频次开展日常巡河，巡查是否存在乱建、乱占、乱采、乱堆问题；工矿企业、畜禽养殖场、污水处理设施、服务行业等入河排污口是否存在异常排放，垃圾乱扔、乱倒、乱堆情况；是否存在其他影响河道水质问题。目前，各级河长开展巡河12870人次，发现问题1123个，已整改完成1077个；进一步完善“一河一档”，对重点取用水口、排污口、水质监测点、影响水质因子等内容进行排查统计，实现设市级河长的30条河流信息“一张图”全涵盖；开展河道保洁2600余次，打捞漂浮物680余吨，开展河道清淤80余公里，清理河道淤泥400余吨，河湖面貌持续改善。6月15日，市总河长带头直面问题，在万全河开展巡河，巡河后立即组建污染排查整治专班，市、区协同配合全面开展整治工作。

沿河改，坚持巡改闭环重实效。即对发现的问题建立问题台账，通过发布工作提示单、问题交办函，河长制湖长制联席会议等方式，督促、协调相关单位部门抓整改；对整改情况开展“回头看”，规范收集整改印证资料，建立完善问题整改档案。全市按层级、按河流、按问题分类建立问题台账，市河长制办公室、市级河流责任单位发出工作提示单、工作交办函（单、表册）20余份（次），对照发现的垃圾、污水、河湖“四乱”问题进行分解落实，并及时跟进问题整改进展情况。目前，全市农村生活垃圾收运处置体系行政村覆盖率达100%，城市生活垃圾无害化处理率达95%以上。进一步完善城镇生活污水收集管网，新增城市污水管网47.29公里，新增乡镇生活污水收集管网67.1公里，组织开展乡镇生活污水收集管网普查工作。发现的29个河湖“四乱”问题，已整改完成23个；对64起涉水环境违法行为进行立案调查，下达行政处罚事先告知书43起，处罚款633.6万元，下达处罚决定书33起。

“望、问、查、改”四步巡河工作法实施以来，六盘水市围绕河长制工作“六大任务”，对标对表年度工作任务，坚持目标考核导向，问题整改导向，扎实抓好河长制湖长制工作。